新文京開發出版股份有限公司

NEW WCDP 新世紀・新視野・新文京 — 精選教科書・考試用書・專業參考書

New Wun Ching Developmental Publishing Co., Ltd.

New Age · New Choice · The Best Selected Educational Publications — NEW WCDP

第二版
飲料實務
總複習
蘇涵瑜／編著
REVIEW OF
BEVERAGE MODULATION
SECOND EDITION

《飲料實務總複習》依據最新 108 課綱的架構為基底進行編寫，並搭配飲料調製乙、丙級的酒譜內容，結合理論與實務課程，補充額外知識，使整體內容更加完善。此次改版，增加了飲料調製乙級的整合，分成杯器皿整理及調製法整理，為的是希望讀者在備試時，能有效率得心應手。編者將繁雜的飲務專業知識，建立出一系列重點表格，讓學生能快速上手、輕鬆應試。

◎學習三大目標

一、建立知識系統：內容由淺入深、整理歸納，帶領讀者了解飲料實務所需之專業知識，培養面對問題的思考及解決能力。

二、實務觀念正確：認識飲料業的營運規範、衛生安全等，建立飲務從業人員職場倫理及職場衛生安全習慣。

三、深化應試技巧：將考試時容易出錯、疏忽的問題，加以分析說明，讓讀者能清楚掌握考試重點。

◎本書三大特色

一、重點精華：將各種飲料類型利用圖表分類，使考試重點能清晰明瞭的呈現。

二、重要提點：編者有豐富的教學經驗，無論在專業知識、題型分析方面都能準確框列重點。

三、考題解析：章末放入編者精心篩選的重要試題，以及書末附上解答&重點解析，讓讀者能確實掌握出題方向，應試信心十足。

謹識

目錄
CONTENTS

重點精華 1

01 CHAPTER 飲務的作業規範 9

1-1 飲料的定義與分類 …… 10
1-2 飲料業的分類與營運 …… 15
1-3 飲料調製安全與衛生 …… 21
1-4 吧檯設備與作業規範 …… 26

02 CHAPTER 器具、材料與調製法 39

2-1 飲料調製的器具 …… 40
2-2 飲料調製的材料 …… 47
2-3 飲料調製法 …… 48

03 CHAPTER 飲品的認識與調製 59

3-1 包裝飲料的認識 …… 60
3-2 臺灣特有飲料的認識 …… 67
3-3 飲料的調製 …… 68

04 CHAPTER 茶的認識與調製 87

4-1 茶歷史與發展趨勢 …… 88
4-2 茶的分類與特性 …… 90
4-3 茶葉的製成 …… 91
4-4 茶的沖泡方法及調製 …… 105

05 CHAPTER 咖啡的認識與調製 123

5-1 咖啡歷史與發展趨勢 …… 124
5-2 咖啡豆種類 …… 125
5-3 咖啡烘焙原理 …… 130
5-4 咖啡萃取原理、方法與調製 …… 136

06 CHAPTER 酒的分類與製程 159

6-1 釀造酒的分類與製程 …… 162
6-2 蒸餾酒的分類與製程 …… 190
6-3 合成酒的分類與製程 …… 209

07 CHAPTER 混合性飲料調製 233

7-1 混合性飲料的種類 …… 234
7-2 混合性飲料的調製 …… 240
7-3 飲料調製乙級檢定－杯器皿整理 …… 261
7-4 飲料調製乙級檢定－調製法整理 …… 267

解答&解析 283

參考文獻 305

重點精華

◎茶、咖啡、釀酒葡萄生長條件對照表

分類 條件	茶	咖啡	釀酒葡萄
緯度	北緯 40 度～南緯 30 度間；產茶國分布在亞洲和非洲。	以赤道為中心，北緯 25 度到南緯 25 度，稱為「咖啡區域 coffee zone」／「咖啡腰帶 coffee belt」。	南北緯 30~50 度之間，又稱葡萄酒生產帶(Wine Zone)。 按照產區可分為舊世界產區與新世界產區；**舊世界產區**是指葡萄園位於歐洲，包含法國、義大利、西班牙、葡萄牙、瑞士、奧地利、匈牙利、希臘等。**新世界產區**是指舊世界以外的產區包含美國、加拿大、智利、阿根廷、澳洲、紐西蘭、南非等，其中美國的葡萄園 90%位於加州。
陽光	光照弱→茶葉品質佳、香氣高→適合製作綠茶或部分發酵茶。 光照強 →茶葉多元酚增加→適合製作紅茶。	半日照環境為宜；白天溫暖不炎熱，晚上涼爽不寒冷。種植遮蔭樹，早上可曬日光，午後可遮蔭，使咖啡樹及周邊地面能冷卻下來，例如：椰棗樹、香蕉樹（具經濟價值，還可以賣香蕉）。屏東利用檳榔樹當遮蔭樹栽培檳榔咖啡。	需要充足但不強烈的日照，葡萄藤生長期約需要 1300~1500 小時的日照，若是日照時間太少會酸，太多則甜。
溫度	18~25℃	年均溫 18~25℃，不下霜的地方為佳。	平均氣溫為 10~20℃最為合適。
土壤	排水性佳、保水力好、喜酸性土壤(pH4.5~5.5)、富含腐植質及礦物質的砂質土。	土壤排水良好的火山灰質土壤，酸鹼值 pH4.5~5.5。	排水必須良好，但又不能太肥沃，常見的栽種土質包含石灰岩、含白堊質泥灰岩、花崗岩、沉積岩、礫石岩、卵石地等礦物質含量豐富者。一般選擇向南的山坡或斜坡上，因為可有較多的日照及良好的排水。
雨量	年降雨量 1500~3000 公釐；濕度 75~85%，若濕度太高，將影響生長且茶樹容易生病。	年降雨量 1500~2000 公釐；濕度 75~85%。	
海拔	最適合的海拔為 600~1500 公尺，超過海拔 1000 公尺以上則稱為「高山茶」。	海拔平地~2000 公尺高地豆品質較佳也較昂貴。	

◎茶葉分類

種類＼步驟	採菁	萎凋	殺菁	揉捻	乾燥
		利用水分的消散來調節發酵程度，分成日光萎凋(程度較快)及室內萎凋(程度較慢)	利用高溫破壞酵素活性，抑制繼續發酵，品質漸漸穩定	破壞組織以利沖泡、揉捻出不同形狀造就不同風味並利於後續保存	利用高溫破壞殘留酵素以固定品質，並降低含水量以利長期儲存
不發酵茶(綠茶) 瓜片、毛尖、毛峰龍井、眉茶、珠茶煎茶、抹茶、玉露茶、碧螺春	✓	不萎凋 →	✓ →	✓ →	✓
不發酵茶(黃茶) 安徽霍山黃茶、湖南君山銀針、四川蒙頂黃芽	✓	不萎凋 →	✓ → 悶黃 →	✓ →	✓
半發酵茶(烏龍茶、青茶)	✓	→ ✓ → （日光萎凋 → 室內萎凋）	✓ →	✓ → 條索狀（包種茶、白毫烏龍茶）、半球型（凍頂烏龍茶、高山茶）、球型（鐵觀音）	✓ 凍頂烏龍茶、鐵觀音乾燥後還會焙火，使其具有烤焙之香氣
• 輕發酵 (12-15%)文山包種茶 • 中發酵 (16-49%)高山茶、凍頂烏龍茶、鐵觀音、金萱茶、水仙、武夷 • 重發酵 (50-70%)白毫烏龍茶					
半發酵茶(白茶) 不揉不炒烘焙法 白毫銀針、白牡丹、貢眉、壽眉	✓	→ ✓ →	→	→	✓
全發酵茶(紅茶) 魚池紅茶、鶴岡紅茶、正山小種紅茶、滇紅、祁門紅茶	✓	→ ✓ → 室內萎凋	→	✓ → 渥紅 → 有分條型的功夫紅茶和碎型的細碎紅茶	✓ 渥紅 高溫潮溼環境讓酵素繼續發酵
後發酵茶(黑茶) 普洱茶、六堡茶	✓	不萎凋，與綠茶製作方式類似 →	✓ →	✓ 渥堆 高溫潮溼環境利用內部本身菌種發酵	✓

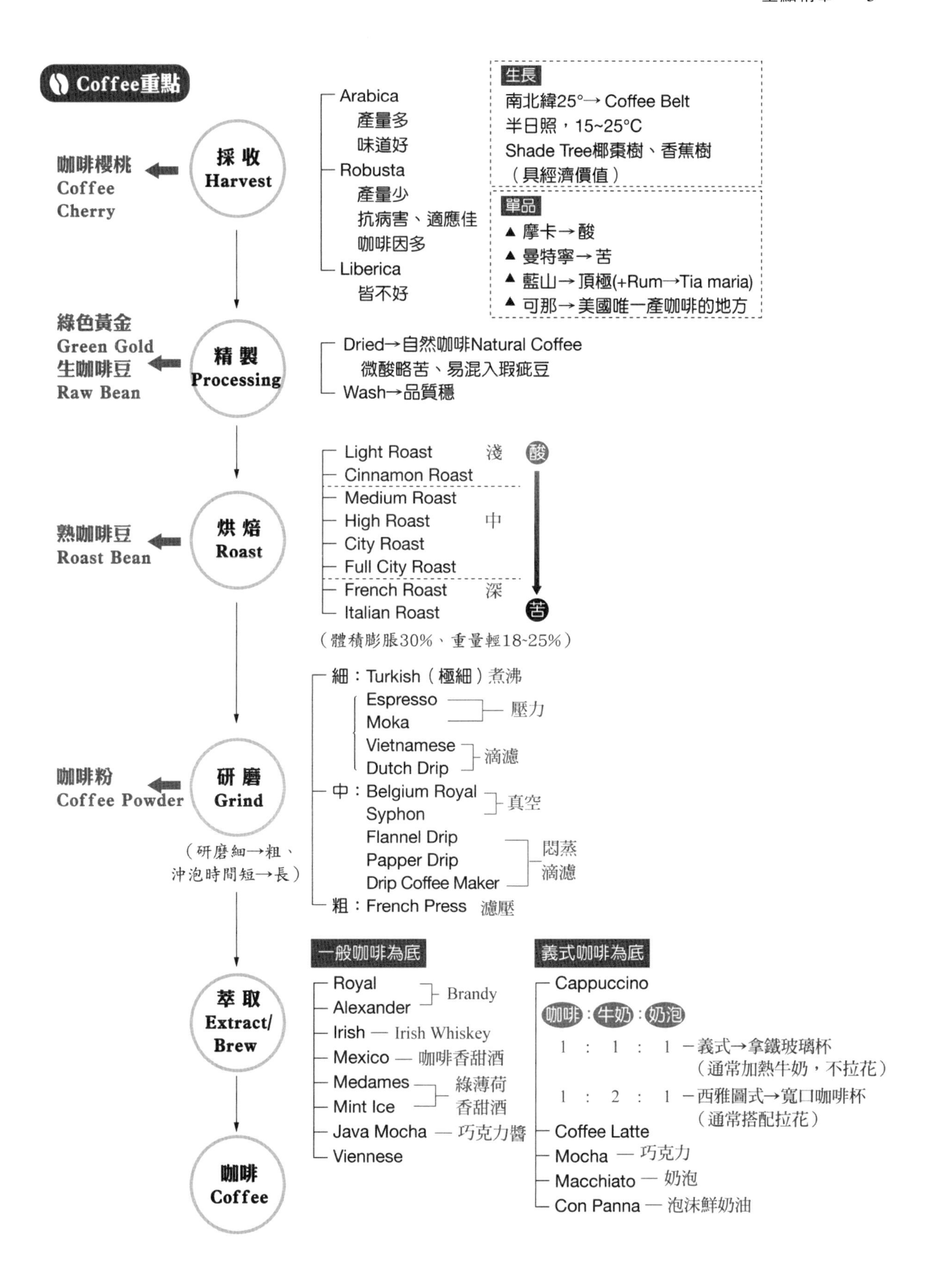

Coffee重點
咖啡櫻桃
Coffee
Cherry
採收
Harvest
Arabica
產量多
味道好
Robusta
產量少
抗病害、適應佳
咖啡因多
Liberica
皆不好
生長
南北緯25°→ Coffee Belt
半日照，15~25°C
Shade Tree椰棗樹、香蕉樹
（具經濟價值）
單品
▲ 摩卡→酸
▲ 曼特寧→苦
▲ 藍山→頂極(+Rum→Tia maria)
▲ 可那→美國唯一產咖啡的地方
綠色黃金
Green Gold
生咖啡豆
Raw Bean
精製
Processing
Dried→自然咖啡Natural Coffee
微酸略苦、易混入瑕疵豆
Wash→品質穩
熟咖啡豆
Roast Bean
烘焙
Roast
Light Roast
Cinnamon Roast
Medium Roast
High Roast
City Roast
Full City Roast
French Roast
Italian Roast
淺
中
深
酸
苦
（體積膨脹30%、重量輕18~25%）
咖啡粉
Coffee Powder
研磨
Grind
（研磨細→粗、
沖泡時間短→長）
細：Turkish（極細）煮沸
Espresso
Moka
壓力
Vietnamese
Dutch Drip
滴濾
中：Belgium Royal
Syphon
真空
Flannel Drip
Papper Drip
Drip Coffee Maker
悶蒸
滴濾
粗：French Press 濾壓
萃取
Extract/
Brew
一般咖啡為底
Royal
Alexander
Brandy
Irish — Irish Whiskey
Mexico — 咖啡香甜酒
Medames
Mint Ice
綠薄荷
香甜酒
Java Mocha — 巧克力醬
Viennese
義式咖啡為底
Cappuccino
咖啡:牛奶:奶泡
1 : 1 : 1 －義式→拿鐵玻璃杯
（通常加熱牛奶，不拉花）
1 : 2 : 1 －西雅圖式→寬口咖啡杯
（通常搭配拉花）
Coffee Latte
Mocha — 巧克力
Macchiato — 奶泡
Con Panna — 泡沫鮮奶油
咖啡
Coffee

茶產區

六福茶（關西鎮）
長安茶（湖口鄉）
白毫烏龍茶（北埔鄉、峨嵋鄉、橫山鄉）

遊樂園

萬瑞森林樂園、
小叮噹科學主題樂園、
六福村主題樂園

茶產區

龍泉茶（龍潭區）
蘆峰烏龍茶（蘆竹區）
壽山名茶（龜山區）
武嶺茶（大溪區）
梅臺茶（復興區）
秀才茶（楊梅區）
金壺茶（平鎮區）

遊樂園

小人國主題樂園

茶產區

文山包種茶（坪林石碇）
石門鐵觀音（石門鄉）
海山龍井茶（三峽區）
海山包種茶（三峽區）
龍壽茶（林口區）
碧螺春（三峽區）

遊樂園

野柳海洋世界、
雲仙樂園

茶產區

苗栗烏龍茶（造橋、獅潭、大湖鄉）
苗栗椪風茶
（頭屋鄉、頭份、三灣一帶）

遊樂園

尚順育樂世界、火炎山遊樂區、
香格里拉樂園、西湖渡假村

咖啡產區

泰安鄉、卓蘭鎮、大湖鄉

遊樂園

東勢林場遊樂區、
麗寶樂園

咖啡產區

新社區、和平區、
東勢區

茶產區

凍頂茶（鹿谷鄉）
松柏長青茶、埔中茶（名間鄉）
青山茶（南投市）
竹山烏龍茶、竹山金萱
杉林溪烏龍茶（竹山鎮）
二尖茶（中寮鄉）
霧社廬山烏龍茶（仁愛鄉）

咖啡產區

彰化市、
員林市

茶產區

木柵鐵觀音（木柵區）
南港包種茶（南港區）

茶產區

素馨茶（冬山鄉）
五峰茶（礁溪鄉）
玉蘭茶（大同鄉）
上將茶（三星鄉）

遊樂園

綠舞莊園日式主題遊樂區

咖啡產區

大同鄉、礁溪鄉、蘇澳鎮、三星鄉

臺北市
基隆市
桃園市
新北市
新竹縣
苗栗縣
宜蘭縣
臺中市
彰化縣
南投縣
花蓮縣

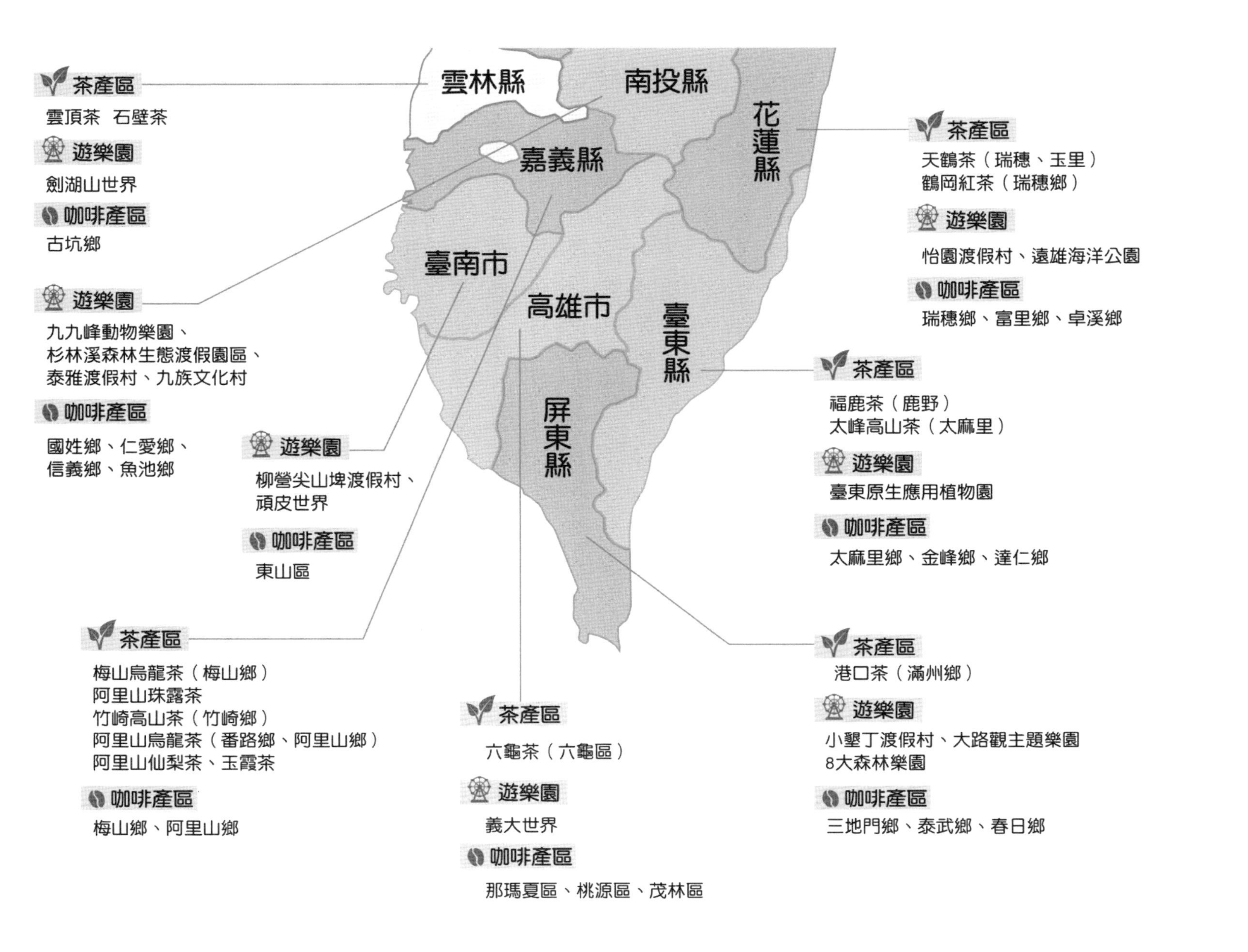
雲林縣
南投縣
花蓮縣
嘉義縣
臺南市
高雄市
臺東縣
屏東縣
茶產區
雲頂茶 石壁茶
遊樂園
劍湖山世界
咖啡產區
古坑鄉
遊樂園
九九峰動物樂園、
杉林溪森林生態渡假園區、
泰雅渡假村、九族文化村
咖啡產區
國姓鄉、仁愛鄉、
信義鄉、魚池鄉
遊樂園
柳營尖山埤渡假村、
頑皮世界
咖啡產區
東山區
茶產區
梅山烏龍茶（梅山鄉）
阿里山珠露茶
竹崎高山茶（竹崎鄉）
阿里山烏龍茶（番路鄉、阿里山鄉）
阿里山仙梨茶、玉霞茶
咖啡產區
梅山鄉、阿里山鄉
茶產區
六龜茶（六龜區）
遊樂園
義大世界
咖啡產區
那瑪夏區、桃源區、茂林區
茶產區
天鶴茶（瑞穗、玉里）
鶴岡紅茶（瑞穗鄉）
遊樂園
怡園渡假村、遠雄海洋公園
咖啡產區
瑞穗鄉、富里鄉、卓溪鄉
茶產區
福鹿茶（鹿野）
太峰高山茶（太麻里）
遊樂園
臺東原生應用植物園
咖啡產區
太麻里鄉、金峰鄉、達仁鄉
茶產區
港口茶（滿州鄉）
遊樂園
小墾丁渡假村、大路觀主題樂園
8大森林樂園
咖啡產區
三地門鄉、泰武鄉、春日鄉

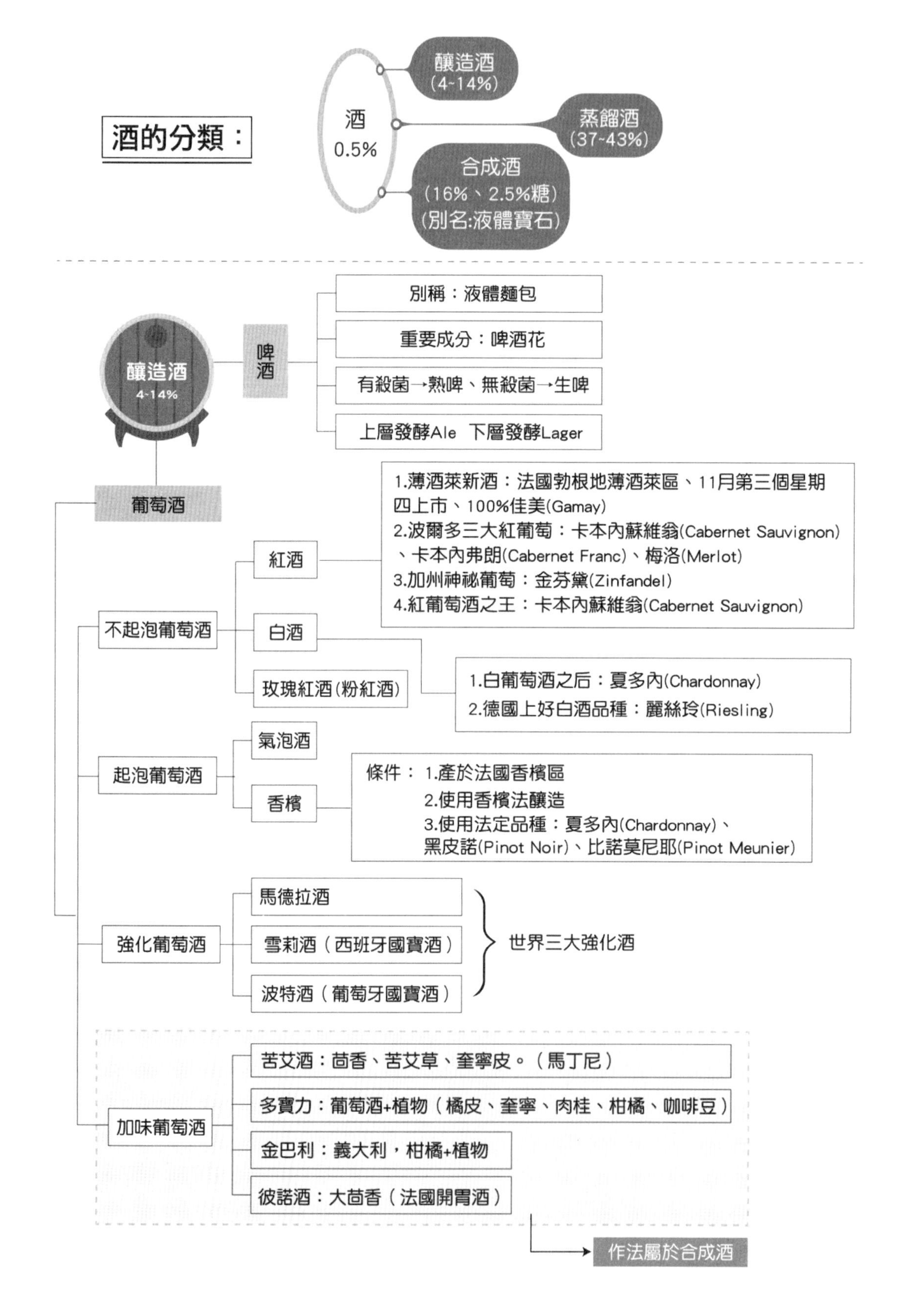
酒的分類：
酒
0.5%
釀造酒
(4~14%)
蒸餾酒
(37~43%)
合成酒
(16%、2.5%糖)
(別名:液體實石)
釀造酒
4~14%
啤酒
別稱：液體麵包
重要成分：啤酒花
有殺菌→熟啤、無殺菌→生啤
上層發酵Ale 下層發酵Lager
葡萄酒
不起泡葡萄酒
紅酒
白酒
玫瑰紅酒(粉紅酒)
1.薄酒萊新酒：法國勃根地薄酒萊區、11月第三個星期四上市、100%佳美(Gamay)
2.波爾多三大紅葡萄：卡本內蘇維翁(Cabernet Sauvignon)、卡本內弗朗(Cabernet Franc)、梅洛(Merlot)
3.加州神祕葡萄：金芬黛(Zinfandel)
4.紅葡萄酒之王：卡本內蘇維翁(Cabernet Sauvignon)
1.白葡萄酒之后：夏多內(Chardonnay)
2.德國上好白酒品種：麗絲玲(Riesling)
起泡葡萄酒
氣泡酒
香檳
條件： 1.產於法國香檳區
2.使用香檳法釀造
3.使用法定品種：夏多內(Chardonnay)、黑皮諾(Pinot Noir)、比諾莫尼耶(Pinot Meunier)
強化葡萄酒
馬德拉酒
雪莉酒（西班牙國寶酒）
波特酒（葡萄牙國寶酒）
世界三大強化酒
加味葡萄酒
苦艾酒：茴香、苦艾草、奎寧皮。（馬丁尼）
多寶力：葡萄酒+植物（橘皮、奎寧、肉桂、柑橘、咖啡豆）
金巴利：義大利，柑橘+植物
彼諾酒：大茴香（法國開胃酒）
作法屬於合成酒

蒸餾酒（37~43%）

Gin:
1. 雞尾酒的心臟
2. 杜松子
→ ex: Gibson→onion、Martini→olive、Pink Lady、Orange Blossom→sugar rimmed、Blue Bird、Fizz系列、Sling系列

Tequila:
1. 沙漠甘泉、2.龍舌蘭、3.墨西哥特吉拉鎮藍色龍舌蘭51%以上
→ ex: Margarita→salt rimmed、Frozen Margarita →salt rimmed、Tequila Sunrise

Brandy:
1. 燃燒的酒
2. 葡萄
→
1. Cognac→No.1
2. Calvados（法諾曼地省的蘋果白蘭地）
3. 殘渣白蘭地Marc、義大利稱Grappa、Brandy Alexander、Egg Nog、Side Car、Horse's Neck、B&B

Vodka:
1. 鑽石酒、生命之水、
2. 馬鈴薯
→ ex: God Mother、Black Russian、White Russian、Screwdriver、Salty Dog(salt rimmed)、Bloody Mary(celery stick)、Flying Grasshopper、Chi Chi

Rum:
1.熱帶酒、糖酒、
2.甘蔗
→ ex: Mai Tai、Cuba Libre、Daiquiri系列、Pina Colada、Mojito、Ginger Mojito、Apple Mojito、Scorpion、Bacardi Cocktail、
*甘蔗酒Cachca →巴西國民酒
→ex:Caipirinha、Classic Mojito

Whisky:
1.生命之水、2.穀物
→
- Irish→3次蒸餾、儲存3年
- Scotch→泥煤
- American→Bourbon(玉米含量51~79%、蒸餾後須放在火烤過的新橡木桶陳釀達2年以上、酒精濃度40~80%、美國國會定義「美國獨特產品」)
- Canada

合成酒（16%、2.5%糖，別名：液體寶石）

- 藥草茴香：Anisette、Sambuca、Galliano、Bénédictine. D.O.M. 、Kummel
  藥草其他：Parfait Amour、Absinthe、Drambuie、Crème de Menthe、Irish Mist、Chartreuse
- 柑橘：Grand Marnier、Cointreau、Curaçao、Mandarin、Triple Sec
- 水果：Cherry Brandy、Coconut、Poire William Southern Comfort、Apricot、Peach 、Cassis、Sloe Gin、Maraschino
- 核果／咖啡：Tia Maria、Kahlua、Crème de Café、Pasha
  其他：Amaretto、Cacao、Amadè Choc Orange
- 特殊：Bailey Irish Cream、Advocaat

◎葡萄酒飲用溫度與食物搭配

種類		氣泡酒、香檳	白酒				粉紅酒	紅酒		強化酒		
搭配大方向		1. 百搭 2. 海鮮 3. 酸甜水果	氣味清爽、帶酸味，可去除海鮮腥味，增添清爽口感→白酒配白肉。 1. 白肉：魚、豬、雞、小牛肉、小羊肉。 2. 海鮮。 3. 北方菜：油而不膩。 4. 歐姆蛋。 5. 蘑菇、水果為主的涼拌菜→不甜白酒。				1. 清淡菜、冷盤。 2. 海陸餐。 3. 安全穩當選擇。	單寧重，口味濃，可軟化肉質→紅酒配紅肉 1. 紅肉：牛、羊、鴨、野味。 2. 南方菜：成熟紅酒。 3. 乳酪（藍紋乳酪→貴腐甜白酒）。 4. 紅酒燉煮料理。 5. 香菇。		1. 不甜雪莉：湯品。 2. 甜味雪莉、波特：巧克力類甜點。		
口味			甜白酒	清淡白酒	一般白酒	濃郁白酒		清淡紅酒	濃郁紅酒	甜味雪莉酒	不甜雪莉酒	波特酒
飲用溫度		7~9℃		10~12℃				15~18℃		15~18℃	10~12℃	12~18℃
搭配食物	前菜	魚子醬 （俄→伏特加） 生蠔	鵝肝醬 鴨肝	魚子醬 生蠔 冷盤	肉凍	鵝肝醬 田螺	肉凍 田螺 冷盤	田螺				
	海鮮	海鮮 魚翅	甜點→貴腐甜白酒		貝類	鮭魚 鮪魚 旗魚	煎炸海鮮	鮭魚 鮪魚 旗魚				
	肉類	野味（濃香檳）				雞 豬 鴨 小牛	雞 豬	雞 豬 鴨 小牛 叉燒肉 紅燒魚	牛排 羊排 野味 烤鴨 燻鴨 紅燒肉			
	其他	油炸點心		油炸點心	壽司		壽司	涮涮鍋 歐姆蛋				

可搭濃白酒的食物，亦可搭粉紅酒或清淡紅酒

飲務的作業規範

1-1　飲料的定義與分類

1-2　飲料業的分類與營運

1-3　飲料調製安全與衛生

1-4　吧檯設備與作業規範

1-1 飲料的定義與分類

餐飲是指飲料與餐食，常合稱為 F&B (Food and Beverage)，飲料(Beverage)源自拉丁文 Bibere，意思為「飲用之物」，也就是飲用的液體。飲料的主要成分為水，為人體所需要素之一，其功能有維持人體生理機能、提供部分營養素、提振精神、增進社交氛圍等。

一、飲料的分類

(一) 依酒精濃度

酒精濃度含量 0.5%以上稱之為酒精性飲料，依酒精濃度可分為酒精性飲料與非酒精性飲料，以下圖說明之：

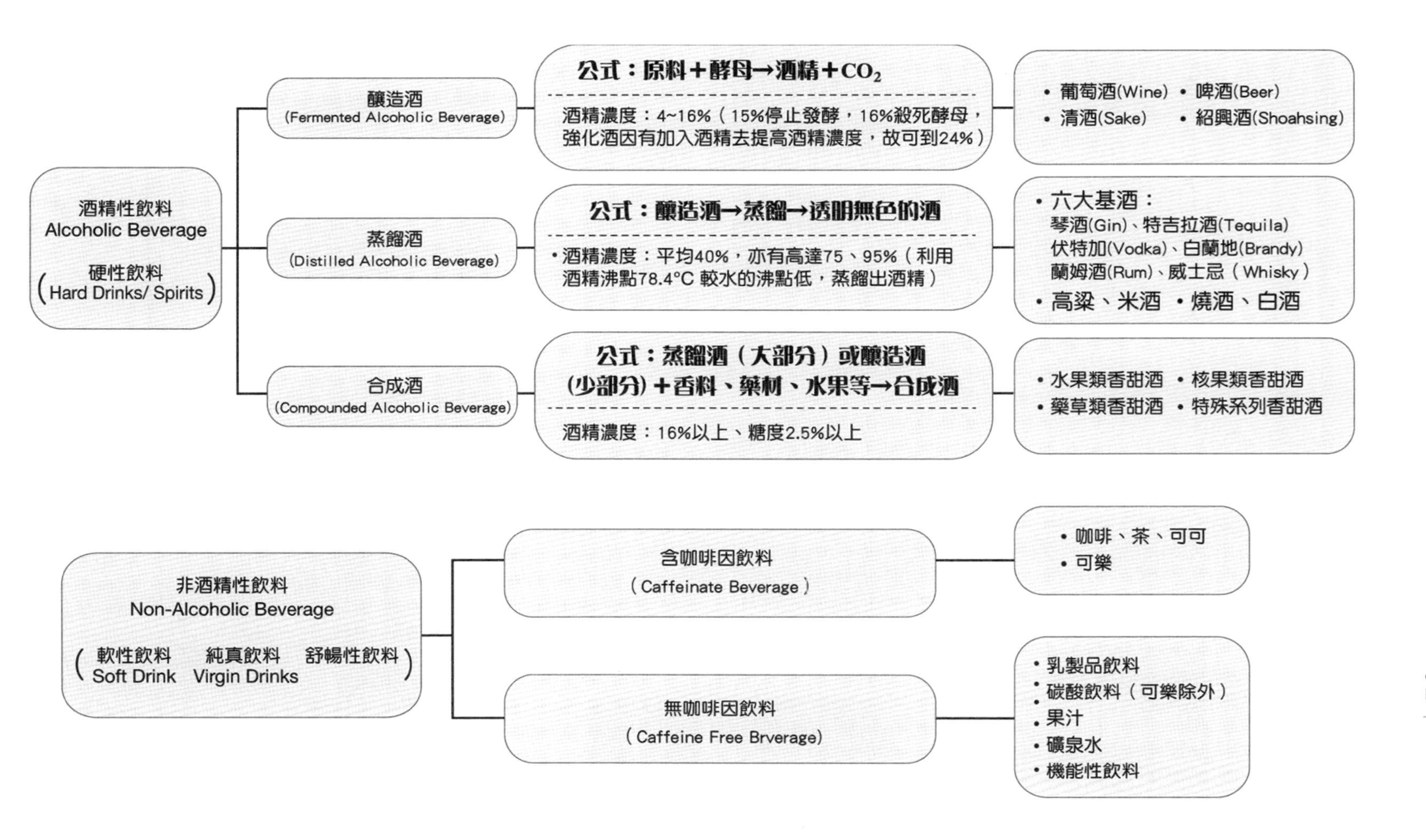
酒精性飲料
Alcoholic Beverage
硬性飲料
(Hard Drinks/ Spirits)
釀造酒
(Fermented Alcoholic Beverage)
公式：原料＋酵母→酒精＋CO_2
酒精濃度：4~16%（15%停止發酵，16%殺死酵母，強化酒因有加入酒精去提高酒精濃度，故可到24%）
• 葡萄酒(Wine) • 啤酒(Beer)
• 清酒(Sake) • 紹興酒(Shoahsing)
蒸餾酒
(Distilled Alcoholic Beverage)
公式：釀造酒→蒸餾→透明無色的酒
•酒精濃度：平均40%，亦有高達75、95%（利用酒精沸點78.4°C 較水的沸點低，蒸餾出酒精）
• 六大基酒：
琴酒(Gin)、特吉拉酒(Tequila)
伏特加(Vodka)、白蘭地(Brandy)
蘭姆酒(Rum)、威士忌（Whisky）
• 高粱、米酒 • 燒酒、白酒
合成酒
(Compounded Alcoholic Beverage)
公式：蒸餾酒（大部分）或釀造酒(少部分)＋香料、藥材、水果等→合成酒
酒精濃度：16%以上、糖度2.5%以上
• 水果類香甜酒 • 核果類香甜酒
• 藥草類香甜酒 • 特殊系列香甜酒
非酒精性飲料
Non-Alcoholic Beverage
(軟性飲料 Soft Drink 純真飲料 Virgin Drinks 舒暢性飲料)
含咖啡因飲料
(Caffeinate Beverage)
• 咖啡、茶、可可
• 可樂
無咖啡因飲料
(Caffeine Free Brverage)
• 乳製品飲料
• 碳酸飲料（可樂除外）
• 果汁
• 礦泉水
• 機能性飲料

同場加映

＊ 可飲用的酒精為「乙醇」，工業用的酒精為「甲醇」

＊ 日常中常見的酒精濃度單位為 ALC、VOL、PROOF，其中 PROOF 為美國常用的單位，100PROOF=50%ALC/VOL

（二）依飲用溫度

依照飲品的飲用溫度可分為冷飲、熱飲以及凍飲。以下表說明透過加入冰塊製作或經由冷藏之飲品，以及使用熱水沖泡或者進行加熱的飲品。

冷飲 (Cold drinks)	約 4~7°C(39~44°F)	冰咖啡、冰茶、冰果汁等
熱飲 (Hot drinks)	約 60~85°C(140~150°F)	熱咖啡、熱可可、熱茶等
凍飲 (Frozen drinks)	將材料與冰塊打成冰沙、雪泥狀	冰沙(sobert/sherbet/smoothie)、奶昔(Milk Shake)、芙萊蓓(frappé)、思樂冰(Slurpee)、星冰樂(Frappuccino)

同場加映

華氏溫度(°F)=（攝氏溫度×9/5）+32

攝氏溫度(°C)=（華氏溫度−32）×5/9

例題：100℃=(100×9/5)+32=212℉

（三）依飲用時間長短

依照飲品適合的飲用時間長短，分成長飲與短飲，以下表說明之。

	飲用時間	使用杯子	冰塊	成分	酒精濃度
長飲 (Long Drink)	長	可林杯、高飛球杯	不須事先冰杯、成品含冰塊	酒＋碳酸飲料 or 果汁	低
例子	高飛(Highball)、可林(Collins)、費士(Fizz)系列、琴通寧(Gin Tonic)、湯姆可林(Tom Collins)				
短飲 (Short Drink)	短	雞尾酒杯、馬丁尼杯	需事先冰杯、成品不含冰塊	酒	高
例子	馬丁尼(Martini)、曼哈頓(Manhattan)、紅粉佳人(Pink Lady)、藍鳥(Blue Bird)				

(四)依供應方式

依照飲品的供應方式可以分成現點現做的現調飲料，以及已經製作包裝完成，可直接販售的現成飲料，以下表說明之：

<table>
<tr><td>現成飲料
(Ready-to-drinks)</td><td colspan="3">可直接飲用的包裝飲料；通常在大賣場、超商、量販店等販售。例如：各式罐裝、瓶裝、鋁箔包飲料。
優點：容易保存。
缺點：口感及新鮮度不如現調飲料。</td></tr>
<tr><td rowspan="3">現調飲料
(Prepared drinks / Homemade drinks)</td><td rowspan="3">現場調製之飲料，例如：手搖飲、餐廳所提供之飲料。
優點：飲料新鮮、口感較佳。
缺點：需有專業人士調製、產品易變質。</td><td colspan="2">純飲(Straight drinks)：
單純喝某一飲品，例如：柳橙汁、濃縮咖啡、威士忌等。</td></tr>
<tr><td rowspan="2">混和飲料(Mixed drinks)：
兩種以上材料混和調製而成的飲品。</td><td>含酒精
(Cocktail)</td></tr>
<tr><td>無酒精
(Mocktail)</td></tr>
</table>

補充說明

◎Cocktail

例如：綠色蚱蜢(Grasshopper)、紅粉佳人(Pink Lady)、新加坡司令(Singapore Sling)、螺絲起子(Screwdriver)等。

◎Mocktail

例如：雪莉登波(Shirley Temple)、水果賓治(Fruit Punch)、灰姑娘(Cinderella)等。

（五）依口感分類

依照飲品喝起來的風味口感與飲品本身的酒精濃度，分成不甜飲料與甜味飲料，以下表說明之：

分類	說明
不甜飲料 (Dry drinks)	1. 飲料本身**不含甜味**。 2. 酒精濃度較**高**或口感**辛辣**的酒類。 3. 酒精濃度含量很高的飲料，又稱為燃燒的飲料(Burned drinks)。
甜味飲料 (Sweet drinks)	1. 飲料本身**具有甜味**。 2. **不含**酒精或酒精濃度**低**但含有甜味的飲料。

（六）依飲用時機分類

分類／飲用時機	酒精性飲料	中式茶飲
餐前： 酸、澀助開胃	餐前酒(Aperitif Wine) 例如：不甜雪莉酒、不甜氣泡酒、香檳、不甜雞尾酒。	迎賓茶→清香型： 例如：綠茶、青茶、包種茶、白毫烏龍茶。
佐餐： 搭配餐食	佐餐酒(Table Wine)、餐中酒 例如：紅酒（搭配紅肉）、白酒（搭配白肉）、香檳（若選擇香檳，則餐中皆飲香檳）、啤酒。	半發酵茶 *清香型的茶適合搭配海鮮 例如：青茶、包種茶、白毫烏龍茶。 *口味重喉韻佳的茶適合搭配紅肉 例如：普洱茶、鐵觀音。
餐後： 甜味、去油解膩	飯後酒(Dessert Wine)、餐後酒 例如：甜味氣泡酒、香檳、冰酒、甜白酒、甜雪莉酒、波特酒、香甜酒、白蘭地。	飯後茶→口味重、喉韻佳： 例如：紅茶、普洱茶、鐵觀音。

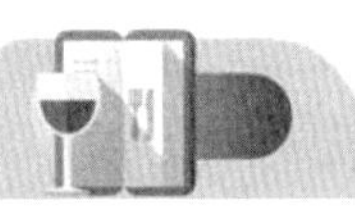

補充說明

◎全天候雞尾酒

為任何時間皆適合飲用的酒類，一般以長飲居多，不但可以慢慢品嚐，亦可以享受雞尾酒的美味及其亮麗之色彩，例如：特吉拉日出(Tequila Sunrise)、自由古巴(Cuba Libre)、新加坡司令(Singapore Sling)、金費士(Golden Fizz)等。

同場加映

◎酒駕標準

1. 酒精濃度達每公升 0.15 毫克或血液中酒精濃度達 0.03%以上→《道路交通管理處罰條例》，機車駕駛人處新臺幣 1 萬 5,000 元以上 9 萬元以下罰鍰；汽車駕駛人處新臺幣 3 萬元以上 12 萬元以下罰鍰，且須吊扣駕駛執照 1~4 年，甚至吊銷駕照。
2. 酒精濃度達每公升 0.25 毫克或血液中酒精濃度達 0.05%以上→《刑法》公共危險罪，處 3 年以下有期徒刑，得併科 30 萬元以下罰金。

1-2 | 飲料業的分類與營運

行政院主計處行業標準分類

◎第 I 大類－住宿及餐飲業

※ **餐飲業**：從事調理餐食或飲料供立即食用或飲用之行業；餐飲外帶外送、餐飲承包等亦歸入本類。

・不包括：

①製造非供立即食用或飲用之食品及飲料歸入 C 大類「製造業」。

②零售包裝食品或包裝飲料歸入 G 大類「零售及批發業」的「零售業」。

・分類：

1. **餐食業**：從事調理餐食供立即食用之商店及攤販。

(1) **餐館**：從事調理餐食供立即食用之商店；便當、披薩、漢堡等餐食外帶外送店亦歸入本類。

・包括：便當外送店、小吃店、快餐店、披薩外帶店、日本料理店、牛排館、自助火鍋店、速食店、鐵板燒店、鐵路餐廳、韓國烤肉店、食堂、飯館、餐廳、麵店。

(2) **餐食攤販**：從事調理餐食供立即食用之固定或流動攤販。

・包括：小吃攤、快餐車、麵攤。

2. **外燴及團膳承包業**：從事承包客戶於指定地點辦理運動會、會議及婚宴等類似活動之外燴餐飲服務；或專為學校、醫院、工廠、公司企業等團體提供餐飲服務之行業；承包飛機或火車等運輸工具上之餐飲服務亦歸入本類。

・包含：員工膳食承包、團膳承包、外燴承包、學生膳食承包、彌月油飯承包、月子中心月子餐承包飛機空中餐點承包、餐飲承包。

3. **飲料業**：從事調理飲料供立即飲用之商店及攤販。

(1) **飲料店**：從事調理飲料供立即飲用之商店；冰果店亦歸入本類。

・不包括：有侍者陪伴之飲酒店歸入 9323 細類「特殊娛樂業」。

・包含：冰果店、冰淇淋店、冷（熱）飲店、咖啡館、茶藝館、豆花店、飲酒店。

(2) **飲料攤販**：從事調理飲料供立即飲用之固定或流動攤販。

・包括：冷飲攤、行動咖啡車。

經濟部商業司行業營業項目

◎F 大類：批發、零售及餐飲業

F5 餐飲業：

1. **飲料店業**：從事非酒精飲料服務之行業。例如：茶、咖啡、冷飲、水果等點叫後供應顧客飲用之行業，包括：茶藝館、咖啡店、冰果店、冷飲店等。

2. **飲酒店業**：從事酒精飲料之餐飲服務，但無提供陪酒員之行業。包括：啤酒屋、飲酒店等。

3. **餐館業**：從事中西各式餐食供應點叫後立即在現場食用之行業。例如：中西式餐館業、日式餐館業、泰國餐廳、越南餐廳、印度餐廳、鐵板燒店、韓國烤肉店、飯館、食堂、小吃店等，包括：盒餐。

4. **其他餐飲業**：其他餐飲供應之行業。例如：伙食包作、辦桌等。

◎重點整理

・行政院主計處行業標準分類：第 I 大類住宿及餐飲業。

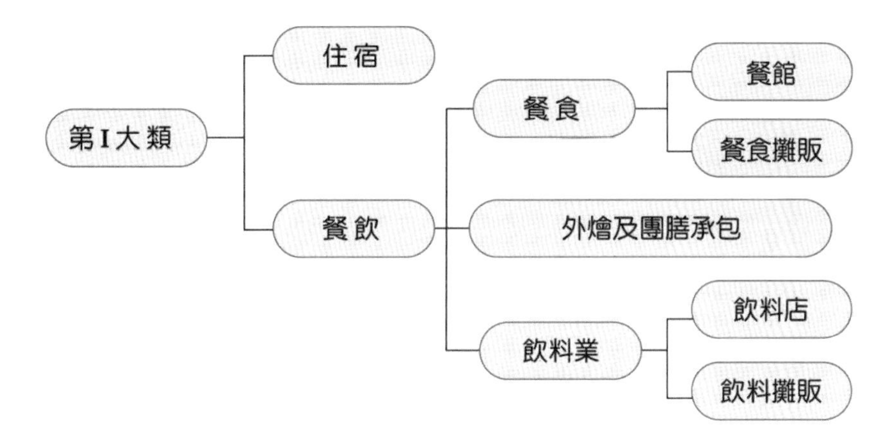

・經濟部商業司行業營業項目：F 大類批發、零售及餐飲業。

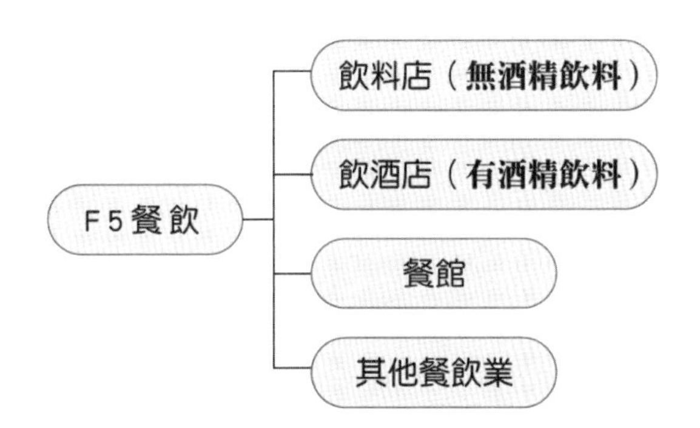

這裡可以和觀光餐旅業導論 Ch1 一起複習哦！

一、飲料業分類

	類型	性質	特色
無酒精飲料業	茶館	傳統	具有人文歷史及藝文之氛圍，注重茶的品質、文化及空間氣氛，例如：紫藤廬、 天仁茗茶、翰林茶館等。
		歐式	提供紅茶、水果茶、奶茶及下午茶為主，裝潢具有歐式宮廷風格或貴族浪漫的情調，例如：古典玫瑰園、玫瑰夫人等。
	咖啡館	複合式	咖啡與不同產業結合；除了賣咖啡也賣其他商品，例如：服裝、烘焙產品、藝術品、書籍、花藝等。
		連鎖	兩家以上具有相同商標，採標準作業流程(SOP)，整體程序標準化、制度化，例如：星巴克、85 度 C 等。
		自家烘焙	屬於個人經營的咖啡館，店內裝潢強調個人風格，產品展現獨個人獨特品味，多半以提供高品質的咖啡為主。
	飲料專賣	手搖飲	臺灣的特色茶飲店，多以外帶為主，以創新口味之混合飲品為主，例如：50 嵐、珍煮丹、可不可、CoCo 等。
	冰果室	果汁、冰品、水果切盤	因應臺灣盛產水果且品質優良而延伸之臺灣特色店，販售商品包含季節水果切盤、各式冰品、現榨果汁、紅豆湯、豆花、燒仙草等。
有酒精飲料業	啤酒屋	營業時間為晚上至半夜，主要販售啤酒及台式快炒。	近年來亦有販售精釀啤酒為主之啤酒專賣店。
	餐酒館	提供餐食與酒水。	泛指餐廳裝潢氣氛良好，提供葡萄酒、啤酒，搭配精緻餐點的餐館。
	酒吧	國家：美式 BAR	偏重雞尾酒的提供。
		國家：英式 PUB	為提供飲酒、社交及休閒娛樂之公共空間。
		服務：開放式酒吧 (Open Bar)	1. 指調酒師直接面對客人進行服務。 2. 宴會中提供酒精與無酒精飲料，客人無須付費，由主人統一付費。

類型		性質		特色
有酒精飲料業（續）	酒吧（續）	服務（續）	服務性酒吧 (Service Bar)	調酒師不直接面對客人。而是透過服務人員進行點單及送酒。
			現金酒吧 (Cash Bar)	客人在私人性質的宴會上，每點一杯飲料，即付一杯錢。
		位置	大廳酒吧 (Lobby Bar)	位在飯店大廳，備有桌椅，提供客人交誼休閒之地。
			酒廊 (Lounge)	屬於較正式的酒吧，通常在飯店的地下室或者頂樓，亦可稱為雞尾酒廊(Cocktail Lounge)。
			沙發酒吧 (Lounge Bar)	設置以沙發為主，提供客人一個舒適的環境飲酒。
			頂樓酒吧 (Sky Bar)	位在飯店的頂樓，主打絕佳觀景視野。
			客房迷你酒吧 (Mini Bar)	提供小瓶裝飲料供客人於房間內自行調製飲用。
			宴會酒吧 (Banquet Bar)	只為了某一宴會或大型活動而特別設立之臨時酒吧。

二、飲料業的營運

（一）飲料業的經營

臺灣手搖飲風行，隨處可見人手一杯飲料，經營模式從外帶式的傳統手搖飲料，到有內用座位或搭配糕點麵包等的複合式飲料店，因飲料店的入門條件低，故為創業市場的熱門行業，以下針對飲料店的經營特性與模式做說明：

表 1-1　飲料店的特性

特性	說明
成本低	1. **人力成本**：飲料店所需的人員專業技術門檻較低，且需要的人力不多，較多為計時員工，較少正職人員。 2. **設備成本**：飲料店所需的機具設備比起餐廳，成本偏低。 3. **物料成本**：飲料店所需之物料，例如：茶葉、碳酸飲料、乳製品、水果等，所需花費不高，成本比起其他餐飲業，相對較低。 4. **租金成本**：飲料店能選擇的空間彈性較大，不如餐廳需要一定的規模，故店面租金成本較低。

表 1-1　飲料店的特性（續）

特性	說明
利潤高	1. 因所需成本較低，故利潤較高。 2. 產品選擇多、價格低，加上臺灣飲食文化，故飲料的購買意願及回購率高。
空間場所彈性大、選擇性高	飲料店小至外帶店、改裝行動咖啡車，大至內用店、複合式，可依照經營模式選擇店面大小。
資金財務掌握容易	飲料店多為現金交易或小額付款，較不易出現呆帳的狀況，且項目單純，不需太倚賴專業人士，故資金掌握容易。
投資風險小	因為成本低，且多為現金收入，故投資風險小。
競爭對手多	因入門門檻低，相對競爭對手多。

（二）飲料店的經營模式

<table>
<tr><th colspan="2">經營方式</th><th>說明</th></tr>
<tr><td colspan="2">獨立經營</td><td>1. 由一人或幾位股東共同經營，財務、人事、管理都由經營者決定，自主空間大。
2. 採購議價、廣告行銷費用上負擔較重。</td></tr>
<tr><td rowspan="3">加盟</td><td>直營加盟</td><td>由總公司直接派人經營，總公司保有人事權及所有權。
* **優點**是較容易控制品質。
* **缺點**是成長較慢且需較高資本投入。</td></tr>
<tr><td>特許加盟</td><td>由自願加盟或員工內部加盟，需要支付加盟金以及技術移轉費用。
* **優點**是展店速度快、因總部統一運作，故享有較低的採購成本、行銷成本等。
* **缺點**是品質較難掌握。</td></tr>
<tr><td>委託加盟</td><td>經由總公司營運一段時間後，委託給加盟主繼續經營，除了共同分擔經營成本之外，也享有總部所提供的產品及人員訓練等後勤資源。
* **優點**是總公司需分擔經營成果，加盟主風險較小。
* **缺點**是加盟主僅掌握部分經營管理權，自主性較小。</td></tr>
</table>

（三）常見的飲料業服務型態

1. **餐桌服務**(Table Service)：顧客從進門到點餐及取餐都有服務人員協助。
2. **外送服務**(Delivery Service)：顧客利用電話、手機、APP 等向店家點選飲品，並送到指定地點，例如：50 嵐、CoCo、清心等。

3. **外帶服務**(Take-out Service)：指顧客到店面選購飲購飲品後自行外帶。例如：可不可、一芳水果茶、龜記等。

4. **櫃檯服務**(Counter Service)：顧客在店面櫃台向櫃檯服務人員點選飲品，待服務人員調製完成後由顧客自行將飲品端至座位飲用，例如：星巴克、路易莎、西雅圖咖啡等。

1-3 飲料調製安全與衛生

一、飲務人員衛生規範－重安全、講衛生

項目	說明
健康管理	1. 新進人員應先通過醫療機構健康檢查合格後始得聘僱。 2. 雇主應每年主動為員工辦理健康檢查。 3. 若從業人員罹患 A 型肝炎、手部皮膚病、外傷、傷寒、結核病、出疹等或其他可能造成食品汙染之疾病，不得從事與食品接觸之工作。
服裝	領結或領帶、白襯衫（長度至手腕之長袖白襯衫）、西服背心（長度至腰際）、深黑或深藍色長褲長達鞋面（有褲耳需繫皮帶、以棉或混紡織西服布料，不可為牛仔褲）、黑色過腳踝之黑襪、男女一律黑色皮鞋（前、後兩側全包、鞋跟不超過 5 公分）。
頭髮	需梳理整齊，髮長觸及衣領者需綁包頭用髮網。瀏海不得長及眼睛。
顏面	不蓄鬍、不可濃妝豔抹、不可佩戴飾物。
手	雙手潔淨，不可留指甲（不能超過指肉）、不著指甲油、不配戴飾物，若手部有傷口應主動配戴乳膠手套。
習慣與態度	1. 手部應隨時保持清潔；進入食品作業場所前、如廁後、手部受汙染時，皆應立即洗手消毒。 2. 工作中不可吸菸、嚼檳榔、嚼口香糖或其他可能汙染食品之行為。 3. 過程中避免交談，以免造成飛沫傳染。 4. 手指不可直接摸杯口，應接觸底部或邊緣以免汙染。 5. 注意杯器皿之清潔、不可提供破裂之杯器皿給客人。 6. 不可徒手拿取裝飾物及冰塊，應正確使用水果夾及冰鏟冰夾。 7. 生鮮物料需正確清潔處理（含去蒂頭及去標籤）。 8. 正確使用機具，以免發生危險。

二、食材選購與保存要點

食材之採購需考量營運的需求、店舖本身的儲存空間大小，來決定採購的數量，並把握先進先出(First in First out, FIFO)的原則，避免造成食材的浪費以及維護食材的新鮮品質。

項目	注意事項
乳品類	注意標示、外觀無破損、內容物沒有沉澱分離之現象、無酸敗臭味、鮮乳需購買有鮮乳標章之商品、奶粉不應受潮結塊、打開後盡快使用完畢。
罐頭類	罐頭形狀正常無膨脹、凹陷、生鏽或汁液流出之狀況，應存放在陰涼乾燥處，打開後不可連同鐵罐一起進冰箱，應另外裝置保鮮盒冷藏並盡快使用完畢。
乾貨類	包裝需有明確標示，包含內容物名稱、有效日期、產地、廠商資訊、營養標示。散裝或拆封之乾貨需密封、乾燥保存或放冷藏冷凍。
水果類	選擇當季盛產之水果，不但價格公道且品質優良。挑選時應選擇果實完整、成熟度適中、無嚴重壓碰傷及蟲害。

三、飲料調製之相關衛生管理

(一) 原料

1. 調製飲料所需之食材，應向合法業者採購，並且標示有效日期與成分內容。
2. 應向顧客主動出示原料的來源證明
3. 原料之放置應離牆壁、地板 5 公分以上，並放於適當場所。
4. 原料的儲存應置於適當的溫度：冷藏 7°C 以下、冷凍在-18°C 以下、乾貨材料類如茶葉、咖啡粉、奶精粉等應儲存在相對濕度 70°以下。
5. 原料的取用採先進先出原則，故進貨時須特別標註進貨日期及有效期限，並置於方便先進先出管理之位置。
6. 原料的儲存包裝須完整並置於架上，以免受汙染。

(二) 營運場所

1. 營運環境應隨時保持清潔，工作檯應採用容易清洗之材質，並於使用前後清洗並消毒。
2. 營運場所之光線照明應在 100 米燭光以上。

3. 營運場所須注意通風，垃圾桶、廚餘桶須加蓋。
4. 設置完善的洗手設備，放置洗手乳、酒精、擦手紙或烘手機等。
5. 製冰機需定期保養，並不可拿來存放其他食材，如有另外購買之冰塊，應放於 –18°C 的冷凍庫，不可放入製冰機。
6. 水塔須定時清洗，一年最少一次。

(三) 杯皿器具

1. 杯皿的清洗流程為洗潔劑→清水沖洗→消毒液→晾乾。玻璃杯之清洗可使用漂白水消毒。
2. 擦拭玻璃杯的順序為杯內→杯身→杯底→杯腳，並於擦拭完成後對光照確認是否乾淨。
3. 器具、刀具、砧板與抹布等應妥善清洗，並放於適當位置，避免交叉汙染。

(四) 飲料製備過程

1. 使用食材調製前須先確認是否為有效期限，並且外觀及保存溫度正常。
2. 為避免交叉汙染，生熟食有專屬之器具並分開處理。
3. 使用的用水其水質須符合飲用水標準，並放置乾淨容器。

同場加映

◎飲務食材的管理之實施要點

1. 原材料、半成品及成品倉庫，應該分別設置或者要有適當區隔，並且要有足夠的空間以供搬運。
2. 有汙染原材料、半成品或成品之虞的物品或包裝材料，應要有防止交叉汙染之措施；若其未能防止交叉汙染者，不得與原材料、半成品或成品一起貯存。
3. 倉庫內物品要分類貯放於棧板、貨架上或者採取其他之有效措施，不可以直接放置地面，並請應該保持整潔及良好通風。
4. 倉儲過程中如有需管制溫度或濕度者，應建立管制方法及基準，並確實記錄。

5. 倉儲過程中，應確實定期檢查，並做記錄；如有異狀時，應當立即處理，確保原材料、半成品及成品之品質及衛生。

◎飲料的咖啡因含量標準

《一般食品衛生標準》第 7 條中，納入咖啡因含量規定，但刪除標示低咖啡因之飲料標準，整理如下表。

項目	咖啡因含量
茶及可可飲料	不得超過 500mg/L
茶、咖啡及可可以外之飲料	不得超過 320mg/L

衛生福利部公告「連鎖飲料便利商店及速食業之現場調製飲料標示規定」(民國 110 年 1 月 1 日生效)，整理重點如下：

現場調製之飲料，應標示該杯飲料之總糖量及總熱量，總糖量及總熱量亦得以最高值表示之，以最高值表示者，應加註「最高值」。前項總糖量得以換算方糖數標示之(每顆方糖以 5 公克計，1 公克糖等於 4 大卡熱量，所以 1 顆方糖等於 20 大卡熱量)。

例如：總糖量○○公克，總熱量○○大卡

總糖量○○顆方糖，總熱量○○大卡

總糖量最高值○○公克，總熱量最高值○○大卡

P.S 整杯飲料的糖和熱量通通要算！包含原料、配料等，不是只有「添加進去的糖」喔~

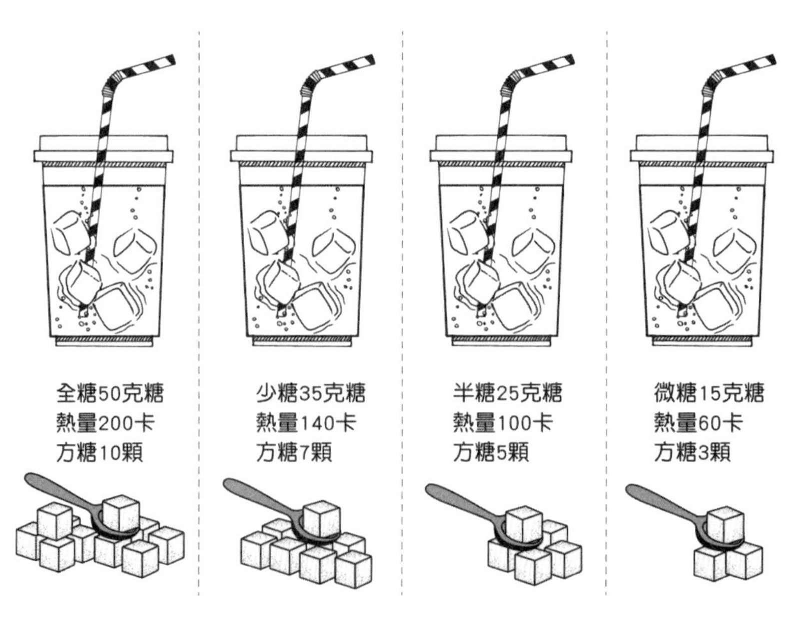

◎茶、咖啡、果蔬品名之飲料，應依下列規定標示

1.須標示茶葉原料原產地。
2.混茶應依其含量多寡由高至低標示

3.未使用茶葉調製，而是使用茶精等香料者，應標示「○○風味」或「○○口味」。

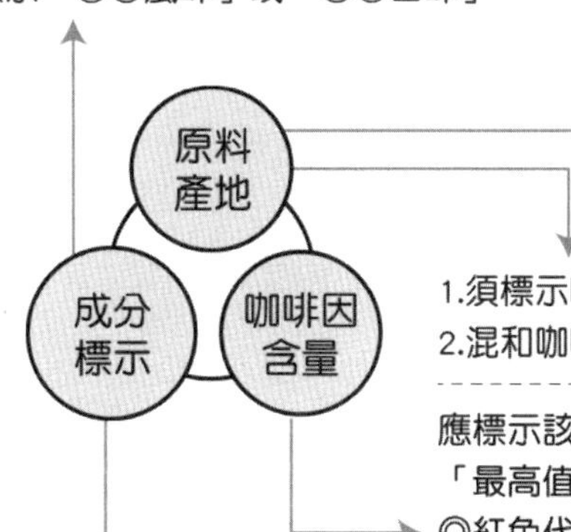

咖啡飲料

1.須標示咖啡原料原產地。
2.混和咖啡應依其含量多寡由高至低標示。

應標示該杯飲料總咖啡因含量之最高值，並加註「最高值」；或以紅黃綠標示區分總咖啡因含量。
◎紅色代表每杯咖啡因總含量201mg以上。
◎黃色代表每杯咖啡因總含量101~200mg。
◎綠色代表每杯咖啡因總含量100mg以下。

1.果蔬汁含量10%以上：「○○汁」。
2.果蔬汁含量0.1~9.9%：「○○果蔬飲料」。
3.未含果蔬汁者：「○○風味飲料」、「○○口味飲料」。

1-4 吧檯設備與作業規範

一、吧檯分類

酒吧	提供內容	水吧	提供**非酒精性飲料**（軟性飲料），例如：咖啡、茶、果汁等。
		酒吧	提供**酒精性飲料**（硬性飲料），例如：雞尾酒、開胃酒、佐餐酒、烈酒、葡萄酒等。
	國家	美式 BAR	Bar 原是指**長條橫木**，用以將客人與調酒師隔開，以免酒客喝酒鬧事。**偏重雞尾酒**的提供，常見的設備有足球檯、電視機、點唱機等。 * 常見的美式酒吧型態：電視酒吧(TV Bar)、雪茄酒吧(Ciger Bar)、沙發酒吧(Louge Bar / Cocktail Louge)、爵士樂酒吧(Jazz Bar)、運動酒吧(Sport Bar)、音樂酒吧(Musical Bar)、鋼琴酒吧(Piano Bar)等。
		英式 PUB	Pub 是指**公共交誼廳**(Public House)，提供飲酒、社交及休閒娛樂之公共空間。
	服務	開放性酒吧 (Open Bar)	指在宴會當中，主人安排檯面，由調酒師直接面對客人，提供有酒精及無酒精之飲品，並於宴會後由主人統一付費，客人無須付費；若是客人需要付費的，則稱為 Cash Bar。
		服務性酒吧 (Service Bar)	由服務人員向客人點單後，交由調酒師調製飲品，再將飲品送至客人桌上，調酒師不直接面對客人。
		現金酒吧 (Cash Bar)	客人在私人性質的宴會上，每點一杯飲料，即付一杯錢。
	位置	大廳酒吧 (Lobby Bar)	位在飯店大廳，備有桌椅，提供客人交誼休閒之地。
		酒廊 (Lounge)	屬於較正式的酒吧，通常在飯店的地下室或者頂樓，亦可稱為雞尾酒廊(Cocktail Lounge)。
		沙發酒吧 (Lounge Bar)	酒吧的設置以沙發為主，提供客人一個舒適的環境飲酒。
		頂樓酒吧 (Sky Bar)	位在飯店的頂樓，主打絕佳觀景視野，客人可以一邊飲酒一邊欣賞美景。
		客房迷你酒吧 (Mini Bar)	在客房內，備有小瓶裝酒精性飲料（例如：琴酒、威士忌等）及罐裝碳酸飲料（例如：可樂、雪碧等），提供房客自行調製飲用。 **＊唯一沒有服務生的吧台形式**
		宴會酒吧 (Banquet Bar)	只為了某一宴會或大型活動而特別設立之臨時酒吧。

二、吧檯設計

區域	說明	重點設備
前吧檯區、前檯服務區、前吧檯服務區(Front Bar)	吧檯人員與客人直接接觸並提供飲料的區域。	高腳椅(Bar Stool)。
操作區、飲料調製區、工作檯區域、工作檯操作區(Under Bar)	吧檯人員調製飲料的區域。	儲冰槽(Ice Bin)、快速酒架(Speed Rack)、手入式冷藏庫(Reach-in Refrigerator)、吊杯架(Hanging Glass Racks)、蘇打槍(Soda Gun)、水槽(Sink)、冰桶(Ice Bucket)等。
後吧檯區、後檯展示區、後吧檯陳列區(Back Bar)	陳列架通常分兩層，上層設計為開放性層架，具展示及收納之功能；下層設計多為隱藏式儲存櫃，可放式各類物品。	置物櫃、冷藏櫃、製冰機、義式咖啡機、飲水機等。

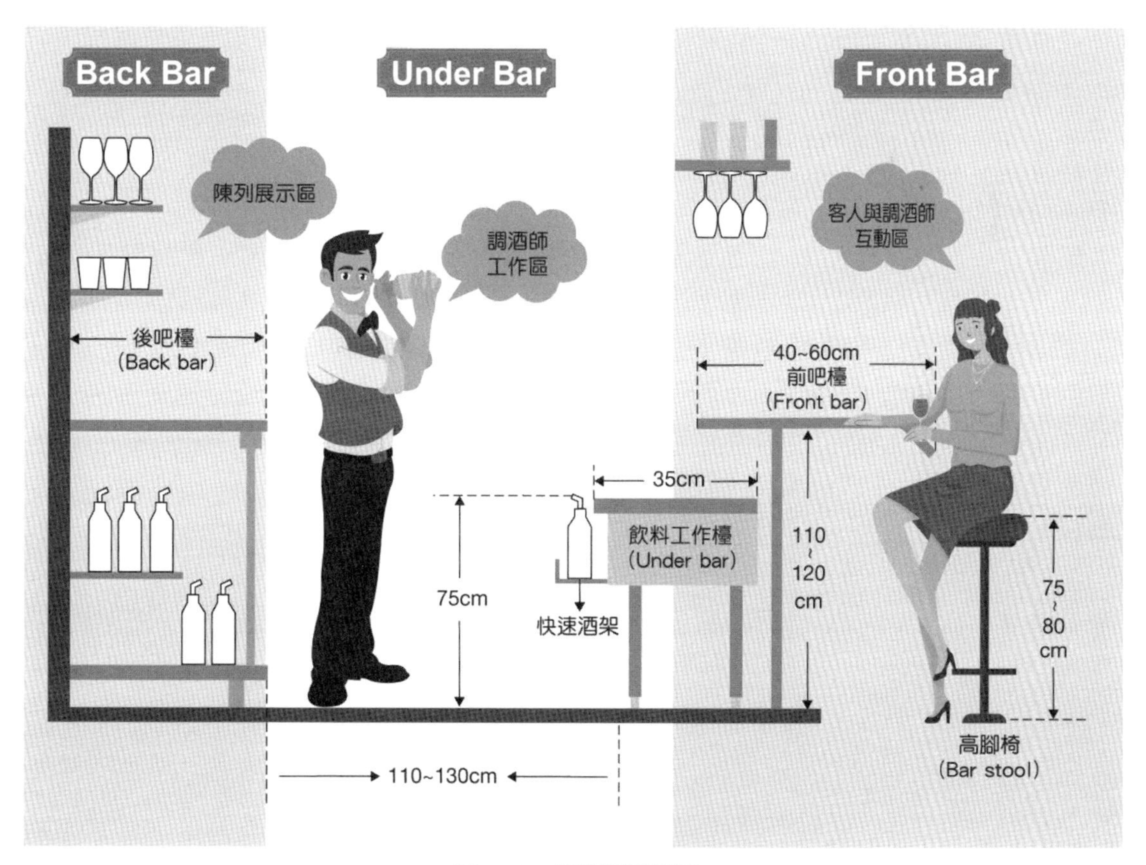

圖 1-2　吧檯配置圖

三、吧檯設備介紹

器具	說明
製冰機 (Ice Cube Maker)	常見冰塊如下： 1. **大冰塊(Block of Ice)**：1 公斤的大冰塊，通常用於酒會、宴會之 Punch 缸中，保持冰度用。 2. **中冰塊(Lump of Ice)**：拳頭大小，使用於小 Punch 缸、或烈酒加冰飲用。 3. **方冰塊(Ice Cube)**：1 公分立方型冰塊，為最常見之冰塊型態。 4. **裂冰(Cracked Ice)**：通常在搖酒時使用。 5. **碎冰(Crushed Ice)**：芙來蓓 Frappé 系列飲品使用。
儲冰槽 (Ice Bin)	為放置冰塊之不銹鋼槽，通常在營運前須將儲冰槽裝滿冰塊，方便營運時使用。
快速酒架 (Speed Rack/Speed Rail)	又名酒瓶架(Bottle Rack)，放置最常使用的基酒，通常是店裡的指定基酒品牌(House Brand)、配料等，且為了方便使用，皆會更換成酒嘴(Pourer)，以利自由倒酒(Free Pour)。
冷藏庫 (Refrigerator)	冷藏溫度保持在 7℃以下；冷凍庫則保持在-18℃以下，吧檯常見的冷藏庫分 3 種： 1. **手入式冷藏庫**(Reach-in Refrigerator)：是最常見的營業用冷藏庫。 2. **桌下型冷藏庫**(Onside Refrigerator)：設置於操作檯下方，多半用於儲藏瓶裝啤酒。 3. **走入式冷藏庫(Walk-in Refrigerator)**：大型冷藏庫；儲存大量水果、整箱啤酒等。
吊杯架 (Hanging Glass Racks)	裝在吧檯上方，將杯具倒掛，不但節省空間也方便拿取，更具裝飾作用。
蘇打槍 (Soda Gun)	蘇打槍上有許多按鍵，以按壓方式打出碳酸飲料，多半使用於碳酸飲料使用量較大的吧檯。

同場加映

其他常見吧檯設備單字

碎冰機(Ice Crusher)	冰杯機(Glass Froster)
水槽(Sink)	滴水板(Drain Board)
冰桶(Ice Bucket)	生啤酒機(Draft Sidpenser)

四、吧檯作業規範

吧檯主要的工作人員稱為調酒師(Bartender)， 依照工作內容可分成 3 個階段，分別為營業前準備工作、營業中的服務以及營業後的善後工作，以下分別說明之：

(一) 營業前準備工作，俗稱開吧(Open Bar Duty)

主要的工作內容為營運前的清潔、設備檢查、物料領取、食材的前製備、調酒師自我服儀檢查等。

1. 檢查確認各式材料、器具、設備是否到位。
2. 開啟各式機具電源。
3. 整理清潔工作環境，例如：鋪上吧檯專用軟地墊、整理吧檯、客用桌面、擦拭酒架上的酒瓶、擺放吧檯器具等。
4. 備妥各式基酒、裝飾物等。
5. 最後確認自我服裝儀容以及準備工作前會議(Briefing) 。

(二) 營業中的服務(Service)

此階段主要為服務客人，依照客人的需求提供酒水服務，包含推薦適合的飲品、依照標準酒譜調製飲品、用心注意客人的狀況、隨時整理吧檯以保持整體清潔等。

1. 待客迎賓。
2. 酒水供應。
3. 結帳收款。
   ＊ 打烊前提醒客人做最後點單(Last Order)，一般為打烊時間前 15~30 分鐘。
4. 清理桌面及整理環境。

（三）營業後的善後工作(Close Bar Duty)

等待客人全數離開之後， 即開始執行清潔與整理工作，將環境清潔乾淨、妥善保存剩餘食材，依當日營運狀況填寫報表確認金額，最後關閉電器，並做最後環境確認後即完成。

1. 結帳；填寫營業報表，確認營業額與實收帳款。
2. 盤點物資，不足的部分需項採購單位申請。
3. 清潔所有器具機具、將剩餘食材妥善存放、處理垃圾。
4. 填寫報表，以統計每日銷售。
5. 關閉電器電源，整體環境總檢查。

同場加映

一般酒譜都有所謂的標準配方(Standard Recipe)，一份標準酒譜的標準配方須包含酒名、材料、調製法、裝飾物、杯皿、做法、成品圖等。其用意為：

1. 方便計算食材成本，落實成本控制。
2. 可利用標準配方明確登載材料及數量，以利採購。
3. 因配方一致，故品質穩定。

單字庫

◎飲料分類

Alcoholic Beverage	酒精性飲料
Aperitif	餐前酒
Beer	啤酒
Beverage	飲料
Brandy	白蘭地
Caffeine	咖啡因
Caffeinate Beverage	含咖啡因飲料
Caffeinate Free Beverage	無咖啡因飲料
Cocktail	雞尾酒
Cold Drinks	冷飲
Compounded Alcoholic Beverage	合成酒
Dessert wines	餐後酒
Distilled Alcoholic Beverage	蒸餾酒
Fermented Alcoholic Beverage	釀造酒
Frozen Drinks	凍飲
Gin	琴酒
Hard Drinks	硬性飲料
Hot Drinks	熱飲
Long Drinks	長飲
Mixed Drinks	調配飲料
Mocktail	無酒精的清涼飲料(無酒精雞尾酒)
Non-Alcoholic Beverage	無酒精飲料
Prepared Drinks	現調飲料
Ready-to-drink Beverage	現成飲料
Rum	蘭姆酒
Sake	清酒
Shoahsing	紹興酒
Short Drink	短飲

Soft Drinks	軟性飲料
Spirits	烈酒
Straight Drinks	純飲飲料
Table wines	佐餐酒
Tequila	特吉拉酒
Virgin Drinks	純真飲料
Vodka	伏特加
Whisky	威士忌
Wine	葡萄酒

◎吧檯術語

Back Up Drinks	同樣的飲品 2 杯
Call Brand	客人指定品牌
Call Out	吧檯打烊
Chaser	伴隨飲料、醒酒水（烈酒之後較淡的酒或飲品）
Cheers	乾杯
Comp./On The House	免費招待
Double	雙倍
Fill up	加滿
Happy Hour	買一送一時段
House Brand / House Pour	本店自行決定基酒
House Wine	招牌葡萄酒
Last order	最後點餐
Lemon Twist	扭轉檸檬皮
Mocktail / Virgin	無酒精飲料
Neat	純飲，酒不經降溫
On Check	一起結帳
One for the Road	最後一杯
On the Rocks	加冰塊飲用
On the House	本店招待
Single	單份

Side Duty	準備工作
Scotch Mizuwali	威士忌+水（水割）
Straight Up	純飲（經冰塊冰鎮後濾出）
Water back	再附給一杯冰水

◎吧檯種類

Banquet Bar	宴會酒吧
Cash Bar	現金酒吧
Lobby Bar	大廳酒吧
Lounge	酒廊
Lounge Bar	沙發酒吧
Mini Bar	客房迷你酒吧
No Host Bar	非主人酒吧
Open Bar	開放性吧檯
Service Bar	服務性吧檯
Sky Lounge	頂樓酒吧

◎易混淆單字

Spirits	烈酒
Sprite	雪碧
Liquid	液體
Liquor	烈酒
Liqueur	香甜酒

習題 EXERCISE

( ) 1. 由餐廳服務人員點單(Order)，再由餐廳服務人員將調製好的飲料送至顧客餐桌上，此種供應飲料之吧檯型態稱之為 (1)Front Bar (2)Open Bar (3)Service Bar (4)Lounge。

( ) 2. 下列關於飲料的分類之敘述，何者有誤？ (1)根據主計處定義飲料店：從事調理飲料供立即飲用之商店；冰果店亦歸入本類 (2)根據經濟部商業司定義飲料店業：茶藝館、冰果店、冷飲店皆屬之 (3)經濟部商業司的分類當中，酒精飲料店業可分為居酒屋、飲酒屋、PUB 等 (4)根據商業司的定義飲酒店業為從事酒精飲料之餐飲服務的行業，有無陪酒員皆屬之。

( ) 3. 孫大姊將開一家飲料店，請問下列何者非屬於飲料店經營的硬體規劃？ (1)服務人員的態度及禮儀訓練 (2)尋找適當的開店地點 (3)店內裝潢布置 (4)所需之設備機具採購。

( ) 4. 周董希望在結婚周年的時候舉辦一場大型宴會慶祝，希望飯店在當天宴會能設立酒吧，提供飲品給參加的貴賓飲用，請問此種酒吧屬於下列何者？ (1)Mini Bar (2)Banquet Bar (3)Sport Bar (4)Lounge Bar。

( ) 5. 關於飲料的別稱，下列何者正確？ (1)Liquid 指的是液體 (2)Liquor 指的是香甜酒 (3)Liqueur 指的是烈酒 (4)Beverage 指的是有酒精飲料。

( ) 6. 宇哥打算開設一家酒吧，請問飲料單的內容設計不需要考慮下列何者？ (1)吧檯所擁有的設備 (2)飲料的成本與售價 (3)員工技術 (4)飲料單的材質。

( ) 7. 請問飲料貯存管理是採何種方式？ (1)先進後出 (2)先進先出 (3)後進先出 (4)憑感覺。

( ) 8. 根據「飲料類衛生標準」規範當中，有關咖啡因飲料之敘述，下列何者錯誤？ (1)茶及可可飲料，咖啡因的含量不得超過 500ppm (2)茶及可可以外的飲料，咖啡因的含量不得超過 320ppm (3)咖啡飲料咖啡因含量不得超過 600ppm (4)低咖啡因咖啡，咖啡因的含量不得超過 20ppm。

( ) 9. 小寶到新開的飯店參觀，發現大廳處的酒吧，設有桌子及座位，並供應酒類、飲料的地方，其英文稱 (1)Sport Bar (2)Lobby Bar (3)Music Bar (4)Sky Lounge。

( ) 10. 吧檯的種類有很多種，有附屬在餐廳或飯店內，也有設在飯店的客房內，現場並不需要人員服務，其中有一種是會使用大型螢幕轉播運動賽事，讓民眾可以共同觀賞，其英文是 (1)Cocktail Lounge (2)Sky Lounge (3)Night Club (4) Sport Bar。

( ) 11. Bar Station 的旁邊，會有一個專門的放冰塊槽，稱為 (1)Ice Bin (2)Shaker (3)Ice Cooler (4)Ice Bucket。

( ) 12. 吧檯的種類很多，有獨立經營、有附屬在餐廳或飯店內，有一種吧檯設在飯店的客房內，現場並不需要人員服務，其英文稱為下列何者？ (1)Cocktail Lounge (2)Sky Lounge (3)Night Club (4)Mini Bar。

( ) 13. 可在晚宴前等待賓客時所舉行的酒會，其英文稱為下列何者？ (1)Punch Party (2)Champagne Party (3)Birthday Party (4)Cocktail Party。

( ) 14. 大型的吧檯，常設有專供給蘇打飲料的器具，其英文稱為下列何者？ (1)Draft Beer Dispenser (2)Speed Gun (3)Soda Gun (4)Syrup Container。

( ) 15. 一般吧檯工作檯的前下方，會擺放常用的基酒、飲料及配料，下列何項為此設備之名稱？ (1)Speed Rack (2)Soda Gun (3)Wine Shelf (4)Hanging Glass Racks。

( ) 16. 每次調製飲料時，都能使用哪種器具，較能達到成本控制的目的？ (1)量酒器(Jigger) (2)隔冰器(Strainer) (3)公杯(Lipped Glass) (4)攪拌棒(Stirrer)。

( ) 17. 有關個人服裝儀容，下列敘述何者正確？ (1)指甲可留長，以方便工作 (2)口紅可畫各種奇怪的顏色 (3)制服首要整齊、清潔 (4)鬍鬚可留長才性格。

( ) 18. 一般酒吧檯調酒操作步驟，以下列何者最佳？ (1)準備材料→量取基酒→挖冰塊→準備杯皿 (2)認識配方→準備杯器皿→準備裝飾→準備材料 (3)準備杯皿→認識配方→量取基酒→挖冰塊 (4)認識配方→準備裝飾→取用冰塊→量取用酒。

( ) 19. 阿文未成年，爸爸帶他去酒吧，請問下列何者是阿文不能喝的飲品？ (1)Virgin Pina Colada (2)Shirley Temple (3)Cinderella (4)Cosmopolitan

( ) 20. 在相同條件之下，冰塊稀釋飲品的速度由慢至快，下列何者正確？ 甲：Block of Ice 乙：Crushed Ice 丙：Ice Cube 丁：Lump of Ice (1)甲→丁→丙→乙 (2)乙→丙→丁→甲 (3)丙→乙→丁→甲 (4)丁→丙→甲→乙。

( ) 21. 下列有關飲料的分類何者敘述正確？甲、Beer 屬於 Fermented Alcoholic Beverage　乙、Coffee 是一種 Virgin Drinks　丙、Pink Lady 為一種 Long Drinks 的雞尾酒　丁、Rum 是 Distilled Alcoholic Beverage　(1)甲乙丙　(2)甲乙丁　(3)乙丙丁　(4)甲丙丁。

( ) 22. Fanny 是一名調酒師，在營業結束後的善後工作，發現今天營業時間用剩的罐頭鳳梨及水蜜桃，請問 Fanny 該如何處理？　(1)為了客人的健康著想，直接丟棄　(2)直接用保鮮膜密封放置工作檯，常溫儲存，隔天繼續使用　(3)連同罐頭封保鮮膜直接冰入冰箱　(4)換成玻璃或塑膠容器冰入冰箱。

( ) 23. 有關於現在市售的機能性飲料之敘述，請問何者錯誤？　(1)寶礦力水得添加醣類、胺基酸及礦物質，能迅速補充運動時流失的汗水並平衡體內的電解質　(2)奧利多水寡糖飲料添加 Bufidus 菌活性化的 Oligo 寡糖，調整消化道機能，維持腸道健康　(3)老虎牙子添加刺五加、紅景天及維生素 C 等，可增加人體的攝氧量，促進新陳代謝　(4)舒跑添加膳食纖維，增加腸胃蠕動，維持腸道正常機能。

( ) 24. 有關目前臺灣市面飲料店的敘述，下列何者正確？　(1)臺灣最早的連鎖咖啡為來自加拿大的「羅多倫」，強調 35 元平價咖啡，搭配三明治及漢堡　(2)臺灣近期的咖啡館為「明星咖啡館」、「田園咖啡屋」，是當時文人和藝術家聚會的場所，充滿濃厚的文藝氣息　(3)臺灣第一家本土咖啡連鎖店為「伊是咖啡」，期初率先以 35 元的低價提供給消費者，打破咖啡是少數人才能享用的貴族產品之刻板印象　(4)臺灣特殊的泡沫紅茶文化，是強調以手工現調的新鮮茶飲，提供座位讓顧客喝茶聊天。

( ) 25. 知名的金色三麥，其販售的主要飲品強調新鮮、純天然，同時也提供餐點讓顧客選擇，請問此間餐廳的經營型態較屬於下列哪一項種類？　(1)Beer House　(2) Wine Bar　(3)Pub　(4)Lounge Bar。

( ) 26. 飲料區分成 Hard drinks 與 Soft drinks 的分類準則為何？　(1)飲用的時機　(2)飲用的溫度　(3)是否含有酒精成份　(4)是否含有固體成份。

( ) 27. 關於吧檯工作區域與設備之敘述，下列何者正確？　(1)Back bar 上方通常會設置展示酒櫃　(2)Front bar 上方通常會放置三槽式水槽　(3)Front bar 下方通常會放置 Speed Rack　(4)Under bar 上方通常會放置製冰機。

( ) 28. 下列關於飲料分類的敘述，何者正確？甲：思樂冰屬於 frozen drinks；乙：藥酒屬於 tall drinks；丙：紹興酒屬於釀造酒；丁：ginger ale 屬於果蔬汁飲料　(1)甲、乙　(2)甲、丙　(3)乙、丁　(4)丙、丁。

( ) 29. 小瑜開了一家咖啡店，以下是店裡的菜單，請問何者可能利潤最高？ (1)法式洋蔥湯 (2)草莓千層蛋糕 (3)肉醬義大利麵 (4)冰美式咖啡。

( ) 30. 花花上飲調課時不小心睡著了，請問他抄的筆記當中何者錯誤？ (1)飲料在各項成本上均比餐食還低，因此其毛利比餐食較高 (2)一個成人每日需要約 2,000 c.c.~2,800 c.c. 的水分調解身體功能 (3)市面上流行的 Frozen Drinks 屬於冷飲的其中一種，需使用 Shaker 製作而成 (4)雪碧屬於 Soft Drinks。

( ) 31. 下列何者咖啡因含量最低？ (1)Pousse Café (2)Cola (3)Espresso (4)Earl Grey Tea。

( ) 32. 小傑到吧檯跟調酒師說要「Straight」，請問這個英文代表的是？ (1)加冰塊 (2)本店招待 (3)吧檯打烊 (4)純飲。

( ) 33. 下列何者不屬於機能性飲料？ (1)蠻牛 (2)七喜 (3)舒跑 (4)老虎牙子。

( ) 34. 下列吧檯設計與設備的相關敘述，何者錯誤？ (1)ice scoop 及 ice tongs 應收納放置於 ice bin 中 (2)以按壓方式打出碳酸飲料的設備稱為 soda gun (3)常用來放置 house brand 基酒之設備稱為 speed rack (4)將酒水或杯皿陳列放置於 back bar 上層可具有展示功能。

( ) 35. 販售茶、咖啡等現調飲料的正確標示，需要依據「連鎖飲料便利商店及速食業之現場調製飲料標示規定」辦理。此規定的主管機關是 (1)交通部觀光局 (2)教育部技職司 (3)經濟部商業司 (4)衛生福利部食藥署。

( ) 36. 下列哪一個選項對於 soft drink 與 hard drink 敘述是正確的？ (1)hard drink 屬於非酒精性飲料，soft drink 屬於酒精性飲料 (2)soft drink 屬於非酒精性飲料，hard drink 屬於酒精性飲料 (3)soft drink 屬於酒精性較高的飲料，hard drink 屬於酒精性較低的飲料 (4)hard drink 屬於酒精性較高的飲料，soft drink 屬於酒精性較低的飲料。

MEMO

器具、材料與調製法

2-1　飲料調製的器具

2-2　飲料調製的材料

2-3　飲料調製法

2-1 飲料調製的器具

一、吧檯器具

器具名稱	圖片	重點
量酒器 (Jigger Measure)	30ml 15ml	1. 上方容量為 30ml，下方為 15ml，總共45ml，用以量取液態材料，主要功能為控制品質與掌握成本。 2. 1 盎司(oz)=30ml、1 吉格爾(jigger)=45ml。
雪克杯 （搖酒器 Shaker）	頂蓋 隔冰器 杯身	1. 分成三個部分：杯身(Body)、隔冰器(Strainer)、頂蓋(Top)。 2. 主用使用於不易混和的材料，例如：蛋黃、果糖、蜂蜜等；使用時先放入冰塊，再加入比重較輕之材料，例如：酒類、果汁、糖漿等；然後再放入比較重之材料，例如：蛋黃、蛋白、蜂蜜、奶水等。
波士頓雪克杯 (Boston Shaker)	刻度調酒杯 不鏽鋼杯	1. 分成兩個部分：不鏽鋼杯(Tin Mixing Cup)、刻度調酒杯(Mixing Glass)。 2. 將材料放入刻度調酒杯，再將冰塊放置不銹鋼杯中，並把不銹鋼杯蓋在刻度調酒杯上進行搖盪，需使用隔冰器將飲料濾出。
刻度調酒杯 (Mixing Glass)		主要使用於攪拌法，適合高酒精濃度之飲料調製，使用時先加入冰塊再加入材料，使用吧叉匙快速攪拌後，利用隔冰器過濾出飲料。
隔冰器 (Strainer)		主要搭配刻度調酒杯做使用，主要功能為防止冰塊、果籽掉入成品杯中，其外圍的螺旋形鋼圈，適用於各尺寸的刻度調酒杯杯口。

器具名稱	圖片	重點
酒嘴 (Pourer)		1. 裝在瓶口的器具，主要用於控制流量。 2. 自由倒酒(Free-Pour)：調酒師不使用量酒器量酒，直接倒酒。 3. 定量酒嘴(Jigger Pourer)：已設定每次倒出來的量為 1oz。
吧叉匙 (Bar spoon)		一端為湯匙面，主要用來攪拌材料或者用於製作分層飲料；一端為叉子面，用來插取裝飾物；中間的匙柄為螺旋狀，方便調酒師拿取與攪拌用。
冰夾 (Ice tongs)		夾取冰塊用。
冰鏟 (Ice scoop)		挖取冰塊用。
冰桶 (Ice bucket)		放置冰塊用。
冰酒桶 (Wine cooler)	冰酒桶 冰酒桶架	1. 用於冰鎮白酒、粉紅酒與氣泡酒。 2. 冰酒桶內可放入冰塊、水及鹽巴，以減緩冰塊融化之速度，通常搭配冰酒桶架(Wine Stand)使用。
榨汁器 (Squeezer)		榨金桔汁用。

器具名稱	圖片	重點
壓汁器 (Squeezer)		榨檸檬汁、柳橙汁、葡萄柚之用。 *雖與榨汁器英文相同，但其功能不同。
果汁機 (Blender)		用於製作冰沙、果汁等飲品，有的果汁機亦兼具碎冰功能。
碾棒 (Muddle)		用於將飲料中的方糖、薄荷葉、水果等材料搗碎。例如：莫西多系列雞尾酒。
公杯 (Lipped glass)		1. 容量 280~300ml。 2. 主要用來裝果汁、鮮奶等液態材料，或者喝烈酒時，先盛裝至公杯，再分到每人的烈酒杯中飲用。
裝飾物盒 (Garnish tray)		放置製作好的裝飾物。
沾杯器 (Glass Rimmer)		1. 用於製作鹽口杯或糖口杯。 2. 器具本身有三層：一層為海綿，用檸檬汁或水將海綿浸濕；一層為糖；一層為鹽。
劍叉 (Cocktail pick / Cherry Stick)		用來固定或串起裝飾物，例如：櫻桃、橄欖、柳橙片加紅櫻桃等。

器具名稱	圖片	重點
調酒棒 (Stirrer)		提供客人攪拌用，一般搭配高飛球杯使用。 ＊丙級檢定中僅「奇異之吻」與「蜜桃比妮」會使用到。
吸管 (Straw)		配合長飲飲料使用。現在配合政府政策，一般改用紙吸管或環保吸管。
杯墊 (Coaster)		用於冷飲之襯墊，主要在吸收杯身凝結的水珠以保持桌面乾燥，使用時須將正面朝向客人。
檸檬刮絲器 (Zester)		削取檸檬皮絲用。
軟木塞起子 (Corkscrew)		用來開啟紅白酒、粉紅酒之用，又稱侍酒師之友(Waiter's Friernd)。

二、吧檯杯具

(一) 平底杯(Tumbler)

器具	圖片	重點	適用飲品
可林杯 (Collins Glass)		1. 容量 330~360ml。 2. 適用於可林類飲料、長飲及非酒精性飲料。	領航者可林(Captain Collins)、約翰可林(John Collins)、長島冰茶(Long Island Iced Tea)、灰姑娘、水果賓治等。

器具	圖片	重點	適用飲品
高飛球杯 (Highball Glass)		1. 容量 240~300ml。 2. 適用於高飛球飲料（烈酒+碳酸飲料），服務時會附調酒棒。 3. 飲料調製丙級僅<u>奇異之吻</u>及<u>蜜桃比妮</u>使用。	費士系列(Fizz)、螺絲起子(Screwdriver)、鹹狗(Salty Dog)、血腥瑪莉(Bloody Mary)、奇異之吻、蜜桃比妮等。
古典杯 (Old-fashioned Glass)		1. 容量 240ml。 2. 又稱老式酒杯、威士忌酒杯(Whisky Glass)、岩石杯(Rock Glass)。 3. 適用於烈酒加冰塊，例如：威士忌加冰塊。 4. 飲料調製丙級用來盛裝<u>乾性</u>材料，例如：茶葉、奶精粉等。	古典酒(Old Fashioned)、黑色俄羅斯(Black Russian)、白色俄羅斯(White Russian)、教父(God Father)、教母(God Mother)、神風特攻隊(Kamilkaze)、杏仁酸酒(Amaretto Sour)。
烈酒杯 (Shot Glass)		1. 容量 60ml。 2. 適合純飲烈酒(Straight/Neat)。	B-52 轟炸機(B-52 Shot)
馬克杯 (Beer Mug)		1. 容量 300~480ml。 2. 主要拿來飲用生啤酒，杯壁厚，使用前須先冰杯，以減緩飲料溫度上升。	生啤酒(Draught Beer/Draft Beer)
皮爾森杯 (Pilsner Glass)		1. 容量 300ml。 2. 可欣賞啤酒的色澤與泡沫，外型杯口大，方便豪飲。	皮爾森啤酒(Pilsner)

(二)有腳杯(Goblet)

器具	英文	重點	適用飲品
白蘭地杯 (Brandy Snifter)		1. 容量 240~300ml。 2. 特色為杯肚大、杯口窄,防止香氣跑掉。 3. 飲用時加入約 30ml 白蘭地,以酒杯橫躺不溢出為原則,並可用手掌心握住杯肚,利用掌心溫度溫熱白蘭地。	白蘭地(Brandy)
雞尾酒杯 (Cocktail Glass)		1. 容量 120~180ml。 2. 為短飲的代表容器。 3. 使用前須先冰杯。	紅粉佳人(Pink lady)、橘花(Orange Blossom)、藍鳥(Blue Bird)、金色夢幻(Golden Dream)、綠色蚱蜢(Grasshopper)、飛天蚱蜢(Flying Grasshopper)、金色黎各(Golden Rico)、薄荷芙萊蓓(Mint Frappe)、白蘭地亞歷山大(Brandy Alexander)。
馬丁尼杯 (Martini Glass)		1. 容量 90ml。 2. 形狀與雞尾酒杯一樣,只是容量較小。 3. 適用於馬丁尼家族雞尾酒,調製法為攪拌法。	馬丁尼(Martini)、完美馬丁尼(Perfect Martini)、吉普森(Gibson)、曼哈頓(Manhattan)、不甜曼哈頓(Dry Manhattan)、羅伯羅依(Rob Roy)。
瑪格麗特杯 (Margarita Glass)		1. 容量 200ml。 2. 又可稱為雙層杯(Coupette Glass),為瑪格麗特專用杯。	瑪格麗特(Margarita)、霜凍瑪格麗特(Frozen Margarita)。
香甜酒杯 (Liqueur Glass)		1. 容量 30ml。 2. 主要用來飲用香甜酒。 3. 飲料調製丙級中主要拿來裝糖水或蜂蜜,當裝飾物用。	B 對 B(B&B)、天使之吻(Angel's Kiss)、普施咖啡(Pousse café)、彩虹酒。

器具		英文	重點	適用飲品
酸酒杯 (Sour Glass)			1. 容量 140ml。 2. 又稱沙恬杯，適用酸酒型雞尾酒。	威士忌酸酒 (Whiskey Sour)
炫風杯 (Hurricane Glass)			1. 容量 300~450ml。 2. 適用於熱帶型雞尾酒、多半使用電動攪拌法。	香蕉巴迪達(Banana Batida)、藍色夏威夷佬(Blue Hawaii)。
香檳杯	鬱金香型香檳杯 (Champagne Tulip)		1. 容量 150~210ml。 2. 正式宴會場合中，專門飲用氣泡酒的杯子。 3. 長杯身之設計可用於欣賞氣泡上升之美，杯口較小可鎖住香氣。	氣泡酒
香檳杯	細長型香檳杯 (Champagne Flute)		1. 容量 150~210ml。 2. 又稱笛型香檳杯，杯身細長杯口狹窄，可欣賞氣泡上升之美。	皇家基爾(Kir Royale)、貝利尼(Bellini)、含羞草(Mimosa)。
香檳杯	淺碟型香檳杯 (Champagne Saucer)		1. 容量 120~180ml。 2. 喜宴、慶功宴上堆疊香檳塔之用。 3. 杯口寬杯身淺的設計，較難保持氣泡酒中的氣泡也不易欣賞氣泡。	堆疊香檳塔，祝福步步高升、未來順心如意之意。
酒杯	紅酒杯 (Red wine Glass)		1. 容量 180~270ml。 2. 紅酒的試飲溫度為 15~18℃，且需要醒酒，故紅酒杯的杯口設計大，以利增加與空氣接觸之面積。	紅酒
酒杯	白酒杯 (White wine Glass)		1. 容量 120~180ml。 2. 白酒飲用溫度為 10~12℃，杯口較小，以免溫度上升太快。 3. 適合飲用白酒與粉紅酒。	基爾(Kir)

器具	英文	重點	適用飲品
托地杯 (Toddy Glass)		1. 容量 240ml。 2. 有分有腳杯與平底杯，主要盛裝熱雞尾酒(Toddy)。	熱托地(Hot Toddy)、尼加斯(Nigas)、法國佬(French man)。
愛爾蘭咖啡杯 (Irish Coffee Glass)		1. 容量 240ml。 2. 愛爾蘭咖啡專用耐熱玻璃杯，須搭烤杯架使用。	愛爾蘭咖啡(Irish Coffee)

2-2 飲料調製的材料

類別	說明
茶葉、花草茶、咖啡	飲料常用之基底為茶飲或咖啡，包含：綠茶、紅茶、烏龍茶、菊花、龍眼乾、枸杞、紅棗、黑森林果粒茶、洛神花茶、紫羅蘭花茶、咖啡等。
果汁	果汁可提供飲品風味、口感以及顏色，常用之果汁如下： 柳橙汁(Orange Juice)、檸檬汁(Lemon Juice)、番茄汁(Tomato Juice)、葡萄柚汁(Grapefruit Juice)、金桔汁(Kumquat Juice)、鳳梨汁(Pineapple Juice)、蘋果汁(Apple Juice)、蔓越莓汁(Cranberry Juice)等。
碳酸飲料 (Carbonated Beverage)	用來襯托調和基酒，亦常用來調製無酒精雞尾酒。需冰鎮，因為碳酸飲料溫度越低，二氧化碳溶解越多，喝起來越有氣。 例如：蘇打水、奎寧水、雪碧、可樂等。
酒類	1. 雞尾酒常用的酒稱之為基酒，目前常使用的六大基酒為琴酒(Gin)、伏特加(Vodka)、特吉拉酒(Tequila)、白蘭地(Brandy)、蘭姆酒(Rum)、威士忌(Whisky)。 2. 雞尾酒中的**著色成分**則是使用香甜酒。 3. 其他酒類如葡萄酒，也常拿來調製雞尾酒。
生鮮類	包含：水果、蔬菜、奶製品等。

類別	說明
配料類	1. 提供飲料中的甜味及風味，例如：砂糖、果糖、糖水、黑糖、蜂蜜、各式糖漿等。 2. 飲料調製丙級中使用到的糖漿，有紅石榴糖漿(Grenadine Syrup)、水蜜桃糖漿(Peach Syrup)、奇異果糖漿(Kiwi Syrup)、榛果糖漿(Hazelnut Syrup)、焦糖糖漿(Caramel Syrup)。
調味	用來調整風味或裝飾用；可食用的裝飾物稱為 **Garnish**、不可食用的裝飾物稱為 **Decoration**。常見的調味料，例如：酸辣油(Tabasco)、辣醬油(Worcestershire Sauce)、苦精(Bitter)、鹽(Salt)、可可粉(Cocoa Powder)、胡椒粉(Pepper)、肉桂粉(Cinnamon Powder)、荳蔻粉(Nutmeg Powder)等。

2-3 飲料調製法

調製法	重點	使用器具	代表性雞尾酒	無酒精飲品
注入法 (Pour) 不攪拌	1. 材料直接倒入成品杯中，不需攪拌。 2. 先倒入果汁或香甜酒後，再加入葡萄酒或氣泡酒。	量酒器 (jigger)	基爾(Kir)、皇家基爾(Kir Royale)、貝利尼(Bellini)、含羞草(Mimosa)。	濾杯式熱咖啡、熱烏龍茶、熱蜜香紅茶。
直接注入法 (Build) 成品杯攪拌	直接將材料放入已加冰塊的成品杯中，並使用吧叉匙稍作攪拌。	量酒器 (jigger) 吧叉匙 (bar spoon)	鹹狗(Salty Dog)、美國佬(Americano)、馬頸(Horse's Neck)、古典酒(Old Fashioned)、血腥瑪莉(Bloody Mary)、自由古巴(Cuba Libre)、黑色俄羅斯(Black Russian)、約翰可林(Joha Collins)、教父(God Father)、螺絲起子(Screwdriver)。	維也納冰咖啡、水果賓治、冰蜜桃比妮、灰姑娘、冰紅茶、冰水蜜桃紅茶。
壓榨法 (Muddle) 不可單獨存在	1. 需搭配其他調製法。 2. 以搗碎棒將固體材料（檸檬、方糖、薄荷葉等）搗碎，再加入碎冰和材料。 ＊無法單獨存在，一定要搭配其他調製法	量酒器 (jigger) 搗碎棒 (muddler)	1. 搖盪法&壓榨法： 經典莫西多(Classic Mojito)、薑味莫西多(Ginger Mojito)。 2. 直接注入法&壓榨法： 蘋果莫西多(Apple Mojito)、莫西多(Mojito)、卡碧尼亞(Caipirinha)。	

調製法	重點	使用器具	代表性雞尾酒	無酒精飲品
漂浮法 (Float) **無法單獨存在**	1. 其原理是利用酒精、糖比重的不同，製造出分層的效果，並搭配其他調製法，將材料漂浮在已經調製好的飲料上層。特色是無法單獨存在，一定要搭配其他調製法。 2. 可利用冰塊的承載力將材料漂浮在上層，也可利用吧叉匙漂浮材料。	量酒器 (jigger) 吧叉匙 (bar spoon)	1. 搖盪法+漂浮法： 邁泰(Mai Tai)、冰涼甜心(Cool Sweet Heart)。 2. 直接注入法+漂浮法： 特吉拉日出(Tequila Sunrise)、哈維撞牆(Harvey Wallbanger)、白色俄羅斯(White Russian)。 * Mai Tai 漂浮：深色蘭姆酒 * Cool Sweet Heart 漂浮：新鮮檸檬汁及新鮮柳橙汁 * Tequila Sunrise 漂浮：紅石榴糖漿 * Harvey Wallbanger 漂浮：義大利香草酒 * White Russian 漂浮：奶精	直接注入法+漂浮法：奇異之吻、冰奶蓋紅茶、冰奶蓋綠茶、冰紅茶拿鐵、冰抹茶拿鐵。
搖盪法 (Shake)	1. 冰塊和材料依序加入搖酒器中充分搖勻。 2. 此調製法可調合材料及冷卻，並將酒的烈性減低，製造出柔滑之口感。 3. 避免使用快溶化的冰塊，以免融冰太多，造成飲料味道被稀釋。 4. 蛋黃、蜂蜜等比重較重的材料，應最後再加入。 5. 碳酸飲料不可加入搖酒器中一起搖盪，以避免氣爆。	量酒器 (jigger) 搖酒器 (shaker) * 波士頓搖酒器(Boston Shaker)要搭配隔冰器(Strainer)使用	威士忌酸酒(Whiskey Sour)、瑪格麗特(Margarita)、蛋酒(Egg Nog)、白蘭地亞歷山大(Brandy Alexander)、粉紅佳人(Pink Lady)、側車(Side Car)、飛天蚱蜢(Flying Grasshopper)、紐約(New York)。	冰金桔檸檬汁、冰奶泡綠茶、冰檸檬紅茶、冰蜂蜜菊花茶、冰伯爵奶茶、冰珍珠奶茶等。

調製法	重點	使用器具	代表性雞尾酒	無酒精飲品
分層 (Layer) **從頭都尾都分層，千萬不可攪拌**	1. 利用比重關係，將 2 種以上的材料做出分層效果。酒精濃度低及含糖量高者，因比重較重，須先加入，酒精含量越高者越容易漂浮。 2. 需利用吧叉匙緩緩倒入材料做出分層（若動作太大容易造成層次不分明），每次材料量完需立刻清洗量酒器，以免造成材料混濁。	量酒器 (jigger) 吧叉匙 (bar spoon)	B 對 B(B&B)、彩虹酒(Rainbow)、天使之吻(Angle's Kiss)、普施咖啡(Pousse Café)、B-52 轟炸機(B-52 Shot)。	
攪拌法 (Stir) **在「刻度調酒杯」裡攪拌**	1. 將材料和冰塊放入刻度調酒杯。以吧叉匙攪拌均勻，再以隔冰器濾出飲料至成品杯。 2. 容易混合的材料適合採用此法調製。 3. 馬丁尼家族的飲品皆使用攪拌法。 4. 飲料調製丙級中的攪拌法則強調需在特定區域內使用吧叉匙攪拌，例如：雪平鍋、耐熱玻璃壺、Syphon。	量酒器 (jigger) 吧叉匙 (bar spoon) 刻度調酒杯 (mixing glass) 隔冰器 (strainer)	義式琴酒(Gin&It)、吉普生(Gibson)、曼哈頓(Manhattan)、不甜馬丁尼(Dry Martini)、羅伯羅依(Rob Roy)、鏽釘子(Rusty Nail)。	熱水果茶、熱桔茶、虹吸式熱咖啡、熱桂圓紅棗茶。
電動攪拌法 (Blend)	1. 此法適用於需將大量材料混合，製作出凍飲的飲品，例如：Smoothies、Frozen Drinks、Sorbet。 2. 使用前需先加水淹過刀片試打。 3. 材料加入順序為水果→液體材料→糖類→冰塊。 4. 碳酸飲料不可加入，以免發生危險。 5. 若水果含有粗纖維或連籽一起攪打，則需使用過濾網過濾果汁，例如：西瓜汁、番茄汁、鳳梨汁、葡萄汁。	量酒器 (jigger) 吧叉匙 (bar spoon) 果汁機 (blender)	霜凍瑪格麗特(Frozen Margarita)、奇奇(Chi Chi)、鳳梨可樂達(Pina Colada)、藍色夏威夷佬(Blue Hawaiian)、霜凍香蕉戴吉利(Banana Frozen Daiquiri)。	冰柳橙鳳梨汁（需過濾）、冰西瓜汁（需過濾）、冰木瓜牛奶、水蜜桃冰沙、摩卡咖啡冰沙。

同場加映

◎果汁取汁方法

1. 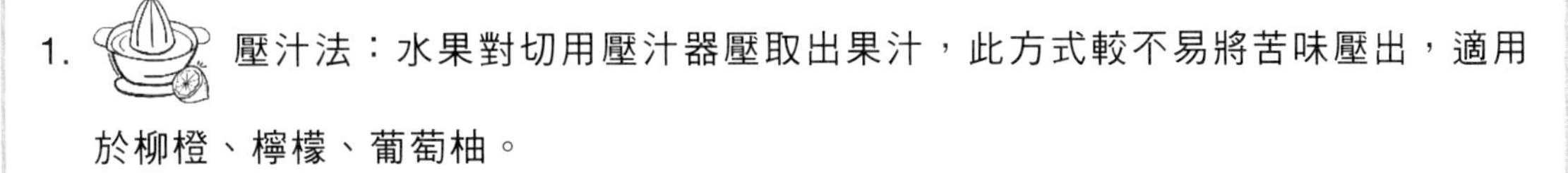 壓汁法：水果對切用壓汁器壓取出果汁，此方式較不易將苦味壓出，適用於柳橙、檸檬、葡萄柚。

2.  榨汁法：使用榨汁器取出果汁，適用於金桔。

3. 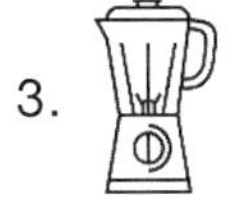 蔬果榨汁機：適用於非柑橘類的蔬果，可直接用蔬果榨汁機榨出果汁。

單字庫

◎杯器皿

Bar spoon	吧叉匙
Blend	電動攪拌法
Blender	果汁機
Boston Shaker	波士頓雪克杯
Bottle/Can Opener	開罐器
Brandy Snifter	白蘭地杯
Build	直接注入法
Coaster	杯墊
Cocktail pick/Cherry Stick	劍叉
Champagne Tulip	鬱金香型香檳杯
Champagne Saucer	淺碟型香檳杯
Champagne Flute	細長型香檳杯
Collins Glass	可林杯
Corkscrew	軟木塞起子
Cocktail Glass	雞尾酒杯
Decoration	不可食用的裝飾物
Float	漂浮法
Garnish tray	裝飾物盒
Glass Rimmer	沾杯器
Goblet	有腳杯
Highball Glass	高飛球杯
Hurricane Glass	炫風杯
Ice cube	冰塊
Ice Crusher	碎冰器
Ice tongs	冰夾
Ice scoop	冰鏟
Ice bucket	冰桶
Irish Coffee Glass	愛爾蘭咖啡杯

jigger	量酒器
Jigger pourer	定量酒嘴
Layer	分層法
Liqueur Glass	香甜酒杯
Lipped glass	公杯
Martini Glass	馬丁尼杯
Margarita Glass	瑪格麗特杯
Mixing Glass	刻度調酒杯
Muddle	碾棒、壓搾
Mug	馬克杯
Old-fashioned Glass	古典杯
Pour	注入法
Pourer	酒嘴
Punch Bowl	雞尾酒缸
Red wine Glass	紅酒杯
Shake	搖盪法
Shaker	雪克杯（搖酒器）
Shot Glass	烈酒杯
Sour Glass	酸酒杯
Squeezer	榨汁器
Strainer	隔冰器
Stir	攪拌法
Stirrer	調酒棒
Straw	吸管
Toddy Glass	托地杯
Tumbler	平底杯
White wine Glass	白酒杯
Wine cooler	冰酒桶
Wine Decanter	過酒器
Zester	削檸檬皮刀

習題 EXERCISE

( ) 1. Glass Rimmer 是 (1)沾杯器 (2)開罐器 (3)掛杯架 (4)洗杯機。

( ) 2. 以下杯具容量，由小至大排列？甲、Collins Glass 乙、High Ball Glass 丙、Liqueur Glass 丁、Sour Glass (1)丙丁乙甲 (2)甲乙丁丙 (3)乙甲丁丙 (4)乙甲丁丙。

( ) 3. 下列何種器皿，不可盛裝飲料供顧客飲用？ (1)Old Fashioned Glass) (2)Highball Glass (3)Collins Glass (4)Lipped Glass。

( ) 4. 軒軒在幫店裡販售的器具設計說明字卡，請問下列說明，何者錯誤？ (1)Bar Spoon：調酒師作為攪拌的主要器具 (2)Glass Rimmer：製作糖口杯或鹽口杯之用 (3)Jigger：作為量取酒、果汁等材料之用 (4)Straw：與刻度調酒杯搭配，過濾冰塊之用。

( ) 5. 無論使用哪一種調飲方式，每次都要用到的器具是下列何者？ (1)雪克杯(Shaker) (2)量酒器(Jigger) (3)吧叉匙(Bar Spoon) (4)刻度調酒杯(Mixing Glass)。

( ) 6. 下列裝飾物中，何者不屬於 Garnish？ (1)櫻桃 (2)小洋蔥 (3)小紙傘 (4)檸檬塊。

( ) 7. 吧檯調飲常用的糖，以下哪一種最方便？ (1)糖水(Simple Syrup) (2)砂糖(Granulated Sugar) (3)蜜糖(Honey) (4)冰糖(Crystal Sugar)。

( ) 8. 調製一杯飲料，內含有雞蛋及牛奶，應以何種方法調製最恰當？ (1)直接注入法(Building) (2)攪拌法(Stirring) (3)搖盪法(Shaking) (4)霜凍法(Frozen)。

( ) 9. 下列哪一種調酒用具，使用時不會接觸到冰塊？ (1)Bar Spoon (2)Pourer (3)Shaker (4)Strainer。

( ) 10. 調酒師在服務雞尾酒時，下列何者不適合提供給客人？ (1) Stirrer (2)Stick (3)Strainer (4)Straw。

( ) 11. 何種器具的使用，能幫助酒吧達到成本控制的目的？ (1)Jigger (2)Strainer (3)Squeezer (4)Stirrer。

( ) 12. 小泰在上飲調課時，有一杯飲品的裝飾物是紅櫻桃串，請問他需要使用何種東西將紅櫻桃串起？ (1)Garnish Tray (2)Fruit Fork (3) Stirrer (4)Cocktail Stick。

( ) 13. 調酒師在使用吧檯物料前應檢視其新鮮度，下列何者敘述有誤？ (1)購買回來的小洋蔥罐，擦拭乾淨後，應立刻放入冰箱冷藏 (2)打開濃縮果汁或糖漿時若有「嘶」聲音，表示已經發酵變質，建議不要使用 (3)雞尾酒需要的水果裝飾物，應於每週一一次切好整週所需的量，放置裝飾物盒當中 (4)開過的鳳梨罐頭，建議換成玻璃或塑膠容器後再放入冷藏。

( ) 14. 關於飲料調製丙級冰沙飲料的調製，下列敘述何者有誤？ (1)若材料有義式咖啡，需隔冰攪涼才加入果汁機 (2)果汁機的前置作業不需要加水試打 (3)奇異果需要去皮，木瓜則是去皮去籽才可加入果汁機 (4)加入的順序是通常先加入材料，最後加入冰塊攪打。

( ) 15. 雞尾酒常見的裝飾物包含櫻桃、檸檬、柳橙等，英文稱之為何？ (1)Decoration (2)Garnish (3)Gibson (4)Rimming。

( ) 16. 關於常見的調酒原則或方法，下列敘述何者正確？ (1)使用搖盪法調製飲品時，搖酒器中可加入少許碳酸飲料搖盪以增加飲品口感 (2)調製雞尾酒時，材料當中若有蛋黃，宜最後加入搖酒器中 (3)冰杯的最佳時機為客人飲用之前 (4)不可食用的裝飾物稱為 garnish。

( ) 17. 下列何者調味品是打開後必須要冷藏的？ (1)Bitters (2)Cocktail Onions (3)Nutmeg (4)Cinnamon Powder。

( ) 18. Blender 使用時應注意事項，下列何者為非？ (1)冰塊越大顆大越好 (2)不要將有核之水果丟入 (3)使用前後皆應清洗乾淨，且要定期保養 (4)不可加入碳酸飲料。

( ) 19. 飲料調製乙級檢定中，搖盪法將使用 Boston Shaker，請問其操作先後順序為何？甲、將材料加入刻度調酒杯中 乙、加入冰塊至 Tin Cup 中 丙、兩者組裝搖盪 丁、使用隔冰器 戊、冰鎮成品杯 (1)甲乙丙丁戊 (2)甲乙丙戊丁 (3)乙甲丙丁戊 (4)戊甲乙丙丁。

( ) 20. 下列關於飲料調製丙級飲品的調製方法敘述，何者正確？ (1)濾杯式熱咖啡會使用到 Bar Spoon (2)水果賓治需要使用到 Strainer (3)冰紅茶拿鐵需要用到 Bar Spoon 與 Jigger (4)柳橙鳳梨汁會使用到 Shaker。

( ) 21. 小華在家裡練習飲料調製丙級的飲料，請問她製作果汁時，所使用到的器具之搭配下列何者錯誤？ (1)柳橙鳳梨汁應該使用果汁機 (2)柳橙、葡萄柚應該使用壓汁器 (3)金桔、檸檬應該使用榨汁器 (4)奇異果應該去皮後使用果汁機。

( ) 22. 有關雞尾酒會使用到的器具敘述，何者正確？ (1)夾取紅櫻桃作為裝飾物的器具為 Coaster (2)壓榨葡萄柚汁、檸檬汁、柳橙汁等果汁的器具為 Squeezer (3)可拿來攪拌的器具為 Muddle (4)要將新鮮水果、酒、冰塊等混合製成霜凍飲料所使用的器具為 Shaker。

( ) 23. 下列關於雞尾酒調製特性的說明，何者錯誤？ (1)Pour 表示調製時，不需要攪拌，例如 Kir Royal、Mimosa (2)Float 會以吧叉匙輔助操作，例如 White Russsian、Harvey Wallbanger (3)Shake 時，應將碳酸飲料一起加入，以便充分混合，例如 Gin Fizz (4)Blend，果肉應先加，冰塊後加，例如 Kiwi Batida。

( ) 24. 老師上課時，說灰姑娘這杯飲品的作法是「直接將材料依序加入可林杯內，用吧叉匙攪拌均勻即完成」，此調製法稱為？ (1)Build (2)Pour (3)Stir (4)Shake。

( ) 25. 飲料調製丙級中，哪些飲料的調製方法相同？甲：西瓜汁 乙：蜜桃比妮 丙：木瓜牛奶 丁：奇異多果汁 戊：奇異之吻 (1)甲、乙 (2)乙、丁、戊 (3)甲、丙、丁 (4)乙、丙、丁。

( ) 26. 調製「柳橙鳳梨汁」及「冰百香果蛋蜜汁」，不需要使用下列哪一項器皿或機具？ (1)壓汁器 (2)搖酒器 (3)果汁機 (4)榨汁器。

( ) 27. 下列哪些的飲品，經過 Blender 後、盛裝於杯內之前，不須使用過濾網過濾？ (1)西瓜汁、柳橙鳳梨汁 (2)西瓜汁、葡萄柚鳳梨汁 (3)木瓜牛奶、奇異多果汁 (4)葡萄柚鳳梨汁、柳橙鳳梨汁。

( ) 28. 下列哪一款無酒精飲料，原則上須應用兩種調製法？ (1)奇異之吻 (2)冰蜜桃比妮 (3)珍珠奶茶 (4)冰金桔檸檬汁。

( ) 29. 調製碳酸飲料，是採用下列哪一種方法調製？ (1)搖盪法(Shaking) (2)攪拌法(Stirring) (3)直接注入法(Building) (4)電動攪拌法(Blending)。

( ) 30. 多使用於柳橙、檸檬、葡萄柚等水果果汁調製方法為 (1)壓榨法 (2)搖盪法 (3)電動攪拌法 (4)直接注入法。

( ) 31. 飲務員在調製飲料過程中，不用量酒器來量製，直接倒入的方式稱之為 (1)Fine Pour (2)Easy Pour (3)Full Pour (4) Free Pour。

( ) 32. Hot Cocktail 會用到的酒杯是 (1)Shot Glass (2)Toddy Glass (3)Hurricane Glass (4)Beer Mug。

( ) 33. 關於雞尾酒調製的相關敘述，下列何者錯誤？ (1)以 Pour 方法調製，不須使用 Bar Spoon 攪拌 (2)以 Stir 方法調製，須使用 Mixing Glass (3)莫西多須使用 Muddle 方法調製 (4)普施咖啡是以 Build 方法調製。

( ) 34. 以 Blender 調製飲品時，下列生鮮材料中何者較不適合加入？ (1)Avocado (2)Kiwi (3)Passion Fruit (4)Star Fruit。

( ) 35. 調製果汁飲品時，原則上下列何種水果所適用的機具不同於其他三種？ (1)Avocado (2)Grapefruit (3)Mango (4)Papaya。

( ) 36. 如果在相同條件下（相同飲料容量、冰塊重量等），冰塊稀釋飲品的速度由快至慢，下列何者正確？甲：Block of Ice；乙：Crushed Ice；丙：Ice Cube；丁：Lump of Ice (1)甲→丁→丙→乙 (2)乙→丙→丁→甲 (3)丙→乙→丁→甲 (4)丁→丙→甲→乙。

( ) 37. 下列何款雞尾酒所盛裝杯子的名稱，迥異於其他三款？ (1)Harvey wallbanger (2)Salty dog (3)Singapore sling (4)Tequila sunrise。

( ) 38. 關於雞尾酒調製的敘述，下列何者正確？ (1)Decoration 為雞尾酒上可食用之裝飾物 (2)Floating 或 Layer 都是利用材料比重差異調製 (3)Free Pour 為不須依照配方之創意雞尾酒 (4)Muddle 法是以 squeezer 壓取薄荷葉汁液。

( ) 39. 一家酒吧裡面，何者是 Bartender 該準備的 Condiments？ (1)Milk、Mint、Nutmeg Powder (2)Syrup、Mint、7-up (3)Cinnamon Powder、Tabasco、Suger (4)Tomato Juice、Egg、Salt。

( ) 40. 下列 Cocktail 中，何者會使用到 Glass Rimmer？甲、Margarita 乙、Side Car 丙、Frozen Margarita 丁、Salty Dog 戊、Orange Blossom (1)甲乙丙丁 (2)乙丙丁戊 (3)甲丙丁戊 (4)甲乙丁戊。

( ) 41. 使用 Nutmeg Powder 作為裝飾的有幾個？甲、Hot Toddy 乙、Brandy Alexander 丙、Egg Nog 丁、Cappuccino 戊、Negus (1)1 個 (2)2 個 (3)3 個 (4)5 個。

( ) 42. 下列哪一類型酒杯，適合用來盛裝所謂的短飲型飲料(short drinks)？ (1)cocktail glass (2)collins glass (3)highball glass (4)Hurricane glass。

( ) 43. 四大天王歌手到酒吧分別點了 X.O.、draft beer、whisky on the rocks、Eiswein，依序應使用那些杯皿盛裝最為適當？ (1) brandy snifter、flute、liqueur glass、mug (2) brandy snifter、liqueur glass、mug、old fashioned (3) brandy snifter、mug、old fashioned、white wine glass (4) brandy snifter、old fashioned、white wine glass、flute。

(　) 44. 有關吧檯的器具、設備與調製法，下列敘述何者正確？ (1)toddy glass 中文稱之為托地杯，常用於盛裝熱飲的杯皿 (2)blend 調製法可以加入 Ginger Ale，當作調味材料進行調製 (3)decoration 為可食用的裝飾物，garnish 為不可食用的裝飾物 (4)speed rack 設置於酒吧前檯，專供服務生快速取用飲料成品給客人飲用。

飲品的認識與調製

3-1 包裝飲料的認識

3-2 臺灣特有飲料的認識

3-3 飲料的調製

3-1 包裝飲料的認識

一、包裝飲料的分類與介紹

類別	說明
瓶裝水	使用寶特瓶或玻璃瓶包裝販售之飲用水，例如：泰山純水、礦泉水、鹼性離子水。
乳品飲料	生乳經過加工與殺菌後，以包裝容器（紙盒、鋁箔、玻璃瓶等）裝瓶販售，例如：鮮乳、各式調味乳、優酪乳、保久乳等。
果蔬汁飲料	將水果蔬菜去皮、去籽、榨壓出來的果蔬汁並加工而成，例如：每日 C 柳橙汁、每日五蔬果、蔓越莓汁、鳳梨汁等。
茶類	可分為純茶類或調味茶類，例如：綠茶、白毫烏龍茶、錫蘭紅茶、檸檬綠茶、奶茶等。
咖啡	可分為黑咖啡類或調味咖啡類，例如：美式黑咖啡、藍山咖啡、拿鐵咖啡、焦糖瑪奇朵、拿鐵咖啡等。
碳酸飲料	在飲用水中添加二氧化碳、果汁、色素、香料、調味劑等，例如：可樂、沙士、雪碧、蘇打水、薑汁汽水等。
機能性飲料	依添加成分不同而有不同功能，產品訴求介於療效與食補之間，又可稱「功能性飲料」，具解渴、調節人體機能等功能，例如：老虎牙子、舒跑、FIN、康貝特等。
其他	臺灣特色飲品，例如：青草茶、豆漿、米漿、愛玉、烏梅汁、冬瓜茶、阿華田等。

二、乳品飲料的分類與介紹

<table>
<tr><th>類別</th><th colspan="2">說明</th></tr>
<tr><td>生乳(Raw Milk)</td><td colspan="2">從乳牛、乳羊身上擠出，未經殺菌處理的生乳汁，不可直接飲用。</td></tr>
<tr><td rowspan="2">鮮乳
(Fresh Milk)</td><td colspan="2">生乳→殺菌包裝，全程冷藏保存→鮮乳。</td></tr>
<tr><td>脂肪調整鮮乳</td><td>1. 高脂鮮乳：乳脂含量 3.8%以上。
2. 全脂鮮乳(Whole Fat Milk)：乳脂含量 3.0%~3.8%。
3. 中脂鮮乳：乳脂含量 1.5~3.0%。
4. 低脂鮮乳(Low Fat Milk)：乳脂含量 0.5~1.5%以上。
5. 脫脂鮮乳(Skim Milk)：乳脂含量 0.5%以下。離心法移除乳脂肪；因乳脂肪含量低，所以失去牛奶香味，但熱量僅全脂乳的一半。</td></tr>
</table>

類別	說明	
鮮乳 (Fresh Milk)	強化鮮乳 (Fortified Milk)	添加營養強化輔料。
	低乳糖鮮乳	1. 低乳糖鮮乳：乳糖含量 2%以下。 2. 無乳糖鮮乳：乳糖含量 0.5%以下。 3. 提供乳給乳醣不耐症患者飲用。
調味乳 (Flavored Milk)	50%以上的鮮乳，添加調味料加工而成。	
保久乳 (Sterilized Milk)	牛奶經高溫滅菌裝瓶裝罐，成份因高溫而產生變化，風味稍減，呈黃褐色，含菌量 0，常溫可保存半年。	

三、發酵乳的分類與介紹

類別	介紹
發酵乳 (Fermented Milk)	以乳製品為原料，經過乳酸菌、酵母菌等菌種發酵製成。 1. **凝態發酵乳**：優格(Yogurt) 每毫升的製品含有 1 千萬個以上的活菌數，無脂乳固形物 3%以上。 2. **濃稠發酵乳**：優酪乳(Drinking Yogurt) 優格為原料，加水稀釋、調味，每毫升的製品含有 1 千萬個以上的活菌數。 3. **稀釋發酵乳**： 乳酸菌飲料，須冷藏，活菌數每毫升 100 萬個以上。 4. **乳酸飲料**（含有乳酸成分之甜味清涼飲料） 已無活菌，可室溫保存。
濃縮發酵乳	發酵乳經過濃縮使最終製品中的乳蛋白質含量達 5.6%以上。
保久發酵乳	發酵乳於發酵後經高溫滅菌，製品已無活菌存在。
調味發酵乳	所含乳成分 50%以上之混和發酵乳，其他非乳成分含蔬菜、果汁、穀物、蜂蜜、巧克力等。
發酵乳飲料	發酵乳含量 40%以上，添加水、乳清蛋白、其他非乳成分及調味料調製而成。

四、乳粉（奶粉）

以生乳去除水分所製成之粉末狀產品。

五、調製乳粉(Modified Milk Powder)

50%以上的生乳、鮮乳或乳粉，混合食用乳清粉、其他營養成分或食品添加物，並調合而成的粉末狀產品。

六、奶水(Evaporated Milk)

濃縮乳製品，將鮮乳以 2~2.5 倍濃縮、滅菌製成，品質穩定可放室溫，開封則需放冷藏。分成蒸發乳（無糖煉乳、奶水）及煉乳（加糖煉乳）。

七、常見之乳品滅菌方式

方法	溫度	時間	特點
巴斯德滅菌法（巴氏殺菌法） 低溫長時間殺菌(Low Temperature Long Time; LTLT)	62~65℃	30 分	乳品風味及營養保留較完整，但較容易有微生物汙染的風險。
高溫短時滅菌法(High Temperature Short Time; HTST)	70~75℃	15 秒	相較巴斯德滅菌法及超高溫瞬間滅菌法，是比較折衷的方式。
超高溫瞬間滅菌法(Ultra High Temperature Sterilized; UHT)	120~130℃	2 秒	雖然比較沒有微生物汙染，但是風味相對也被破壞較多。

八、乳製品的營養成分

營養素	含量	說明
蛋白質	3~4%	包括：酪蛋白(80%)、乳白蛋白、乳球蛋白等，皆屬於良質蛋白質。鮮乳中若添加酸性物質，酪蛋白會產生凝結現象，故一般鮮乳不與酸性飲料混合。
脂肪	3~6%	主要成分為脂肪酸、磷脂質及固醇類，亦是鮮乳香味的來源。
醣類	4.5~5%	主要的醣類為乳糖，是鮮乳中甜味的來源。人體中若缺乏乳糖酶，亦引起乳糖不耐症。
維生素	少量	含有 25 種以上的維生素，其中以維生素 A 及 B_2 的含量最為豐富，維生素 C、E 較缺乏。
礦物質	0.7%	包括：鈣、磷、鈉、鎂、鉀等，以鈣及磷的含量最為豐富，是重要的營養來源。

同場加映

◎乳製品的應用

品項	說明
冰淇淋 (Ice Cream)	1. 依其硬度分為硬質冰淇淋(Hard Ice Cream)及軟質冰淇淋（霜淇淋 Soft Ice Cream）。差異在於軟質冰淇淋不須經過硬化過程。 2. 保存溫度要在-18℃以下。 3. 土耳其冰淇淋(Dondurma)因加入蘭莖粉增加黏稠度，使其可以像麻糬般拉長，號稱是唯一可以用刀叉食用的冰淇淋。 4. 乳脂肪含量 8%以上，低脂冰淇淋乳肪含量 2~8%。 5. 義式冰淇淋(Gelato)：脂肪含量 8%以下，強調手工製作，不添加人工香精與甜味劑。
奶昔 (Milk Shake)	牛奶加冰淇淋放入果汁機中攪打。
聖代 (Sundae)	在冰淇淋上淋上糖漿、泡沫鮮奶油等，也可放上一些碎堅果、巧克力末、櫻桃等做裝飾，通常使用寬口的杯子，裝飾面積較大。
百匯 (Parfait)	分成法式與美式，比起聖代較為豐富。 1. 法式：加入蛋黃、奶油和糖混合冰凍而成。 2. 美式：冰淇淋加上各種水果、堅果等，多以高長的玻璃杯盛裝。
冰淇淋蘇打	在碳酸飲料中放上冰淇淋，例如：雪碧加香草冰淇淋。
星冰樂（法布奇諾） (Frappuccino)	為星巴克的招牌飲品，最初是以咖啡與鮮奶混合打成冰沙，現在亦推出無咖啡系列和果茶系列。

八、果蔬汁飲料的定義

(一) 依國家標準 CNS 定義，各類型果汁飲品如下：

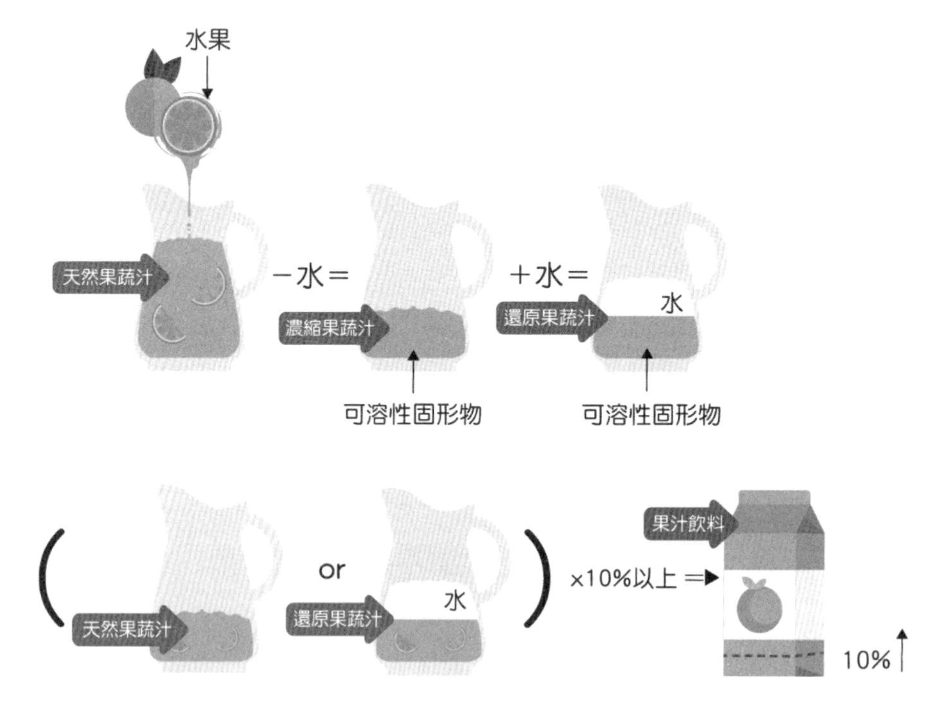

類型	定義
天然果蔬汁 (Pure Natural Juice)	由天然水果直接榨出未經稀釋、發酵之純果蔬汁。
濃縮果蔬汁 (Concentrated Juice)	由天然果蔬汁濃縮成原來之可溶性固形物 1.5 倍以上，非供直接飲用。
還原果蔬汁 (Restored Juice)	由濃縮果蔬汁加水還原而成。
果蔬汁飲料	含天然果蔬汁或還原果蔬汁 10%以上
發酵果蔬汁	水果或天然／還原果蔬汁，經發酵後所得的果蔬汁。
發酵果蔬汁飲料	含發酵果蔬汁 10%以上
綜合果蔬汁	綜合 2 種以上天然果蔬汁或由 1 種以上還原果蔬汁，混合其他天然／還原果蔬汁而成。
綜合果蔬汁飲料	含綜合天然果蔬汁或綜合還原果蔬汁 10%以上。

時事補充

◎現在出現兩種新的果汁型態，NFC 果汁和 HPP 果汁，這到底是什麼呢?

以往常見的包裝果汁為了延長其保存期限和提升口感的穩定度，絕大多數都是經由濃縮、加熱殺菌再加水稀釋的還原果汁。但近幾年來，民眾健康意識抬頭，越來越多民眾偏好加工製程較單純、天然的非濃縮還原果汁，也就是所謂的 NFC 果汁(Not From Concentrate)；其製作過程只需經巴氏瞬間滅菌(Pasteurization)，而免去了高溫滅菌以及濃縮的步驟。

而 HPP 果汁(High Pressure Processing)，是更進階地只需經過高壓(300~600Mpa)滅菌處理，標榜不加水且能保有果汁原有風味與營養，是 100%純果汁界的頂級產品，但往往價格也較為昂貴。

資料來源：SGS 食品服務部 https://msn.sgs.com/Article.aspx?n=5889&d=FOOD

(二) 臺灣常見的水果

水果名稱	英文	水果名稱	英文
金桔	Kumquat	葡萄柚	Grapefruit
檸檬	Lemon	柳橙	Orange
百香果	Passion Fruit	西瓜	Watermelon
蕃茄	Tomato	木瓜	Papaya
草莓	Strawberry	鳳梨	Pineapple
芒果	Mango	葡萄	Grape
楊桃	Starfruit	香蕉	Banana
奇異果（獼猴桃）	Kiwi	芭樂	Guava
蘋果（果中之王）	Apple	酪梨（森林中的奶油）	Avocado

九、瓶裝水的介紹

類別	說明	細項
礦泉水 (Mineral Water)	藏於地下，由自然湧出或人工抽取的天然水中取得，含微量元素與礦物質。	**天然氣泡礦泉水**(Natural Mineral Water)： 1. 法國沛綠雅(Perrier)→「水中香檳」之稱。 2. 法國夏特丹(Chateldon)→第一瓶受法國政府保護的礦泉水。
		無氣泡礦泉水(Natural Mineral Water)： 法國愛維養(evian)、富維克(Volvic)。
包裝飲用水	製造過程中，可以利用氣曝、活性碳吸附逆滲透、蒸餾及離子交換等淨化處理，但不得添加任何添加物。	蒸餾水(Distilled Water) 純淨水(Purified Drinking Water) 鹼性離子水(Alkaline Ion Water)

十、碳酸飲料(Carbonated Drinks)的介紹

名稱	特色
蘇打水 (Soda Water)	飲用水中加入二氧化碳，略帶鹼性，無色無味。德國的 Seltzer Water、加拿大 Club Soda 皆指蘇打水。
奎寧水／通寧水 (Tonic Water)	帶有奎寧(Quinine)香及苦味，是從金雞納樹皮中提煉出的物質。
薑汁汽水 (Ginger Ale / Ginger Beer)	源自英國，添加生薑萃取物，具生薑風味。
可樂(Cola)	源自美國，添加可樂樹種子提煉出的物質，咖啡因含量 50~100mg，主要酸味劑為磷酸。可口可樂(Coke Cola)、百事可樂(Pepsi)為常見之品牌。
沙士 (Sarsaparilla / Root Beer)	原取自黃樟，現改人工調味。
七喜／雪碧 (7-Up/Sprite)	添加檸檬酸及檸檬香料，是透明且具有甜味、酸味之碳酸飲料。Sprite 原意為水中小精靈。
蘋果西打 (Apple Cider / Apple Sidra（臺）)	1. 含蘋果風味的碳酸飲料；蘋果西打 Sidra 為臺灣大西洋的飲料品牌名稱。 2. Cider 是指未過濾的蘋果汁。 3. Hard Cider 則是指蘋果釀造酒，亦常簡稱 Cider。

十一、機能性飲料(Functional Beverage)的介紹

類別	說明	產品
提神飲料 (Refresh Drinks)	飲品中添加維生素 B 群、維生素 C 及牛磺酸等，可幫助提振精神。	蠻牛、康貝特
有氧飲料 (Aerobic Drinks)	飲品添加刺五加、紅景天、維生素 C 等，有助於人體的攝氧量，促進新陳代謝。	老虎牙子
運動飲料 (Sports Drinks)	飲品中添加醣類、氨基酸及礦物質，可補充水分和電解質，適合運動後飲用。	寶礦力水得、舒跑、FIN 健康補給飲料
寡糖飲料 (Oligosaccharides Drinks)	飲品添加維生素 C 及寡糖，幫助腸胃道益菌繁殖，維持腸胃道健康。	奧利多水寡糖飲料
纖維飲料 (Fiber Drink)	飲品中添加膳食纖維，可促進腸胃道蠕動，以維持腸道健康。	速纖

3-2 臺灣特有飲料的認識

品項	介紹	製作
愛玉	1. 愛玉似果凍，呈現半透明狀，飲用時搭配糖水、檸檬汁、冰塊。盛產於臺東關山、南投、高雄、嘉義、苗栗等地。 2. 主要成分是水，也含豐富的蛋白質、纖維質、維生素及果膠，是易幫助消化的消暑聖品。	用湯匙刮下愛玉子，將愛玉子裝進搓洗袋搓揉至果膠全部溶出於冷開水中，並靜置約 30 分鐘，即凝結成愛玉凍，依個人喜好加入糖水、檸檬汁、碎冰等。
青草茶	1. 又稱為百草茶、涼茶或苦茶。市販的青草茶大多含有 5 種以上的藥草，例如：咸豐草、仙草、馬鞭草、左手香、蒲公英、薄荷、含羞草、車前草等。 2. 內含的鞣質、酚類可促進抗氧化，同時內含多種人體所需雜生素、礦物質、胺酸和微量元素，可消除口乾舌燥，亦能清熱降火，是一種天然養生的機能飲品。	去除將青草上灰塵並洗淨，放入大鍋煮沸再轉成小火煮，最後再放入薄荷燜 5 分鐘，待冷卻後過濾，與糖水混合均勻即可裝瓶冷藏或冷凍。

品項	介紹	製作
仙草茶	1. 仙草是臺灣本土的特有作物，是百草茶中最常用的植物，一般多利用其莖葉煮成茶飲，並發展多樣化的仙草健康飲料及食品。也可將仙草莖葉萃取液加入澱粉凝結成仙草凍，為飲品、冰品的熱門材料。 2. 相傳仙草對於中暑解熱有神奇藥效，故稱為「仙草」。目前國內 90%的仙草都來自新竹關西，也讓關西成為養生長壽之鄉。	把老仙草清洗後剪成小段，泡水 30 分鐘後以大火煮滾，關小火熬煮 3~4 小時，將仙草濾出並加入冰糖煮開放涼，就是仙草茶。茶中加入澱粉加熱就變成「燒仙草」；放冷待其結凍就是「仙草凍」。
冬瓜茶	1. 冬瓜含有很多的水分，瓜肉細緻柔軟易消化且熱量低，能消暑利尿、消腫、瀉熱。 2. 有部分製法會將冬瓜塊浸石灰，讓冬瓜硬化以保存原味。 3. 我國各地皆有栽種。	將大冬瓜削皮、切塊後以漢方草本泡製清洗，再加入冰糖、紅糖或黑糖熬煮數個鐘頭。以紗布或濾網過濾渣，即為濃縮冬瓜露。可冷卻、裝罐放置冰箱，稀釋後飲用。也可將冬瓜熬煮至水分蒸發凝塊，再切成方塊，就是所謂的「冬瓜茶磚」；冬瓜茶磚可自行煮成茶湯，加入多種配料做變化，例如：冬瓜紅茶、冬瓜檸檬、冬瓜牛奶等。
豆漿	1. 又稱為中國人的牛奶，是臺灣常見的早餐飲品，還延伸出豆漿紅茶、豆漿咖啡、鹹豆漿等特色飲品。 2. 營養成分有豆蛋白、雜生素 B 群、大豆異黃酮、維生素 E、鈣質、大豆卵磷脂、亞麻油酸、寡糖、膳食纖維等，而且完全沒有膽固醇，非常適合現代人的營養需求。	把黃豆放在水中浸泡約 3~8 個小時，然後將黃豆磨碎，用紗布將豆渣分離，即為生豆漿。將生豆漿加水燒開，將皂素煮掉後即可食用。不加任何調料的為「白漿」或「清漿」；加糖的為「甜漿」；加醋、加鹽、醬油等調料的為「鹹漿」。

3-3 飲料的調製

飲料調製的類型依據《飲料調製丙級技能檢定》考試規則中的題組，進行分類介紹：

◎直接注入法

＊成品杯加入冰塊，材料**依序**加入後，使用**吧叉匙攪拌**。

題序	飲料名稱	成份	調製法	裝飾物	杯器皿
A1-3 B12-4	冰蜜桃比妮	15ml 水蜜桃果露 15ml 新鮮檸檬汁 8 分滿新鮮柳橙汁	直接注入法	檸檬片 攪拌棒	◆ 高飛球杯／公杯 ◆ 量酒器／吧叉匙／三角尖刀／壓汁器／小圓盤／水果夾／砧板／杯墊
A4-4 B7-6	灰姑娘	30ml 新鮮檸檬汁 30ml 鳳梨汁 30ml 新鮮柳橙汁 1Dash 紅石榴糖漿 1Dasd≒1ml 8 分滿無色汽水	直接注入法	柳橙片 紅櫻桃	◆ 可林杯／公杯 ◆ 量酒器／吧叉匙／三角尖刀／壓汁器／小圓盤／水果夾／砧板／杯墊
A5-2	冰水蜜桃紅茶	1 包紅茶包 30ml 水蜜桃果露	直接注入法	檸檬片	◆ 可林杯／耐熱玻璃壺／古典杯 ◆ 量酒器／吧叉匙／三角尖刀／小圓盤／水果夾／砧板／杯墊／沖壺
B9-5 B12-2	冰紅茶	2 包紅茶包	直接注入法	檸檬片 25ml 糖水	◆ 可林杯／耐熱玻璃壺／香甜酒杯／長柄咖啡匙／古典杯 ◆ 吧叉匙／小圓盤／水果夾／杯墊／沖壺
B11-5 C16-6	水果賓治	30ml 鳳梨汁 30ml 新鮮柳橙汁 10ml 紅石榴糖漿 8 分滿無色汽水	直接注入法	柳橙片 紅櫻桃	◆ 可林杯／公杯 ◆ 量酒器／吧叉匙／三角尖刀／壓汁器／小圓盤／砧板／杯墊
C13-3 C16-2	維也納冰咖啡	20 公克深焙咖啡粉 加滿泡沫鮮奶油	直接注入法	25ml 糖水	◆ 可林杯／咖啡過濾杯／咖啡濾紙／長柄咖啡匙／香甜酒杯 ◆ 吧叉匙／杯墊／沖壺
C14-3	熱枸杞菊花茶（附壺）	2 公克乾燥菊花 1/2 咖啡豆量匙枸杞 在耐熱玻璃壺中泡好倒入紅茶杯	直接注入法	25ml 蜂蜜	◆ 紅茶杯組／耐熱玻璃壺／香甜酒杯／古典杯 ◆ 吧叉匙／沖壺

◎直接注入法＋漂浮法

題序	飲料名稱	成份	調製法	裝飾物	杯器皿
A1-2	冰抹茶拿鐵	①混勻 3g 無糖抹茶粉 約 30ml 熱水 ②攪拌 180ml 鮮奶 20ml 糖水 ③漂浮 加滿冰奶泡 冰塊＋②→①→③	直接注入法 漂浮法		◆ 可林杯／小鋼杯／奶泡壺／圓湯匙／雪平鍋／公杯／長柄咖啡匙／古典杯 ◆ 量酒器／吧叉匙／杯墊／沖壺
A6-3 C17-1	奇異之吻	①攪拌 15ml 奇異果果露 15ml 新鮮檸檬汁 ②漂浮 8 分滿新鮮柳橙汁	直接注入法 漂浮法	紅櫻桃 攪拌棒	◆ 高飛球杯／公杯 ◆ 量酒器／吧叉匙／三角尖刀／壓汁器／小圓盤／水果夾／砧板／杯墊
B7-4 C15-2	冰奶蓋綠茶	①攪拌 6 公克綠茶茶葉 30ml 糖水 ②搖盪 鹽巴少許 45ml 無糖液態鮮奶油 ＊漂浮搖盪後的鮮奶油	直接注入法 漂浮法		◆ 可林杯／沖茶器／公杯／古典杯 ◆ 搖酒器／量酒器／吧叉匙／濾茶器／杯墊／沖壺
B8-4 C14-1	冰奶蓋紅茶	①攪拌 6 公克阿薩姆紅茶葉 30ml 糖水 ②搖盪 鹽巴少許 45ml 無糖液態鮮奶油 ＊漂浮搖盪後的鮮奶油	直接注入法 漂浮法		◆ 可林杯／沖茶器／公杯／古典杯 ◆ 搖酒器／量酒器／吧叉匙／濾茶器／杯墊／沖壺
C17-6	冰紅茶拿鐵	①6 公克阿薩姆紅茶葉 ②攪拌 120ml 鮮奶 20ml 糖水 ③漂浮 加滿冰奶泡 冰塊＋②→①→③	直接注入法 漂浮法		◆ 可林杯／沖茶器／奶泡壺／圓湯匙／雪平鍋／長柄咖啡匙／公杯／古典杯 ◆ 量酒器／吧叉匙／濾茶器／杯墊／沖壺

◎直接注入法＋義式咖啡機

題序	飲料名稱	成份	調製法	裝飾物	杯器皿
熱摩卡系列因有「巧克力醬」，所以要攪拌，才能均勻融合。					
A2-5	熱摩卡咖啡	7 公克義式咖啡粉(30ml) 15ml 巧克力醬 200ml 鮮奶（含奶泡）	義式咖啡機 直接注入法	巧克力醬（圖形不拘）	◆ 寬口咖啡杯組／拉花鋼杯／圓湯匙 ◆ 量酒器／吧叉匙
C15-3	熱摩卡奇諾咖啡	7 公克義式咖啡粉(30ml) 15ml 巧克力醬 200ml 鮮奶（含奶泡）	義式咖啡機 直接注入法	可可粉 **"摩卡"是「巧克力醬」；"摩卡奇諾"是「可可粉」**	◆ 寬口咖啡杯組／拉花鋼杯／圓湯匙 ◆ 量酒器／吧叉匙
C13-6	冰卡布奇諾咖啡	14 公克義式咖啡粉(60ml) 200ml 鮮奶（含奶泡）	義式咖啡機 直接注入法	檸檬皮絲 （成品時製作） 肉桂粉 25ml 糖水	◆ 可林杯／小鋼杯／奶泡壺／圓湯匙／雪平鍋／檸檬刮絲器／香甜酒杯／長柄咖啡匙 ◆ 吧叉匙／三角尖刀／小圓盤／水果夾／砧板／杯墊

◎直接注入法＋漂浮法＋義式咖啡機

題序	飲料名稱	成份	調製法	裝飾物	杯器皿
B8-1	冰拿鐵咖啡	①14 公克義式咖啡粉(60ml) ②攪拌 150ml 鮮奶 20ml 糖水 ③漂浮 加滿冰奶泡 **冰塊＋②→①→③**	義式咖啡機 直接注入法 漂浮法		◆ 可林杯／小鋼杯／奶泡壺／圓湯匙／雪平鍋／公杯／長柄咖啡匙 ◆ 量酒器／吧叉匙／杯墊

◎注入法

＊所有材料加入，**不需攪拌**。

題序	飲料名稱	成份	調製法	裝飾物	杯器皿
A1-5 A6-6	濾杯式熱咖啡	15 公克淺焙或中焙咖啡粉	注入法	糖包 奶精球	◆ 咖啡杯組／咖啡過濾杯／咖啡濾紙／耐熱玻璃壺／古典杯 ◆ 小圓盤／沖壺
A3-5 B10-1	熱烏龍茶	5 公克凍頂烏龍茶葉	注入法		◆ 蓋碗杯組 2 組／古典杯 ◆ 吧叉匙／沖壺
B8-6 C15-5	熱蜜香紅茶	5 公克蜜香紅茶葉	注入法		◆ 蓋碗杯組 2 組／古典杯 ◆ 吧叉匙／沖壺

◎注入法＋義式咖啡機

題序	飲料名稱	成份	調製法	裝飾物	杯器皿
A3-4	熱卡布奇諾咖啡	7 公克 義式咖啡粉 (30ml) 200ml 鮮奶（含奶泡）	義式咖啡機 注入法	檸檬皮絲（成品時製作） 肉桂粉 糖包	◆ 寬口咖啡杯組／拉花鋼杯／圓湯匙／檸檬刮絲器 ◆ 三角尖刀／小圓盤／砧板
A4-1	熱焦糖瑪奇朵咖啡	7 公克義式咖啡粉 (30ml) 15ml 焦糖糖漿 200ml 鮮奶（含奶泡）	義式咖啡機 注入法	焦糖醬（圖形不拘）	◆ 寬口咖啡杯組／拉花鋼杯／圓湯匙 ◆ 量酒器
A5-3	熱紅茶拿鐵	1 包紅茶包 約 60ml 熱開水 200ml 鮮奶（含奶泡）	義式咖啡機 注入法	糖包	◆ 寬口咖啡杯組／拉花鋼杯／圓湯匙／古典杯 ◆ 小圓盤
B7-2	熱抹茶拿鐵	3 公克無糖抹茶粉 約 30ml 熱開水 200ml 鮮奶（含奶泡）	義式咖啡機 注入法	糖包	◆ 拿鐵玻璃杯／拉花鋼杯／圓湯匙／長柄咖啡匙／古典杯 ◆ 吧叉匙／小圓盤
B9-6	熱拿鐵咖啡	7 公克義式咖啡粉 (30ml) 200ml 鮮奶（含奶泡）	義式咖啡機 注入法	糖包	◆ 拿鐵玻璃杯／圓湯匙／拉花鋼杯／長柄咖啡匙／小鋼杯 ◆ 小圓盤

◎攪拌法

*需在指定容器（雪平鍋、syphon、耐熱玻璃壺）使用**吧叉匙攪拌**。

題序	飲料名稱	成份	調製法	裝飾物	杯器皿
A1-1 B10-5	熱水果茶（附壺）	270ml 柳橙汁 180ml 鳳梨汁 30ml 百香果原汁（含肉含籽） 15ml 新鮮檸檬汁 1 包紅茶包	攪拌法	檸檬片 2 片 柳橙片 2 片 （皆置入壺中）	◆ 紅茶杯組／耐熱玻璃壺／雪平鍋／瓦斯爐／公杯／古典杯 ◆ 量酒器／吧叉匙／三角尖刀／壓汁器／小圓盤／水果夾／砧板／沖壺
A2-6 C16-3	熱桂圓紅棗茶（附壺）	30 公克龍眼乾肉 5 顆紅棗乾 1 咖啡豆量匙二砂糖	攪拌法		◆ 紅茶杯組／耐熱玻璃壺／雪平鍋／瓦斯爐／古典杯 ◆ 吧叉匙／三角尖刀／水果夾／砧板／沖壺
A4-5 C17-2	熱桔茶（附壺）	480ml 柳橙汁 1 包紅茶包 6 粒新鮮金桔汁	攪拌法	檸檬角 15ml 蜂蜜 （上列附成品旁） 金桔 3 顆（榨汁後置入壺中）	◆ 紅茶杯組／耐熱玻璃壺／雪平鍋／瓦斯爐／榨汁器／香甜酒杯／公杯／古典杯 ◆ 量酒器／吧叉匙／三角尖刀／小圓盤／水果夾／砧板／沖壺
A5-1	維也納熱咖啡	15 公克淺焙或中焙咖啡粉 加滿泡沫鮮奶油	攪拌法	糖包	◆ 咖啡杯組／咖啡煮具(Syphon)／壓克力防風架／古典杯／打火機 ◆ 小圓盤／沖壺
A6-1 C18-4	熱黑森林果粒茶（附壺）	10 公克黑森林果粒茶	攪拌法	糖包	◆ 紅茶杯組／耐熱玻璃壺／雪平鍋／瓦斯爐／古典杯 ◆ 吧叉匙／小圓盤／沖壺
B8-3 C15-6	熱洛神花茶（附壺）	10 朵乾燥洛神花 1 咖啡豆量匙二砂糖	攪拌法	糖包	◆ 紅茶杯組／耐熱玻璃壺／雪平鍋／瓦斯爐／古典杯 ◆ 吧叉匙／小圓盤／沖壺

題序	飲料名稱	成份	調製法	裝飾物	杯器皿
B9-4 B11-2	熱百香柚子茶（附壺）	2 咖啡豆量匙柚子醬 30ml 百香果原汁（含肉含籽） 210ml 柳橙汁 約 240ml 熱開水	攪拌法		◆ 紅茶杯組／耐熱玻璃壺／雪平鍋／瓦斯爐／公杯 ◆ 量酒器／吧叉匙／沖壺
B10-4	爪哇式熱咖啡 **巧克力醬與咖啡要先攪拌才可加泡沫鮮奶油**	15ml 巧克力醬 15 公克淺焙或中焙咖啡粉 加滿泡沫鮮奶油	攪拌法	糖包 可可粉	◆ 咖啡杯組／咖啡煮具(Syphon)／壓克力防風架／古典杯／打火機 ◆ 量酒器／吧叉匙／小圓盤／沖壺
B11-1 B12-3 C14-4 C18-5	虹吸式熱咖啡	15 公克淺焙或中焙咖啡粉	攪拌法	糖包 奶精球	◆ 咖啡杯組／咖啡煮具(Syphon)／壓克力防風架／古典杯／打火機 ◆ 小圓盤／沖壺

◎電動攪拌法

＊將材料與冰塊放入果汁機中攪打。P.S 冰塊是最後加哦！

題序	飲料名稱	成份	調製法	裝飾物	杯器皿
冰西瓜汁因有**籽**、**冰柳橙鳳梨汁**因含有**纖維**，故兩者皆需使用過濾網**過濾**。					
A2-2 B9-2	冰西瓜汁	**A2-2** 取用柳橙西瓜船之西瓜果肉 **B9-2** 取用香蕉西瓜盤之西瓜果肉 20ml 糖水 60ml 涼開水	電動攪拌法		◆ 可林杯／果汁機組／過濾網／雪平鍋／公杯 ◆ 量酒器／吧叉匙／三角尖刀／小圓盤／水果夾／砧板／杯墊
A4-3 A6-5	冰柳橙鳳梨汁	取用柳橙鳳梨船／盤之柳橙（去皮去籽）及鳳梨果肉 30ml 糖水 90ml 涼開水	電動攪拌法	紅櫻桃	◆ 可林杯／果汁機組／雪平鍋／過濾網／公杯 ◆ 量酒器／吧叉匙／三角尖刀／小圓盤／水果夾／砧板／杯墊

題序	飲料名稱	成份	調製法	裝飾物	杯器皿
A5-6 B8-5	冰木瓜牛奶	A5-6 取用香蕉木瓜盤之木瓜果肉 B8-5 200 公克木瓜 20ml 糖水 150ml 鮮奶	電動攪拌法		◆ 可林杯／果汁機組／公杯 A5-6 ◆ 量酒器／吧叉匙／小圓盤／水果夾／杯墊 B8-5 ◆ 量酒器／吧叉匙／三角尖刀／小圓盤／水果夾／砧板／杯墊
C15-1	冰奇異多果汁	1 顆奇異果 100 ml 乳酸菌飲料 60 ml 鳳梨汁 15 ml 糖水	電動攪拌法		◆ 可林杯／果汁機組 ◆ 量酒器／吧叉匙／三角尖刀／小圓盤／水果夾／砧板／杯墊
A3-1 B7-3	蜜桃冰沙	1/2 粒水蜜桃 30ml 水蜜桃果露 30ml 涼開水	電動攪拌法		◆ 可林杯／果汁機組／公杯／長柄咖啡匙 ◆ 量酒器／吧叉匙／小圓盤／水果夾／杯墊
B11-3 C18-1	檸檬冰沙	60ml 新鮮檸檬汁 45ml 糖水 30ml 涼開水	電動攪拌法	檸檬皮絲 （成品時製作）	◆ 可林杯／果汁機組／檸檬刮絲器／公杯／長柄咖啡匙 ◆ 量酒器／吧叉匙／三角尖刀／壓汁器／小圓盤／水果夾／砧板／杯墊
B12-6 C17-4	鳳梨冰沙	B12-6 取用柳橙鳳梨盤之鳳梨果肉 C17-4 取用西瓜鳳梨盤之鳳梨果肉 30ml 涼開水 30ml 蜂蜜	電動攪拌法	B12-6 紅櫻桃 新鮮鳳梨片（取用柳橙鳳梨盤之鳳梨） C17-4 紅櫻桃 新鮮鳳梨片（取用西瓜鳳梨盤之鳳梨）	◆ 可林杯／果汁機組／公杯／長柄咖啡匙 ◆ 量酒器／吧叉匙／小圓盤／水果夾／杯墊

題序	飲料名稱	成份	調製法	裝飾物	杯器皿
C13-4	奇異果冰沙	1 顆奇異果 20ml 奇異果果露 20ml 糖水 30ml 涼開水	電動攪拌法		◆ 可林杯／果汁機組／公杯／長柄咖啡匙 ◆ 量酒器／吧叉匙／三角尖刀／小圓盤／水果夾／砧板／杯墊

◎電動攪拌法＋義式咖啡機

題序	飲料名稱	成份	調製法	裝飾物	杯器皿
B10-2	摩卡咖啡冰沙	14 公克義式咖啡粉(60ml) 15 公克摩卡粉 25ml 巧克力醬 加滿泡沫鮮奶油	義式咖啡機 電動攪拌法	可可粉	◆ 可林杯／果汁機組／小鋼杯／雪平鍋／長柄咖啡匙／古典杯 ◆ 量酒器／吧叉匙／杯墊
C14-5	榛果咖啡冰沙	14 公克義式咖啡粉(60ml) 15 公克摩卡粉 25ml 榛果糖漿 加滿泡沫鮮奶油	義式咖啡機 電動攪拌法		◆ 可林杯／果汁機組／小鋼杯／雪平鍋／古典杯／長柄咖啡匙 ◆ 量酒器／吧叉匙／杯墊
C16-4	焦糖咖啡冰沙	14 公克義式咖啡粉(60ml) 15 公克摩卡粉 25ml 焦糖糖漿 加滿泡沫鮮奶油	義式咖啡機 電動攪拌法	焦糖醬 （圖形不拘）	◆ 可林杯／果汁機組／小鋼杯／雪平鍋／古典杯／長柄咖啡匙 ◆ 量酒器／吧叉匙／杯墊

◎搖盪法

＊冰塊＋材料進行搖盪。

題序	飲料名稱	成份	調製法	裝飾物	杯器皿
A1-6 C16-1	冰榛果鮮奶茶	6 公克阿薩姆紅茶葉 25ml 榛果糖漿 90ml 鮮奶	搖盪法	紅櫻桃	◆ 可林杯／沖茶器／公杯／古典杯 ◆ 搖酒器／量酒器／濾茶器／小圓盤／杯墊／沖壺

題序	飲料名稱	成份	調製法	裝飾物	杯器皿
A2-3 B7-1	冰珍珠奶茶	6 公克阿薩姆紅茶葉 20 公克奶精粉 25ml 糖水 2 咖啡豆量匙熟粉圓 **珍珠不搖盪，直接放入可林杯中**	搖盪法		◆ 可林杯／沖茶器／環保粗吸管／公杯／古典杯 ◆ 搖酒器／量酒器／吧叉匙／濾茶器／杯墊／沖壺
A2-4	冰桔茶	1 包紅茶包 4 粒新鮮金桔汁 10ml 新鮮檸檬汁 75ml 柳橙汁 20ml 蜂蜜	搖盪法	檸檬角 （單耳兔）	◆ 可林杯／耐熱玻璃壺／榨汁器／公杯／古典杯 ◆ 搖酒器／量酒器／三角尖刀／壓汁器／小圓盤／水果夾／砧板／杯墊／沖壺
A3-3 C18-3	冰檸檬紅茶	6 公克阿薩姆紅茶葉 15ml 新鮮檸檬汁 30ml 糖水	搖盪法	檸檬片	◆ 可林杯／沖茶器／公杯／古典杯 ◆ 搖酒器／量酒器／濾茶器／三角尖刀／壓汁器／小圓盤／水果夾／砧板／杯墊／沖壺
A3-6 A5-4	冰黑森林果粒茶	10 公克黑森林果粒茶 30ml 糖水	搖盪法	檸檬角 （單耳兔）	◆ 可林杯／耐熱玻璃壺／雪平鍋／瓦斯爐／古典杯 ◆ 搖酒器／量酒器／吧叉匙／濾茶器／小圓盤／水果夾／杯墊／沖壺
A4-6 B12-1	冰伯爵奶茶	6 公克伯爵紅茶葉 20 公克奶精粉 25ml 糖水	搖盪法		◆ 可林杯／沖茶器／古典杯 ◆ 搖酒器／量酒器／吧叉匙／濾茶器／杯墊／沖壺
A6-2 C15-4	冰蜂蜜菊花茶	2 公克乾燥菊花 25ml 蜂蜜	搖盪法	檸檬片	◆ 可林杯／耐熱玻璃壺／古典杯 ◆ 搖酒器／量酒器／吧叉匙／濾茶器／小圓盤／水果夾／砧板／杯墊／沖壺

題序	飲料名稱	成份	調製法	裝飾物	杯器皿
B7-5	冰洛神花茶	10 朵乾燥洛神花 30ml 糖水	搖盪法	檸檬角 （單耳兔）	◆ 可林杯／耐熱玻璃壺／雪平鍋／瓦斯爐／古典杯 ◆ 搖酒器／量酒器／吧叉匙／濾茶器／小圓盤／水果夾／杯墊／沖壺
B8-2	冰檸檬綠茶	6 公克綠茶茶葉 15ml 新鮮檸檬汁 30ml 糖水	搖盪法	檸檬片 紅櫻桃	◆ 可林杯／沖茶器／公杯／古典杯 ◆ 搖酒器／量酒器／吧叉匙／濾茶器／壓汁器／三角尖刀／小圓盤／水果夾／砧板／杯墊／沖壺
B9-3	冰泡沫綠茶	6 公克綠茶茶葉 25ml 糖水	搖盪法	紅櫻桃	◆ 可林杯／沖茶器／古典杯 ◆ 搖酒器／量酒器／濾茶器／小圓盤／杯墊／沖壺
B10-6 C14-2	冰葡萄柚綠茶	6 公克綠茶茶葉 25ml 糖水 60ml 新鮮葡萄柚汁	搖盪法	紅櫻桃	◆ 可林杯／沖茶器／公杯／古典杯 ◆ 搖酒器／量酒器／濾茶器／三角尖刀／壓汁器／小圓盤／砧板／杯墊／沖壺
B11-4	冰綠茶多多	6 公克綠茶茶葉 15ml 糖水 100ml 乳酸菌飲料	搖盪法	紅櫻桃	◆ 可林杯／沖茶器／古典杯 ◆ 搖酒器／量酒器／濾茶器／小圓盤／杯墊／沖壺
B11-6	冰金桔檸檬汁	30ml 新鮮金桔汁 30ml 新鮮檸檬汁 30ml 糖水 90ml 涼開水	搖盪法	金桔 2 顆（榨汁後置入杯中）	◆ 可林杯／榨汁器／公杯 ◆ 搖酒器／量酒器／三角尖刀／壓汁器／小圓盤／水果夾／砧板／杯墊

題序	飲料名稱	成份	調製法	裝飾物	杯器皿
C13-1	冰百香果綠茶	6 公克綠茶茶葉 30ml 百香果原汁（含肉含籽） 25ml 糖水	搖盪法		◆ 可林杯／沖茶器／古典杯／公杯 ◆ 搖酒器／量酒器／吧叉匙／濾茶器／小圓盤／杯墊／沖壺
C13-2 C16-5	冰柚子金桔汁	2 咖啡豆量匙柚子醬 4 粒新鮮金桔汁 120ml 涼開水 15ml 蜂蜜 **柚子醬記得挖入可林杯中**	搖盪法	檸檬片 紅櫻桃	◆ 可林杯／榨汁器／公杯／長柄咖啡匙 ◆ 搖酒器／量酒器／吧叉匙／三角尖刀／小圓盤／砧板／杯墊
C13-5	冰蜂蜜金桔汁	60ml 新鮮金桔汁 60ml 涼開水 40ml 蜂蜜	搖盪法	金桔 2 顆（榨汁後置入杯中）	◆ 可林杯／榨汁器／公杯 ◆ 搖酒器／量酒器／三角尖刀／小圓盤／水果夾／砧板／杯墊
C14-6	冰蜂蜜檸檬汁	30ml 新鮮檸檬汁 90ml 涼開水 40ml 蜂蜜	搖盪法	檸檬片 紅櫻桃	◆ 可林杯／公杯 ◆ 搖酒器／量酒器／三角尖刀／壓汁器／小圓盤／砧板／杯墊
C17-5	冰焦糖奶茶	6 公克阿薩姆紅茶葉 20 公克奶精粉 25ml 焦糖糖漿	搖盪法		◆ 可林杯／沖茶器／古典杯 ◆ 搖酒器／量酒器／吧叉匙／濾茶器／杯墊／沖壺
C18-2	冰奶泡綠茶	6 公克綠茶茶葉 25ml 糖水 加滿冰奶泡	搖盪法		◆ 可林杯／沖茶器／奶泡壺／圓湯匙／雪平鍋／古典杯 ◆ 搖酒器／量酒器／濾茶器／杯墊／沖壺

單字庫

7-up	七喜
Aerobic Drinks	有氧飲料
Alkaline Ion Water	鹼性（鈣）離子水
Apple	蘋果
Apple Sidra	蘋果西打
Avocado	酪梨
Banana	香蕉
Calpis	可爾必思
Carbonated Drinks	碳酸飲料
Coca Cola	可口可樂
Concentrated Juice	濃縮果汁
Cultured Milk / Fermented Milk	發酵乳
Distilled Water	蒸餾水
Drinking Yogurt	優酪乳
Evian	愛維養
Fiber Drinks	纖維飲料
Flavored Milk	調味乳
Fortified Milk	強化鮮乳
Frozen Drink	霜凍飲料
Functional Drinks	機能性飲料
Ginger Ale	薑汁汽水
Grape	葡萄
Grapefruit	葡萄柚
Guava	芭樂
Kumquat	金桔
Lemon	檸檬
Low Fat Milk	低脂鮮乳
Mango	芒果

Milk	鮮乳
Milk Shake	奶昔
Mineralized Drinking Water	人工礦泉水
Natural Mineral Water	天然礦泉水
Natural Drinking Water	天然飲用水
No Fat Milk	脫脂鮮乳
Oligosaccharides Drinks	寡糖飲料
Orange	柳橙
Papaya	木瓜
Parfait	百匯
Passion fruit	百香果
Pepsi Cola	百事可樂
Perrier	沛綠雅（水中香檳）
Pineapple	鳳梨
Pop	汽水
Puree	天然果漿
Pure Natural Juice	天然果汁
Purified Drinking Water	純（淨）水
Quinine	奎寧
Raw Milk	生乳
Refresh Drinks	提神飲料
Restored Juice	還原果汁
Root Beer	麥根沙士
Sarsaparilla	沙士
Skimmed Milk	脫脂鮮乳
Soda Water	蘇打水
Sorbet／Sherbet	冰沙（雪泥）
Sparkling Mineral Water	氣泡礦泉水
Sports Drinks	運動飲料
Sprite	雪碧
Starfruit	楊桃

Sterilized Milk	保久乳
Strawberry	草莓
Sundae	聖代
Tomato	蕃茄
Tonic Water	通寧水
Watermelon	西瓜
Whole Milk	全脂鮮乳
Yogurt	優格

習題 EXERCISE

( ) 1. 小樂想喝有氣泡的飲料，請問下列飲料中，小樂可以喝的有幾種？甲、Yogurt 乙、Milkshake 丙、Sprite 丁、Perrier 戊、Volvic 己、Ginger Ale (1)2 種 (2)3 種 (3)4 種 (4)5 種。

( ) 2. 下列何者是略帶鹼性（不甜）的碳酸飲料？ (1)Ginger Ale (2)Soda Water (3)Tonic Water (4)Coke。

( ) 3. 一般常用吧檯發泡氮氣槍是為下列何者準備的？ (1)Tonic Water (2)Whipped Cream (3)Grenadine Syrup (4)Nutmeg Powder。

( ) 4. 飲用紅茶如添加牛奶後，不可再添加以下哪一種材料，以避免產生凝結作用？ (1)糖 (2)檸檬 (3)蜂蜜 (4)茶湯。

( ) 5. 「純天然果汁」是如何製成的？ (1)現壓果汁 (2)需添加汽水 (3)人工調成 (4)濃縮還原。

( ) 6. 以下何者在調製果汁時，不適合用果汁機操作？ (1)哈密瓜 (2)水蜜桃 (3)西瓜 (4)甘蔗。

( ) 7. 關於乳製品的儲存，以下何者為非？ (1)乳製品極易吸收氣味，冷藏時應將瓶蓋蓋好 (2)乳製品不可暴露在陽光或燈光下，光線會破壞乳製品中的維生素 (3)溫度過低對乳製品有不良影響，結冰的乳製品，營養成分會受破壞 (4)保久乳、煉乳儲存於陰涼、乾燥，且日光直射的地方。

( ) 8. 依據飲料類衛生標準規定，有容器或包裝之液態飲料當中之「茶」的咖啡因含量不得超過多少？ (1)30 mg/100 mL (300 ppm) (2)40mg/100 mL (400 ppm) (3)50 mg/100 mL (500 ppm) (4)60 mg/100 mL (600 ppm)。

( ) 9. 依據飲料類衛生標準規定，有容器或包裝之液態飲料，茶、咖啡及可可以外之飲料的咖啡因含量不得超過多少？ (1)28mg/100 mL (280 ppm) (2)32 mg/100 mL (320 ppm) (3)46 mg/100 mL (460 ppm) (4)54 mg/100 mL (540 ppm)。

( ) 10. 關於軟性飲料的敘述，下列何者正確？ (1)Perrier 是法國最著名的碳酸性飲料品牌 (2)apple sidra 是一種含有蘋果風味的碳酸性飲料 (3)以 ginger ale 調製飲品時，原則上應使用 shake 的方式 (4)Soda water 主要原料是從黃樟樹(sassafras)的根皮提煉出來的。

( ) 11. 下列乳品飲料的相關敘述，何者正確？ (1)養樂多、益菌多屬於 Drinking Yogurt (2)Sterilized Milk 保存期限較 Fresh Milk 短 (3)Skim Milk 乳脂肪含量小於 Low Fat Milk (4)Whole Milk 酵母菌含量較 Fermented Milk 多。

( ) 12. 關於乳品飲料的敘述，下列何者正確？ (1)Skim Milk 稱為保久乳 (2)所有包裝性乳製飲品都是以生乳製成 (3)Yogurt 與 Drinking Yogurt 都屬於發酵性乳品 (4)鮮乳是指由乳牛身上擠出，未經滅菌、均質處理過的乳汁。

( ) 13. 關於冷飲調製之敘述，下列何者正確？ (1)Smoothies 是指果汁，一般不使用電動攪拌法調製 (2)Frozen Drinks 使用搖酒器調製 (3)Sorbet 通常加入鮮奶與鮮奶油調製 (4)Milk Shake 主要材料通常為鮮奶與冰淇淋。

( ) 14. 下列何者屬於碳酸性飲料？ (1)Evian (2)Perrier (3)Sprite (4)Spirits。

( ) 15. 阿國開設一家乳品觀光工廠，請問關於乳製品的種類說明，下列何者錯誤需要改正？ (1)全脂鮮奶的乳脂肪含量 1.0%以下 (2)調味乳是指以 50%以上之生乳、鮮乳或保久乳為主要原料、添加調味料加工製成 (3)煉乳是以鮮乳加工而成的含糖濃縮乳製品 (4)保久乳是以生乳經高溫滅菌製成。

( ) 16. 下列哪一項何者不含 Ice Cream 成分？ (1)Milk Shake (2)Parfait (3)Sundae (4)Drinking Yogurt。

( ) 17. 關於便利販售之包裝飲料，下列何者敘述正確？ (1)Mineral Water 為裡面沒有任何物質的純水 (2)Sarsaparilla 為碳酸飲料，Root Beer 是其中一種 (3)Tonic Water 為具有薑的風味 (4)Whole Milk 為低脂牛奶，較不適合用來製作奶泡。

( ) 18. 奇異之吻的特色為兩層顏色，想製造出兩層顏色，其調製的關鍵為何？ (1)奇異果果露與檸檬汁需要先攪拌，再漂浮柳橙汁 (2)柳橙汁先跟檸檬汁混和備用，加入奇異果果露後再漂浮混和果汁 (3)材料依序加入自然就製造出兩層顏色了 (4)全部材料都加入後才加入冰塊。

( ) 19. 灰姑娘的調製法為直接注入法，其材料有新鮮檸檬汁、鳳梨汁、新鮮柳橙汁、紅石榴糖漿、無色汽水，請問使用吧叉匙攪拌的時機為何？ (1)全部果汁加入後，加入紅石榴糖漿之前 (2)加入全部果汁與紅石榴糖漿之後，加入無色汽水前 (3)全部材料加入後 (4)此題不需要攪拌。

( ) 20. 下列咖啡所使用的調製法何者與其他三者不同？ (1)虹吸式熱咖啡 (2)爪哇式熱咖啡 (3)維也納熱咖啡 (4)熱卡布奇諾。

( ) 21. 義式咖啡機所製作的飲品當中，何者調製法與其餘不同？ (1)熱拿鐵咖啡 (2)熱摩卡咖啡 (3)熱卡布奇諾 (4)熱焦糖瑪奇朵咖啡。

( ) 22. 有關飲料調製丙級中，冰桔茶與熱桔茶的比較，何者正確？ (1)皆使用熱水沖泡紅茶 (2)皆使用新鮮柳橙汁 (3)調製時皆會加入金桔汁、檸檬汁 (4)熱桔茶需要附壺，冰桔茶則不需要。

( ) 23. 依據飲料調製丙級的標準配方中，調製珍珠奶茶需要注意的事項當中，何者正確？ (1)使用耐熱玻璃壺沖泡紅茶 (2)為了增加珍珠風味，珍珠需要一起搖盪 (3)奶精粉需趁熱攪拌，以免結塊 (4)搖酒器先加入冰塊，才將所有材料加入搖盪。

( ) 24. 調製冰紅茶拿鐵時，如何操作才能使其製造出三層分層？ (1)材料依序加入都不要攪拌 (2)鮮奶與糖水先攪拌再加入紅茶與奶泡 (3)加入鮮奶、奶泡與糖水攪拌再加入紅茶 (4)此題無法分層。

( ) 25. 阿誠與美國來的 Mike 去逛夜市，Mike 表示想喝臺灣特有的飲品，請問下列何者不適合推薦給 Mike？ (1)仙草茶 (2)冬瓜茶 (3)青蛙下蛋 (4)印度拉茶。

( ) 26. 趙老師暑假到山上度假一個月，期間想做點飲料來喝，但是山上的小木屋無法用火跟電磁爐，請問下列哪個飲品是他比較適合製作的？ (1)冬瓜茶 (2)仙草茶 (3)青草茶 (4)檸檬愛玉。

( ) 27. 餐飲科畢業班開同學會，小恩說想喝「奇異之吻」、小芹說想喝「冰蜜桃比妮」、小蘭說想喝「熱桂圓紅棗茶」、小柚說想喝「冰抹茶拿鐵」、小菜說想喝「灰姑娘」、小蓉說想喝「珍珠奶茶」，請問若僅使用單一且相同的調製法，可完成誰想喝的飲料？ (1)小蓉、小蘭 (2)小恩、小柚 (3)小芹、小菜 (4)小恩、小芹。

( ) 28. 請問下列飲品何者不適合使用可林杯盛裝？ (1)灰姑娘 (2)冰維也納咖啡 (3)水果賓治 (4)奇異之吻。

( ) 29. 調製冰紅茶、冰維也納咖啡時，糖水應該放置在什麼容器？ (1)香甜酒杯 (2)量酒器 (3)公杯 (4)高飛球杯。

( ) 30. 小宇負責舉辦國際交換生的迎新茶會，這次交換的國家有義大利、美國、香港等國，請問準備下列何者飲品，比較不會和交換生們的家鄉味相同？ (1)濃縮咖啡 (2)洋甘菊茶 (3)桂圓紅棗茶 (4)鴛鴦奶茶。

( ) 31. 餐飲科成果展，飲調老師要求大家設計一款融入臺灣特色的飲品，阿凱調一杯仙草奶茶加珍珠、小謙調一杯豆漿拿鐵、小柔調一杯檸檬冬瓜加愛玉、阿德調一杯紫羅蘭蘇打飲，請問誰的飲品不符合老師的要求？ (1)阿凱 (2)阿德 (3)小柔 (4)小謙。

( ) 32. 下列關於飲料的敘述，何者正確？ (1)奎寧水在東方稱為沙士 (2)cola屬於碳酸性飲料 (3)蘇打水適合加入 mineral water 飲用 (4)root beer屬於釀造酒類。

( ) 33. 小雲帶初次來臺的外國友人到夜市逛街嚐鮮，途中介紹了臺灣特有飲料並點購請友人品飲。關於臺灣特有飲料的原料與製作過程敘述，下列何者<u>錯誤</u>？ (1)珍珠奶茶原料中的珍珠其主要成份是澱粉 (2)愛玉飲是愛玉子經水洗後以沸水煮出膠質再經冷卻而成的凍飲 (3)仙草茶是使用乾燥後的仙草之莖葉，經過長時間熬煮而成的一款特色飲料 (4)冬瓜茶是以冬瓜與糖為主原料，經過長時間熬煮而成的飲料。

( ) 34. 阿藍是吧檯工作人員，在調製下列哪幾款飲料時，原則上需要使用到壓汁器？甲：熱水果茶、乙：熱黑森林果粒茶、丙：奇異果冰沙、丁：灰姑娘 (1)甲、乙 (2)甲、丁 (3)乙、丙 (4)丙、丁。

( ) 35. 大華在家族聚餐時，到附近大賣場採購一些飲品。他買了沛綠雅(Perrier)、全脂牛奶(Whole Milk)、優格(Yogurt)、養樂多(Yakult)。這些飲品的敘述，下列何者正確？ (1)沛綠雅(Perrier)是法國生產的無氣泡礦泉水 (2)全脂牛奶(Whole Milk)乳脂含量在 0.5 ~ 1.5%之間 (3)優格(Yogurt)是屬於濃稠發酵乳製品 (4)養樂多(Yakult)是屬於稀釋發酵乳製品。

( ) 36. 飲料調製方法，由 ① ② ③ 順序配對，下列何者正確？甲、電動攪拌法(blend)； 乙、直接注入法(build)；丙、搖盪法(shake)；丁、攪拌法(stir)

飲品名稱	調製方法
木瓜牛奶	①
灰姑娘	②
冰金桔檸檬汁	③

(1)甲、乙、丙 (2)甲、丙、丁 (3)丙、丁、甲 (4)丁、乙、丙。

茶的認識與調製

4-1 茶歷史與發展趨勢

4-2 茶的分類與特性

4-3 茶葉的製成

4-4 茶的沖泡方法及調製

4-1 茶歷史與發展趨勢

一、茶的歷史

◎重點整理

1. 中國是世界上最早發現茶樹和利用茶樹的國家，被稱為「茶的原鄉」。
2. 「神農嘗百草，日遇七十二毒，得茶而解之」，茶作為藥用。
3. 最早記載有關茶葉的典籍為《爾雅．釋木》:「檟，苦茶。」
4. 唐朝陸羽著有《茶經》，為中國茶葉的祖師爺，有茶聖、茶神、茶仙、茶祖的尊稱。
5. 茶「興起唐而盛於宋」(和「茶經」問世及宋徽宗提倡有關)。

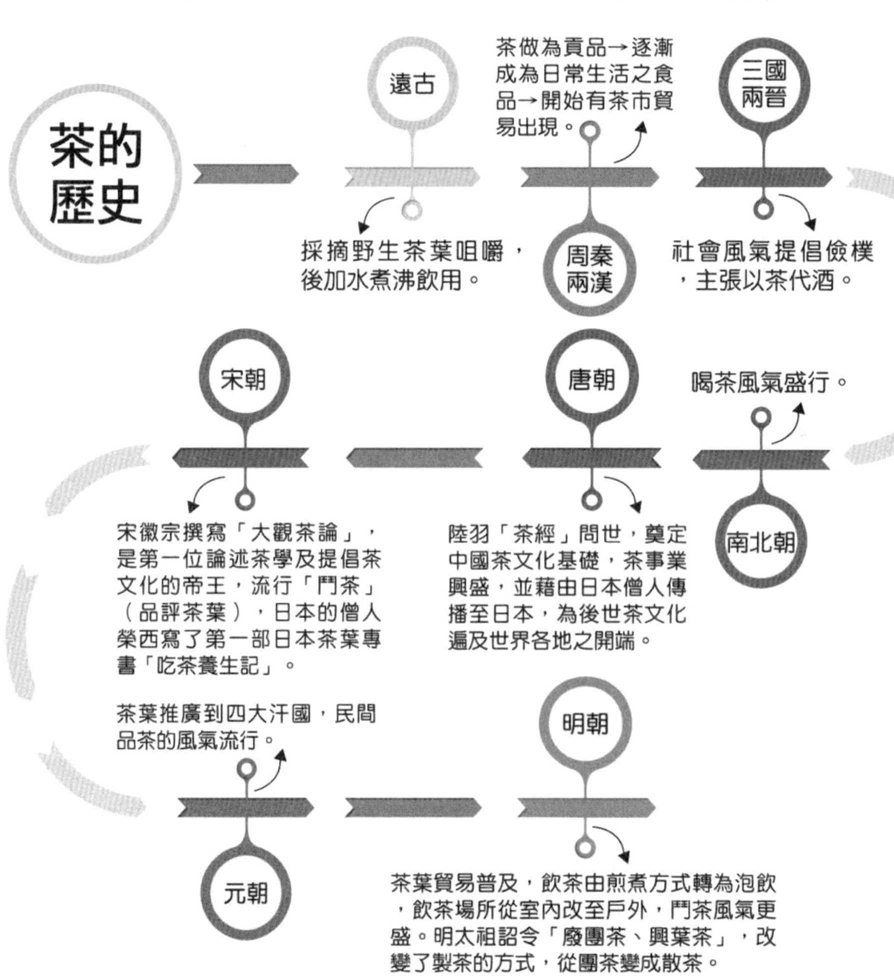

二、臺灣茶業的發展

臺灣的地理環境很適合茶樹生長，因而可以生產出優質茶葉，依據史書記載，臺灣早在三百年前就有野生茶樹的生長，但直到兩百多年前，才有先人將茶種引進臺灣北部種植。

(一) 臺灣茶輸出的先後順序：烏龍茶→包種花茶→包種茶→紅茶→綠茶

年代	重點
清領時期	1. 早期的製茶技術是由福建師傅所傳授。到清朝後期，茶葉成為最大的生產和出口品，原本重心在南部，也逐漸往北部發展。 2. 柯朝氏從福建武夷山引進茶種，在今深坑、坪林一帶種植茶樹，以製作烏龍茶、包種茶為主，為臺灣北部製茶之始。 3. 林鳳池氏從福建引進青心烏龍種茶苗，在凍頂山栽種，為臺灣凍頂烏龍茶之始。 4. 1864 年英國商人約翰．杜德(John Dodd)將安溪的烏龍茶茶苗輸往臺灣並鼓勵農民栽種且提供技術指導、設立精製廠，對臺灣茶的發展有極大貢獻，亦促使臺灣茶產業大幅發展。 5. 1869 年，英商陶德開設的寶順洋行和買辦李春生，首次將烏龍茶「Formosa Oolong Tea」外銷至美國紐約。 6. 1873 年，世界經濟不景氣，造成烏龍茶滯銷，部分商人將滯銷的茶帶往福州，加以薰製成具有花香味的包種茶。(稱花香茶，最早稱臺灣包種花茶)。
日治時期	1. 茶葉的盛產時期，但為了避免與日本的本土綠茶競爭，臺灣以紅茶種植為主，並開始舉辦包種茶比賽與品評會。 2. 日本人引進機械化製茶設備，並且成立茶業研究機構，推廣優良品種。 3. 主力茶葉為包種茶及白毫烏龍茶。
民國時期	1. 1968 年，成立了臺灣省茶業改良場。 2. 1983 年(民國 72 年)「春水堂」，又名「陽羨茶行」，首創手搖茶。 3. 1991 年茶葉進口量開始超越出口量，轉為以供應內需市場為主，變成茶葉的進口國。 4. 目前出口國為中國、美國和日本。主要進口國為越南、中國、斯里蘭卡、印尼、日本。 5. 2011 年，珍珠奶茶被 CNN 票選為全球最受歡迎的茶品，創造另一種臺灣奇蹟。 6. 政府開始推動茶葉產地認證、茶葉有機認證、產銷履歷等相關認證。

4-2 茶的分類與特性

茶樹分類

茶葉的分類取決於製作方式，而非茶樹的種類，也就是說，並非這棵是「紅茶樹」，茶葉就是紅茶葉，而是因為製作方式而成為「紅茶」。臺灣目前主要的茶樹栽種面積最大之品種，有青心烏龍、青心大冇、四季春與金萱四種。其中以青心烏龍分布最廣。1968 年以後，茶業改良場將所培育的茶樹品種統一冠上「臺茶」之名，受法律保護其智慧財產權。

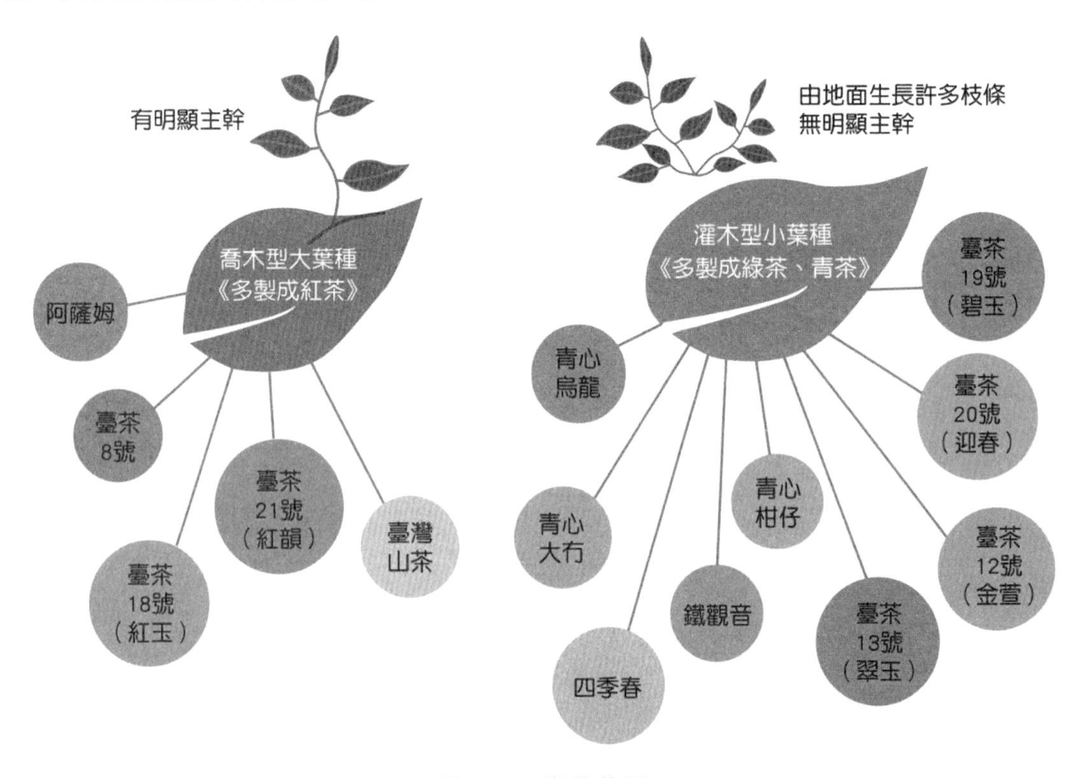

圖 4-1　臺茶的圖

4-3 | 茶葉的製成

一、茶葉的生長環境

條件	說明
緯度	北緯 40°～南緯 30°間；產茶國分布在亞洲和非洲。
陽光	光照弱→茶葉品質佳、香氣高→適合製作綠茶或部分發酵茶。 光照強 →茶葉多元酚增加→適合製作紅茶 。
溫度	18~25℃。
雨量	年降雨量 1500~3000 公釐；濕度 75~85%，若濕度太高，將影響生長且茶樹容易生病。
海拔	最適合的海拔為 600~1500 公尺，超過海拔 1000 公尺以上則稱為「高山茶」。
土壤	排水性佳、保水力好、喜酸性土壤(pH4.5~5.5)、富含腐植質及礦物質的砂質土。

二、一般製茶步驟

採菁	1. 臺灣 1 年約可採收 3~7 次。 2. 手工摘採品質較佳。 3. 品質好壞：春茶（穀雨茶、春仔茶、頭幫茶、頭水茶、明前茶）→冬茶（冬仔茶）→秋茶（白露筍）→夏茶（二水茶、二幫水）。 4. 咖啡因含量：秋茶→夏茶→冬茶→春茶。
萎凋	1. 使茶葉的水蒸發→1.茶葉的彈性、硬度、重量、體積下降。2.減少細胞張力，促使茶葉柔軟，以利後續揉捻加工。 2. 是決定茶葉的色澤（葉綠素被分解破壞）、香氣（產生揮發性成分）及滋味（氧化縮合成茶黃質、茶紅質與茶湯水色、滋味有關）的關鍵。 (1) 日光萎凋→太陽的熱加速葉子水分的消散，產生微發酵。 (2) 室內萎凋→靜置（水分消散）配合攪拌（促進發酵並調節茶葉發酵程度）。 **補充說明** 現在也有「熱風萎凋機」，其優點很多，可取代日光萎凋，以避免受到天候影響，亦可減少外在環境汙染，萎凋的溫度及風速皆可依需求調整並控制。 **進階補充** 所謂「攪拌」，就是翻動茶葉；過程中會使茶葉的水分走到茶葉的葉面（走水）而使茶葉變柔軟，也會使茶葉間互相摩擦，促進發酵作用，是半發酵茶的重要步驟。而白茶則是重萎凋但不攪拌。

<table>
<tr><td>殺菁</td><td>1. 高溫破壞酵素活性→抑制酵素及氧化→品質漸穩定。
2. 減少多餘水分→使茶葉組織軟化→便於揉捻成型。
3. 去除茶葉異味。
4. 可分為炒菁（中國）、蒸菁（日本）、烘菁、曬菁。</td></tr>
<tr><td>揉捻</td><td>目的：1. 塑形：(1)越緊實越耐泡，水溫需越高；(2)便於包裝、運輸、儲存。
2. 破壞組織→使汁液流出附著於表面→以利沖泡。
3. 揉捻之輕重塑造不同風味。
<table><tr><td>條索狀</td><td>包種茶、白毫烏龍茶</td></tr><tr><td>半球型</td><td>凍頂烏龍茶、高山茶</td></tr><tr><td>球型</td><td>鐵觀音</td></tr></table>* 紅茶因為沒有殺菁，所以揉捻過程中會充分破壞細胞，促進發酵。
* 所謂的「解塊」是指揉捻過程中因為茶葉汁液流出，產生黏性，所以茶葉會形成團塊，所以要進行解快把茶葉撥開散熱，以免團塊的茶葉溫度上升以致色澤悶黃產生悶味。
* 團揉：包布揉，使茶葉成半球形或球形。</td></tr>
<tr><td>乾燥</td><td>1. 高溫熱風破壞殘留之酵素→發酵完全停止→固定品質。
2. 含水量降至 3~4%→便於長期儲存。
3. 引起部分化學變化，使茶葉香氣形成。</td></tr>
</table>

三、特殊製茶步驟

<table>
<tr><td>焙火</td><td>1. 使茶有烘焙的香味（糖+胺基酸→梅納反應→焦糖香）。
2. 去除毛茶的雜味和菁味，改善茶葉的香氣及滋味。
3. 去除水分，延長茶葉儲存時間。
4. 因咖啡因散失，故較不刺激。
5. 生茶：未烘焙或輕烘焙的茶。例如：綠茶、紅茶、高山茶（輕烘焙）。
6. 熟茶：具烘焙滋味。凍頂烏龍茶（中烘焙）、鐵觀音（重烘焙）、大陸武夷大紅袍（重烘焙）。
* 目前臺灣僅有凍頂烏龍茶及鐵觀音適合焙火，也是其特色之一。</td></tr>
<tr><td>精製</td><td>乾燥完成的茶稱為「毛茶」、「初（粗）製茶」，需經過精製的製程才能變成精製茶；包含篩分選別（區分形狀、大小、粗細、重量）、撿茶（去除毛茶中的老葉、茶梗、雜物等）、焙火等步驟。</td></tr>
</table>

渥紅	1. 紅茶特有步驟，揉捻完靜置在高溫高濕的狀態，等待兒茶素＋酵素發酵，夏天適合做紅茶。 2. 紅茶的揉捻要求葉片細胞損傷達 80%以上，使多酚氧化酵素進行反應，再進行發酵使葉片完全變化。
渥堆	1. 普洱茶的特色製茶過程，將茶葉潑水使其受潮，堆成一定厚度，使其內部菌發酵。 2. 揉捻後的茶葉在濕熱環境下長時間堆積，使茶葉產生濕熱的化學反應，進行非酵素的氧化作用。 3. 老茶的重點在於存放時間和技巧。
悶黃	黃茶特有步驟，是指在濕熱情況下，讓茶葉進行非酵素氧化。

◎茶葉發酵程度總整理

	茶葉	發酵程度	茶葉外觀	形狀	茶湯色澤	香氣	滋味
不發酵茶	綠茶	0%	翠綠、墨綠	龍井劍片狀、碧螺春條索狀	碧綠色	蔬菜香	微澀回甘
半發酵茶	包種茶	12~15%	鮮豔墨綠	條索狀	綠中帶黃	清花香	甘醇鮮活
	高山茶	15~20%	翠綠鮮活	半球型、球型	蜜黃	清香優雅	甘醇滑軟
	凍頂烏龍茶	25~30%	墨綠帶灰白斑點	半球型	金黃	濃郁焙火香	圓滑甘潤
	鐵觀音	40%	橙褐	球型	琥珀色	火候香	火候甘滑
	白毫烏龍茶	60%	黃綠紅白褐	自然彎曲、條索狀	橙黃橙紅	熟果香	味甘帶蜂蜜味
全發酵茶	紅茶	90~100%	烏黑油潤	條型、碎形	鮮紅	熟果花香、麥芽香	滋味甘濃

◎茶葉製作步驟總整理

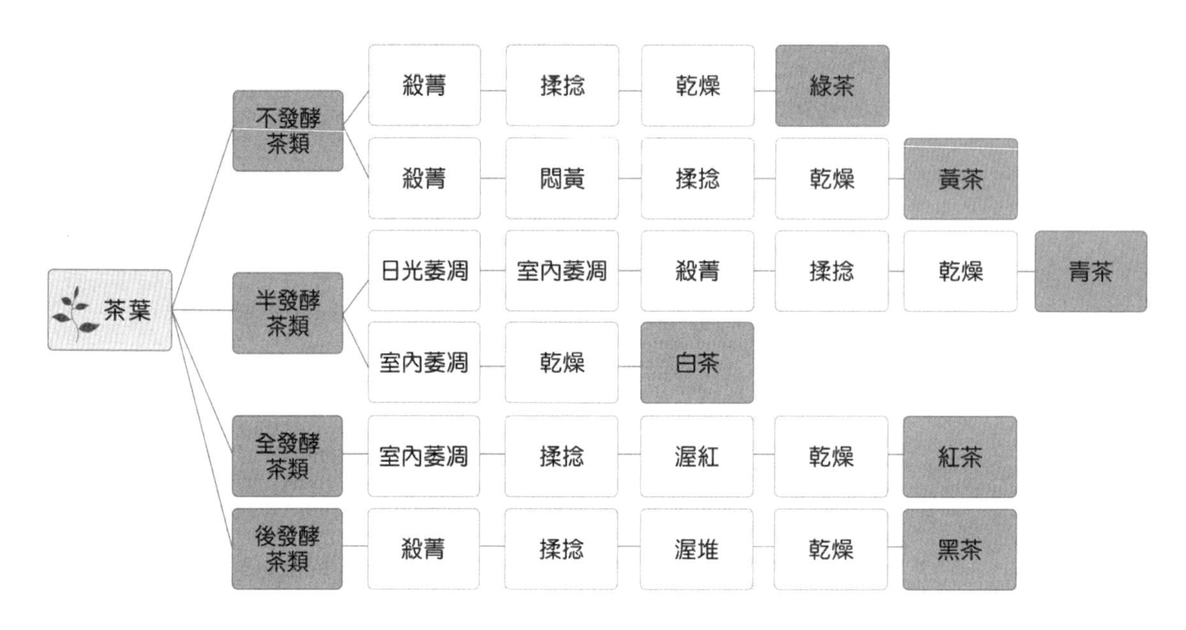

四、茶葉的介紹

1. 綠茶（不發酵茶）Green Tea(Non-Fermented Tea)

 (1) 綠茶乾茶色澤及沖泡後的茶湯為蜜綠色，故稱綠茶，具清新蔬菜香或綠豆香，口味微苦，富含維生素 C、兒茶素 ➔ 腸胃刺激較大

 (2) 不發酵茶：茶菁→殺菁→揉捻→乾燥（*不萎凋不發酵）

 例如：龍井、碧螺春、眉茶、珠茶、瓜片、毛尖、毛峰、玉露茶、抹茶、煎茶

代表茶葉	重點	外觀	品種	產地	水溫
龍井茶	1. 四絕「色綠、香郁、味醇、形美」。 2. 極品龍井茶→明前茶（清明節前採收）。	劍片狀	青心柑仔	三峽	70~75℃
碧螺春	1. 四絕「色豔、香濃、味醇、形美」。 2. 又稱「海山綠茶」。	捲曲似螺	青心柑仔、青心烏龍		
抹茶	1. 高級綠茶。 2. 茶味濃郁帶牛奶香。 3. 去除茶柄葉脈與葉莖，將剩餘的研磨成粉。			宇治為抹茶發源地之一	80℃

代表茶葉	重點	外觀	品種	產地	水溫
煎茶	1. 為一種加工綠茶，將茶葉揉成卷狀再烘乾而成。 2. 形狀如針、外觀翠綠、口感甘甜略帶澀味。 3. 日本茶 80%為煎茶。			靜岡煎茶最著名	60~80℃
玉露茶	1. 日本綠茶中最高級的茶。 2. 茶味鮮甜濃郁。 3. 採覆蓋栽培法（以稻草覆蓋茶葉的方式來阻擋日光）。				50~60℃

2. **烏龍茶、青茶（半發酵茶）** Oolong Tea(Partially-Fermented Tea)

(1) 半發酵茶：茶菁→萎凋（日光、室內）→殺菁→揉捻→乾燥

例如：包種茶、凍頂烏龍茶、高山茶、鐵觀音、水仙、武夷茶、白毫烏龍茶

代表茶葉		重點	外觀	品種	產地	水溫
輕度發酵	包種茶 12~15%	1.「香、濃、醇、韻、美」喻為「茶中美人」。 2. 色澤墨綠色、茶湯蜜綠帶金黃、香氣幽雅似花香。	條索狀	青心烏龍、臺茶 12 號（金萱）、臺茶 13 號（翠玉）	文山、石碇、坪林、南港、新店、深坑	80~85℃
中度發酵	高山茶 15~20%	1. 1000 公尺以上稱為高山茶，高山茶風味佳，因為日夜溫差大，日光合作用大，夜呼吸作用少，為適應高山環境，芽葉肥厚內含成分較多，似儲存乾糧的概念，故高山茶甘甜不苦澀。 2. 經團揉使茶葉成半球型或球型，並且有輕度焙火（又稱再乾）去除不良風味。 3. 阿里山高山茶為高山茶中的代表，故稱為「世界第一等好茶」。 4. 色澤翠綠、茶湯蜜綠偏黃、滋味甘醇厚重帶活性、香氣淡雅耐沖泡。	半球型、球型	青心烏龍、臺茶 12 號（金萱）	嘉義阿里山、杉林溪、梨山、玉山	90~95℃

代表茶葉		重點	外觀	品種	產地	水溫
中度發酵（續）	凍頂 烏龍茶 25~30%	1. 凍頂是山名、烏龍是指青心烏龍茶樹種。 2. 又名凍頂茶，烏龍茶中的代表，故稱「臺灣茶中之聖」。 3. 色澤墨綠、茶湯金黃、滋味醇厚甘韻足、低沉果香。	半球型	青心烏龍、臺茶 12 號（金萱）、臺茶 13 號（翠玉）	南投鹿谷鄉凍頂山、南投名間（松柏長青茶）	90~95℃
	鐵觀音 40%	1. 在臺灣，分成以「鐵觀音」品種製成的茶（例如：木柵正欉鐵觀音），以及依照「鐵觀音茶」特定製法製成的茶類（例如：石門的硬枝紅心）。 2. 青蒂綠腹蜻蜓頭、美如觀音重如鐵（形容外型）。 3. 綠葉鑲紅邊（指沖泡過的葉緣）；沖泡七道有餘香（形容耐泡、馥郁）。 4. 焙火程度屬於重度。 5. 色澤綠中帶褐、茶湯琥珀色、滋味醇厚甘鮮、香氣馥郁帶堅果香。	球狀	鐵觀音、硬枝紅心、武夷、臺茶 12 號	木柵（貓空）、石門、新店	90~95℃
重度發酵	白毫 烏龍茶 60%	1. 別名東方美人茶（英女皇所取 Oriental Beauty）、香檳烏龍茶、膨（椪）風茶、五色茶、蜜茶、福壽茶（臺灣茶中之茶）。 3. 外觀顏色：黃、綠、紅、白、褐，因此稱五色茶。 4. 夏季採收：夏天為小綠葉蟬的大量產期，小綠葉蟬咬葉片後葉片會散發出花果蜜香吸引天敵，意外造成茶的獨特風味。 5. 炒菁之後用濕布包裹回潤，又稱炒後悶、靜置回潤，是其特色之一。 6. 全世界僅臺灣有產製。 7. 因芽嫩、外型鬆散故沖泡水溫不高僅 85℃。 8. 茶湯琥珀色、滋味圓柔具蜜香、香氣具熟果香。	自然彎曲、條索狀	青心大冇、臺茶 12 號、青心烏龍	新竹（北埔、峨嵋）、苗栗（頭份、頭屋）	85℃

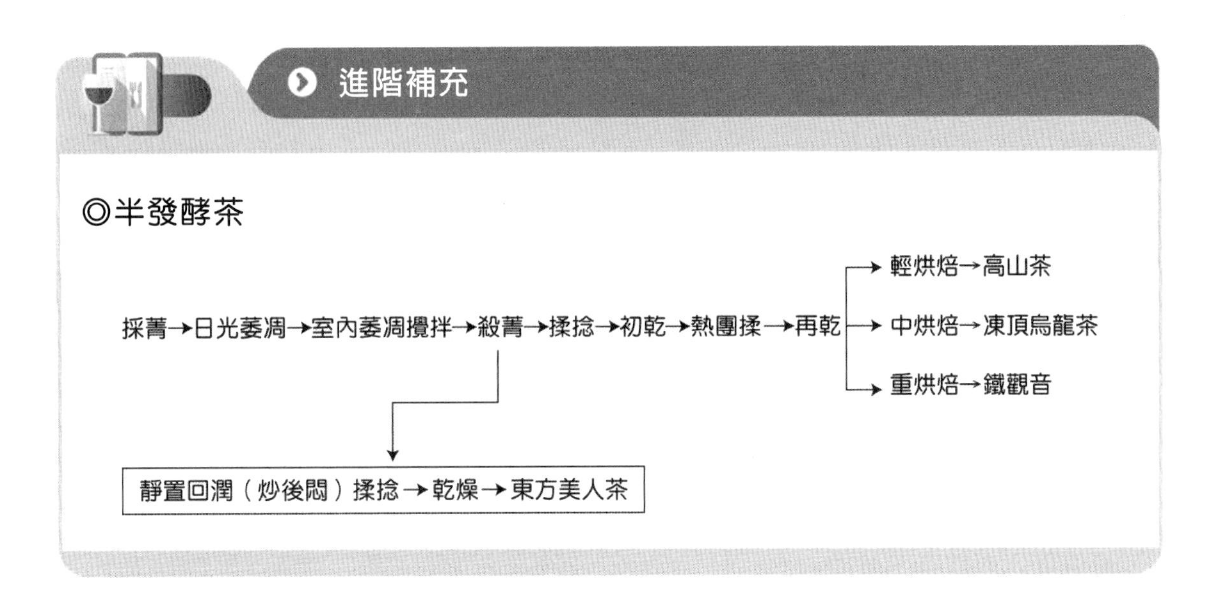

3. 紅茶（全發酵茶）Black Tea(Fermented Tea)

(1) 全發酵茶（紅茶）：茶菁→室內萎凋→揉捻→渥紅→乾燥。

(2) 帶麥芽糖之焦糖香，茶湯偏紅色、刺激性較少。

例如：魚池紅茶、日月潭紅茶、舞鶴紅茶、鶴岡紅茶、天鶴茶、鹿野紅茶。

(3) 世界三大紅茶：印度大吉嶺紅茶、斯里蘭卡烏巴紅茶、中國祁門紅茶。

(4) 品質優良紅茶的特性（因為多元酚高）→白濁現象 Cream down：咖啡因+兒茶素。

(5) 臺灣的紅茶介紹：

重點	外觀	品種	產地	水溫
1. 魚池鄉為紅茶的故鄉。 2. 臺茶 18 號紅玉，紅茶的極品，具肉桂香及薄荷香。	條型、碎型	臺茶 8 號、臺茶 18 號紅玉、臺茶 21 號紅韻、阿薩姆大葉種	南投魚池、埔里、花蓮瑞穗、鶴岡、臺東鹿野	95~100℃

表 4-1　紅茶外型分類

步驟	採菁	室內萎凋	揉捻	渥紅（補足發酵）	乾燥
條型條型	V	V	一般揉捻	V	V
碎型紅茶	V	V	CTC 製法：Crush 壓碎、Tear 撕裂、Curl 揉捲，大面積破壞茶葉。	V	V

(6) 世界各國紅茶介紹

產地	種類	特色
印度 ・世界最大的紅茶生產國及出口國。 ・帶有刺激的苦澀及濃烈的味道。 ・大型葉種。	阿薩姆 (Assam)	味道濃郁，有強烈澀味，適合添加牛奶製成奶茶，較不適合製作冰紅茶及水果茶。
	大吉嶺茶 (Darjeeling)	「紅茶之王」、「茶中香檳」、「香檳紅茶」之美稱，有麝香葡萄的芳香，適合製作純紅茶。
	尼爾吉里 (Nilgiri)	滋味清爽甘醇，適合製作冰紅茶及調味紅茶。
斯里蘭卡 ・又稱錫蘭紅茶，以高地茶最受歡迎。 ・味道清爽順口，適合純飲及水果茶。	烏瓦（又稱烏巴茶） (Uva)	紅色茶湯在茶杯邊透出金色環輪，被稱為「黃金杯」，適合製作奶茶。
	汀普拉 (Dimbula)	高地茶，適合冰紅茶及調味紅茶及奶茶。
中國	祁門 (Keemun)	最古老的紅茶產地，有獨特的蘭花香及煙燻味，又稱「威爾斯王子茶」、「中國茶的干邑白蘭地」。
	伯爵茶 (Earl Grey)	中國茶加入佛手柑，為英國格雷伯爵的最愛。
	福建武夷山正山小種	松柏薰香。
	雲南滇紅	焦糖香。
其他	肯亞	1. 新興的紅茶產地，多製成茶包，味道濃郁甘醇。 2. 上等的非洲茶。 3. 有檸檬味。
	印尼	1. 爪哇、蘇門答臘。 2. 味道清柔溫和。

進階補充

◎紅茶等級

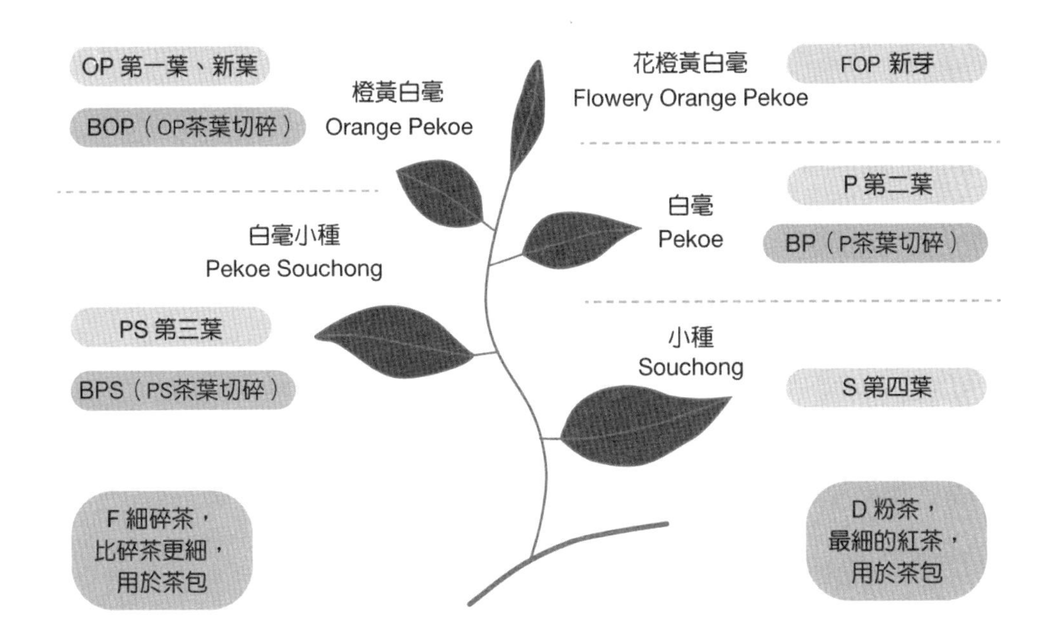

一、全葉茶

FOP(Flowery Orange Pekoe)花橙黃白毫（新芽）

OP(Orange Pekoe)橙黃白毫（第一葉、新葉）

P(Pekoe)白毫（第二葉）

PS(Pekoe Souchong)白毫小種（第三葉）

S (Souchong)小種（第四葉）

二、碎茶

BOP（OP 茶葉切碎）

BP（P 茶葉切碎）

BPS（PS 茶葉切碎）

三、片茶

F 細碎茶→比碎茶更細，用於茶包。

四、末茶

D 粉茶→最細的紅茶，用於茶包。

同場加映

主要茶種適製整理：

臺茶種	適製
臺茶 17 號	白茶
	不發酵茶
青心柑仔	
青心烏龍（栽種最廣）	半發酵茶
臺茶 12 號金萱（具奶香味）	
臺茶 13 號翠玉（具檳榔花香）	
青心大冇	白毫烏龍茶
鐵觀音	鐵觀音茶
臺茶 8 號	全發酵茶
臺茶 18 號紅玉（紅茶中的極品，具肉桂香及薄荷香）	
臺茶 21 號	
阿薩姆	

4. 黑茶（後發酵茶）

(1) 由綠茶的演變而來，使用綠茶毛茶堆積後發酵或者渥堆而成。

(2) 製作過程：茶菁→殺菁→揉捻→渥堆→乾燥。

(3) 普洱茶的定義：採用雲南大葉種之茶樹，經曬菁後加工而成生茶或者渥堆發酵成熟茶。

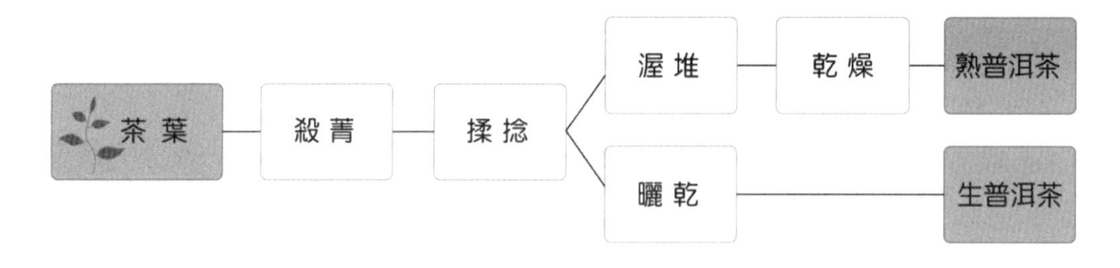

(4) 形狀：散茶、沱茶、餅茶、方磚茶、緊壓茶。

(5) 特色：耐高溫，可去油解膩。

(6) 例如：雲南普洱茶、廣西六堡茶、安化黑茶、四川邊茶。

5. 白茶

(1) 製作過程：茶菁→室內萎凋→乾燥。

(2) 起源：福建省建陽縣。

(3) 重點：一輕一重三個不→輕發酵茶、重度萎凋、不攪拌、不炒菁、不揉捻

* 發酵和攪拌有關，因為白茶不攪拌，所以輕發酵。即使不殺菁，但因乾燥之後儲存方式良好，依舊不會進行發酵（發酵需要水分）。

(4) 特色：因芽茶上許多白毫因而名為白茶、茶湯微黃偏白、滋味輕淡。因茶葉鬆散，沖泡時不需溫潤泡，第一泡最香。

(5) 例如：白毫銀針、白牡丹、貢眉、壽眉。

同場加映

- 佳葉龍茶：起源於日本，在無氧的情況下做出，有安神作用。
- 龍珠茶：收集陳放在普洱茶倉庫害蟲的糞便，精緻烘乾而成，一斤要價 18 萬。

  紅水烏龍：凍頂烏龍茶的前身，發酵較輕（綠葉鑲綠邊）。凍頂烏龍茶因為發酵較重，所以綠葉鑲紅邊。
- 紅烏龍：結合烏龍茶與紅茶的加工特點與品質特色所做出的特色茶。其外觀形狀為半球型色澤暗紅帶有光澤，茶湯明亮澄清有如紅茶，喝下肚的滋味卻是烏龍茶風味。可長久存放，不易變質。

資料來源：茶業改良場、行政院農業委員會

6. 養生茶

中式養生茶，可依材料分為漢方藥草類、花草類及堅果五穀類，以調理身體及促進健康為主。

類別	例子
漢方藥草類	枸杞、當歸、黃耆、紅棗、黑棗、白木耳、決明子
花草類	桂花、菊花、洛神花
堅果五穀類	核桃、杏仁、薏仁、芝麻、松子（長壽果）

7. **花草茶(Herb Tea)**

花草茶是指用天然植物的根、莖、葉、花、皮等部位，單獨或混和乾燥之後沖泡而成的飲品，不含咖啡因，又稱為「非茶之茶」。

部位	名稱	別名	補充
葉	百里香(Thyme)	破曉時的天堂、普羅旺斯的恩惠、麝香草、魚香料	適用於海鮮、蔬菜等，常見的西餐料理香草。
	鼠尾草(Sage)	神聖的藥草	X
	迷迭香(Rosemary)	海中之露、海中之霧、聖瑪利亞的玫瑰	1. 代表情人之間的忠誠，西方婚禮上新娘習慣配戴。 2. 園藝、烘焙、料理、芳香精油等皆可使用。
	菩提子(Linden)	無患子	1. 西洋諸神送給維納斯的禮物。 2. 典型歐陸餐後飲料。
	薄荷葉(Peppermint / Mint)	芳香藥草之王	X
	檸檬草(Lemon Grass)	檸檬香茅、香茅	南洋料理的重要香料
花	玫瑰花(Rose)	天使的贈與	X
	洋甘菊(Chamomile)	大地的蘋果	X
	薰衣草(Lavender)	寧靜的香水植物、芬芳的庭園女王	X
	紫羅蘭(Violet Mallow / Blue Mallow)	花草中的魔術師、驚豔茶	沖泡成藍色，放涼呈褐色加入酸性物質變成粉紅色。
	茉莉花(Jasmine)	人間第一香	X
	蝶豆花(Butterfly Pea Flower)	X	沖泡成藍色，加入酸性物質變成紫色。
豆莢	香草(Vanilla)	X	常用於烘焙西點

8. **花果茶(Flower Fruit Tea)**

花果茶又稱為果粒茶，為花朵及水果果實乾燥加工而成，富含多種維生素、礦物質及果酸，不含咖啡因。

名稱	別名
薔薇果(Rose Hip)	玫瑰中的瑰寶
藍莓(Blueberry)	瞳之果實
洛神花(Roselle)	X
蘋果肉(Apple Pieces)	X
橙皮(Orange Peels)	X

9. 調味茶(Flavored Tea)

調味茶又稱加味茶，指在製茶過程中加入花朵、果肉一起烘焙入茶，使茶融入花香果香。

類別	說明
伯爵茶 (Earl Gray Tea)	以中國的紅茶為基底，加入佛手柑(Bergamot)製成，為英國格雷伯爵(Earl Gray)的最愛，所以名為伯爵茶。
茉莉花茶 (Jasmine Tea)	又稱香片，以綠茶或包種茶為基底，加入茉莉花薰香而成。比例為三分花香七分茶香。
桂花烏龍茶 (Osmanthus Oolong)	烏龍茶為底加入桂花製成。
玫瑰花茶(Rose Tea)	紅茶為基底加入玫瑰花製成。

10. 水果茶(Fruit Tea)

以新鮮水果或果汁加茶調製而成，通常會選用較清淡、少澀味的茶，搭配香氣足的水果，如柳橙、檸檬、金桔、百香果、鳳梨、蘋果等。軟質的水果（例如：香蕉、榴槤、酪梨）、過熟的水果、不具香氣的水果（例如：芭樂、蓮霧）則不適合調製水果茶。

11. 其他特色茶

名稱	說明
香港鴛鴦奶茶	紅茶加煉乳（港式奶茶）：黑咖啡=1:1。
絲襪奶茶	以濾網沖泡濃厚的紅茶，再加入淡奶攪拌製成。因染上茶色的濾網看起來像女性絲襪，故稱為絲襪奶茶。
俄式紅茶	紅茶、果醬、伏特加。
錫蘭奶茶	使用熱牛奶沖泡紅茶而成。
印度奶茶／香料奶茶	1. 添加較多香料的為瑪莎拉茶(Masala chai)，牛奶中加入茶葉、丁香(Clove)、茴香、肉桂(Cinnamon)、荳蔻(Nutmeg)和胡椒等多種香料；若是普通的印度奶茶則是加入牛奶和茶葉，以生薑或荳蔻(Nutmeg)調味。 2. 特色的調製方式為用「拉」的，利用兩個杯子來增加奶茶與空氣的接觸，藉以將茶香帶出，產生奶泡。也有用「煮」的方式，將牛奶煮沸後，再加入紅茶小火煮數分鐘，加入糖之後過濾。
客家擂茶	擂茶又稱「三生湯」，製作原料有綠茶、花生仁、熟芝麻等。製作時將材料放入擂缽，用擂棒將材料磨成粉末狀，再衝入開水或茶湯調均勻即可。
藏族酥油茶	酥油茶的藏語「恰蘇瑪」，是指攪動的茶，又稱為「打油茶」，原料是酥油（由牛奶或羊奶提煉出來的脂肪）、茶（普洱茶）和鹽。

五、臺灣茶分布

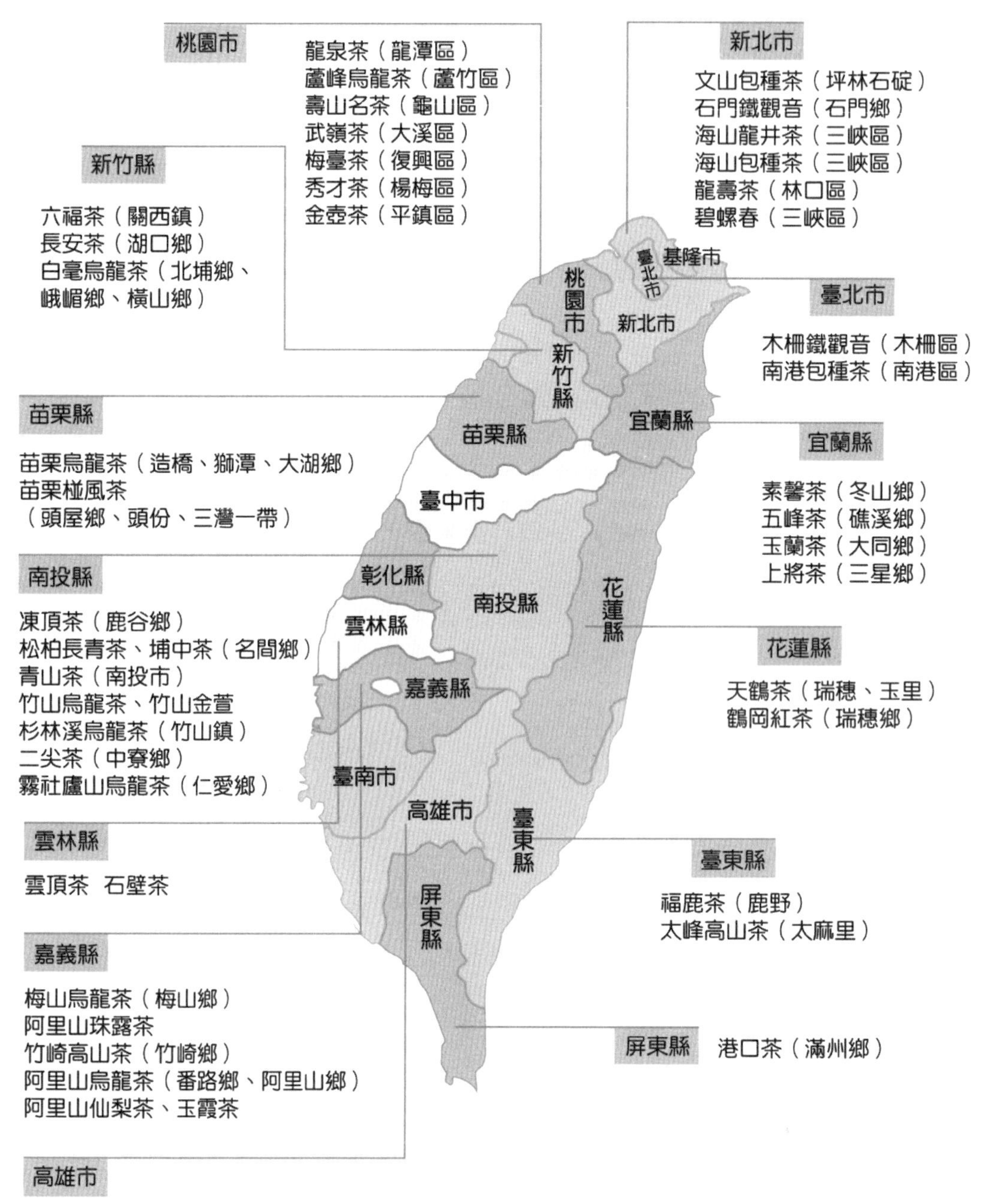
桃園市
龍泉茶（龍潭區）
蘆峰烏龍茶（蘆竹區）
壽山名茶（龜山區）
武嶺茶（大溪區）
梅臺茶（復興區）
秀才茶（楊梅區）
金壺茶（平鎮區）
新北市
文山包種茶（坪林石碇）
石門鐵觀音（石門鄉）
海山龍井茶（三峽區）
海山包種茶（三峽區）
龍壽茶（林口區）
碧螺春（三峽區）
新竹縣
六福茶（關西鎮）
長安茶（湖口鄉）
白毫烏龍茶（北埔鄉、
峨嵋鄉、橫山鄉）
臺北市
基隆市
桃園市
新北市
臺北市
木柵鐵觀音（木柵區）
南港包種茶（南港區）
新竹縣
苗栗縣
苗栗縣
宜蘭縣
宜蘭縣
苗栗烏龍茶（造橋、獅潭、大湖鄉）
苗栗椪風茶
（頭屋鄉、頭份、三灣一帶）
臺中市
素馨茶（冬山鄉）
五峰茶（礁溪鄉）
玉蘭茶（大同鄉）
上將茶（三星鄉）
南投縣
彰化縣
南投縣
花蓮縣
凍頂茶（鹿谷鄉）
松柏長青茶、埔中茶（名間鄉）
青山茶（南投市）
竹山烏龍茶、竹山金萱
杉林溪烏龍茶（竹山鎮）
二尖茶（中寮鄉）
霧社廬山烏龍茶（仁愛鄉）
雲林縣
花蓮縣
天鶴茶（瑞穗、玉里）
鶴岡紅茶（瑞穗鄉）
嘉義縣
臺南市
高雄市
臺東縣
雲林縣
雲頂茶　石壁茶
臺東縣
福鹿茶（鹿野）
太峰高山茶（太麻里）
屏東縣
嘉義縣
梅山烏龍茶（梅山鄉）
阿里山珠露茶
竹崎高山茶（竹崎鄉）
阿里山烏龍茶（番路鄉、阿里山鄉）
阿里山仙梨茶、玉霞茶
屏東縣　港口茶（滿州鄉）
高雄市
六龜茶（六龜區）

◎臺灣五大產茶區

茶區	區域
北部茶區	臺北、新北、宜蘭
桃竹苗茶區	桃園、新竹、苗栗
中南部茶區	南投、雲林、臺中、嘉義、高雄、屏東
東部茶區	臺東、花蓮
高山茶區	海拔 1000 公尺以上的山區；阿里山、玉山、雪山、中央山脈、臺東山脈

五、中國六大茶

類別	著名茶葉	發酵程度
綠茶	西湖龍井茶、洞庭碧螺春、黃山毛峰、信陽毛尖、六安瓜片、太平猴魁	不發酵茶
黃茶	君山銀針、霍山黃芽	
青茶	武夷岩茶、安溪鐵觀音、廣東鳳凰水仙	半發酵茶
白茶	白毫銀針、白牡丹、貢眉	
紅茶	祁門紅茶、正山小種紅茶	全發酵茶
黑茶	雲南普洱茶、廣西六堡茶	後發酵茶

4-4 茶的沖泡方法及調製

一、泡茶三要素→茶量、水溫、時間

1. 標準沖泡法：茶葉：水量：時間=3g:150ml:5min。
2. 水質→山泉為上，江水為中，井水為下→軟水為宜（逆滲透水、純水、蒸餾水、無雜味水）。
3. 茶量→茶葉鬆散放多（約放茶壺 6~7 分滿）；茶葉緊實放少（約放茶壺 3~4 分滿）。

條索型	2/3 壺
半球型	1/2 壺
球型緊密	1/3 壺

4. 時間
   (1) 嫩葉短時，老葉長時。
   (2) 重香氣的茶沖泡時間短；重味道的茶沖泡時間長。
   (3) 喜歡淡茶者沖泡時間短；喜歡濃茶者沖泡時間長。
   (4) 第一泡時間最短（約 30~40 秒），每多沖泡一次則時間多約 10 秒，一般茶可沖 3~7 回。

5. 沖泡水溫→揉捻緊實者高溫、發酵程度高者高溫、焙火程度高者高溫、陳年時間者高溫。

茶葉	水溫	發酵程度
紅茶	95~100℃	全發酵茶
凍頂烏龍茶 高山茶 鐵觀音 （若是焙火重、外型緊結的茶，需要更高的水溫）	90~95℃	半發酵茶
包種茶 白毫烏龍茶（雖然發酵程度高、但因**芽嫩**、**多白毫**，故沖泡水溫不高）	85℃	
綠茶 （因綠茶的單寧酸含量豐富，若高溫沖泡，會將其苦澀味沖出且掩蓋掉原本的鮮甜滋味，再者維生素也會因高溫而被破壞）	70~75℃	不發酵茶

二、茶具介紹

名稱	用途	名稱	用途
茶壺	1. 陶壺吸水性強，適合重焙火、重喉韻的球型茶。 2. 瓷壺吸水性弱，適合重香氣的茶，例如：包種茶、綠茶等。	茶針	疏通茶壺內網。
茶船 （茶池、壺承）	1. 防茶壺碰撞。 2. 淋沸水保持壺溫及燙洗杯。 3. 兼具水盤（水方）功能。	茶挾 （茶夾、茶筷）	1. 挾取茶渣。 2. 挾杯洗杯。
茶海（茶盅、公道杯、公杯）	平均茶湯濃淡。	茶漏（茶銜）	置茶時，導茶入壺之用。
茶杯	聞香杯（供品茗者聞香用），品茗杯（供品茗及欣賞茶湯用，多為白瓷）。	茶巾（茶布）	多為茶色，擦拭用。
茶荷	「置茶」、「賞茶」、「備茶」、「量茶」，主要是拿來賞茶之用。	水方（茶盂）	盛裝茶渣和廢水。
茶則	置茶的工具（新式的茶則也有兼具賞茶的功能）。	茶托	茶杯或茶碗的底盤。
渣匙 （茶匙、茶扒）	挖除茶渣、輔助置茶。		

三、茶的沖泡方法

（一）小壺泡茶法

又稱宜興式品茗法、功夫泡茶法。適合泡烏龍茶。

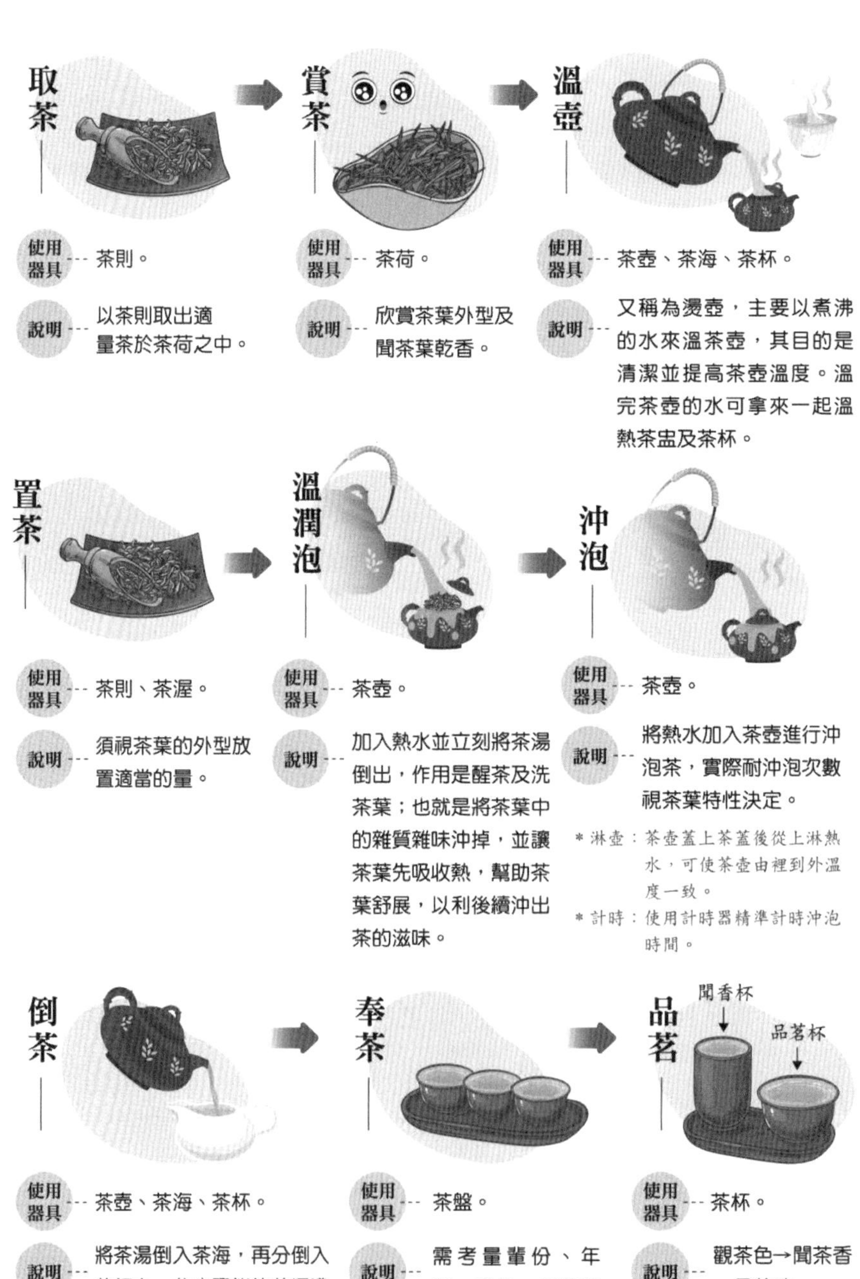

（二）紅茶沖泡

紅茶沖泡以使用瓷器且造型短胖圓形之茶壺為主，以利茶葉沖泡時，有足夠空間讓茶葉舞動。

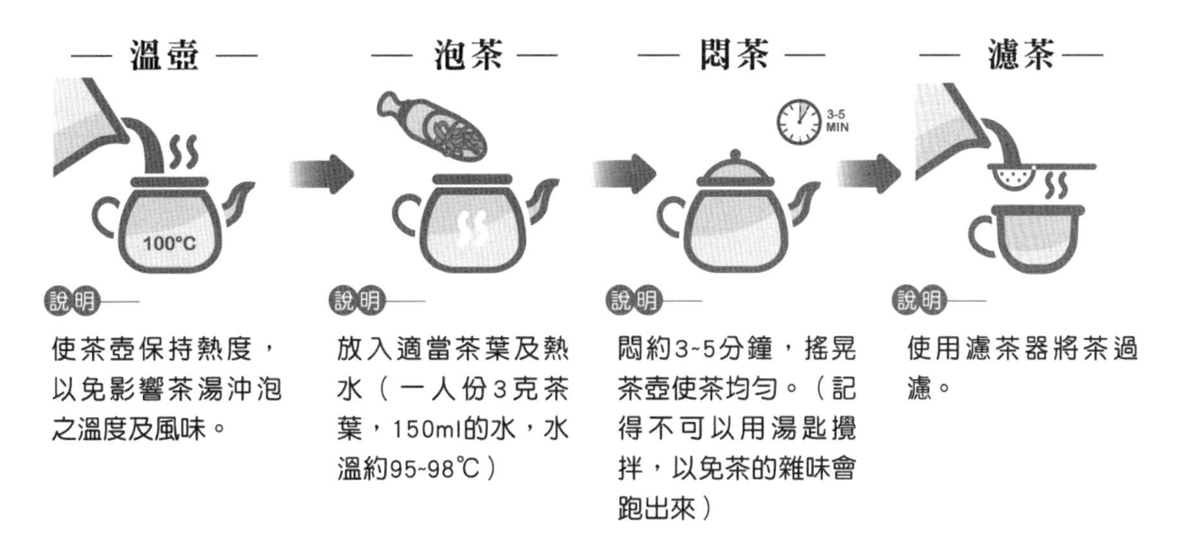

進階補充

◎冰紅茶的沖泡祕訣－將紅茶快速冷卻。

如果將熱紅茶在室溫中冷卻，再放入冰箱，香味不但會散失，而且會產生白濁現象(cream down)，也就是是茶葉中的單寧酸和咖啡因遇冷而產生凝固現象，（茶湯變混濁奶茶色）特別是單寧酸含量多的茶葉或者較濃的茶湯更容易產生。

1. 處理方式：加熱水進去則可恢復原本的紅色透明感。
2. 沖泡冰紅茶的方法：急速冷卻法或二度冷卻法。
   - 急速冷卻法：使用雙倍茶葉水量不變的方式泡紅茶（6 克茶葉與 150ml 的水），將泡好的紅茶直接加入裝滿冰塊的杯中

・二度冷卻法：一樣使用雙倍茶葉水量不變的方式泡紅茶，但是先將茶湯倒入冰鎮過的雪平鍋，使用吧叉匙攪涼，最後再加入裝滿冰塊的杯中。

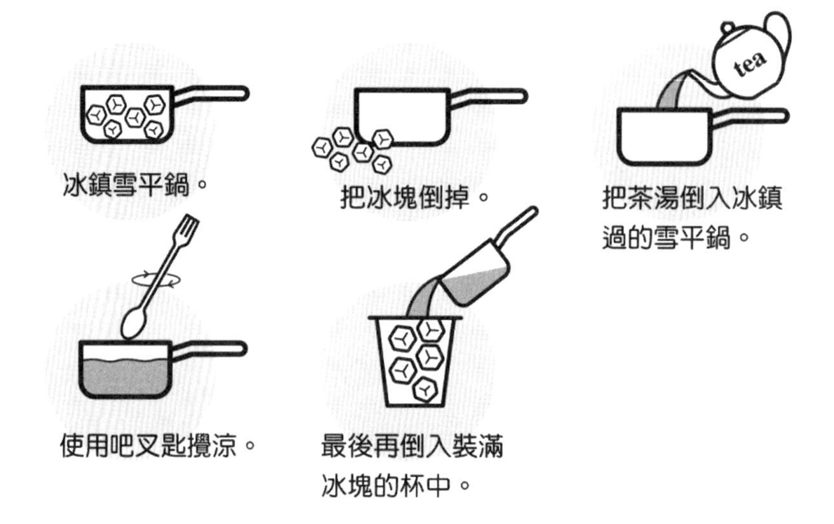

◎下午茶

1. Low Tea：指一般的下午茶 Afternoon Tea，時間約為下午 3~5 點
   (1) 由下層往上層吃，味道由淡而重，由鹹而甜。
   (2) 底層 → 鹹點+三明治。
   (3) 中層 → 司康+奶油果醬。
   (4) 上層 → 蛋糕、巧克力、水果塔、餅乾。
2. High Tea：又稱 Meat Tea，約 5~6 點，為一般人民或勞動階級解決空腹的正餐，餐點包括魚或肉類。

(三) 冷泡茶沖泡

沖泡冷泡茶所使用的茶葉等級不能太差，最好使用有機茶。

1. 做法

把茶袋或散茶直接放入冷水中，放置冰箱約 4~8 小時之後即可飲用。一般來說，不發酵茶所需浸泡時間較短，大約 4 小時；半發酵茶與全發現茶，則需較長的時間才能釋出茶味，約需要 8 小時。

2. 比例

茶葉與水的比例為 1 公克茶葉：50ml 水。

3. 特色

風味甘甜不苦澀，主要是茶葉中的苦澀物質如單寧酸、鞣酸和咖啡鹼等，需在水溫 80℃以上才會大量釋出，故冷泡茶久泡也不會苦澀。

單字庫

Assam	阿薩姆
Bay Leaves	月桂葉
Black Tea	紅茶
Bluebery	藍莓果
Butterfly Pea Flower	蝶豆花
Chamomile	洋甘菊
Darjeeling	大吉嶺茶
Dimbula	汀普拉
Earl Grey Tea	伯爵茶
Fermented Tea	全發酵茶
Flavored Tea	調味茶
Flower Fruit Tea	花果茶
Fruit Tea	水果茶
Green Tea	綠茶
Herb Tea	花草茶
Jasmine	茉莉花
Keemun	祁門
Lavender	薰衣草
Lemon Grass	檸檬草
Linden	菩提子
Masala Tea	印度瑪薩拉茶
Mint	薄荷
Nilgiri	尼爾吉里
Non-Fermented Tea	不發酵茶
Oolong Tea	烏龍茶
Oriental Beauty	東方美人茶
Partially-Fermented Tea	半發酵茶
Post-Fermented Tea	後發酵茶
Rose	玫瑰
Rosemary	迷迭香
Rose Hip	薔薇果

Roselle	洛神花
Sage	鼠尾草
Sri Lanka	斯里蘭卡
Sweet Osmanthus	桂花
Thyme	百里香
Uva	烏瓦
Vanilla	香草
Verbena	馬鞭草
Violet Mallow /Blue Mallow	紫羅蘭

習題 EXERCISE

( ) 1. 各種不同的製造過程會造就完全不同的風味與茶品，下列何者不是影響茶葉品質的製作基本過程？ (1)焙火 (2)揉捻 (3)發酵 (4)採菁。

( ) 2. 下列哪一種茶的單寧酸含量最高？ (1)白毫烏龍 (2)碧螺春 (3)普洱茶 (4)鐵觀音。

( ) 3. 必須使用較高水溫沖泡的是哪一種茶？ (1)綠茶 (2)鐵觀音 (3)抹茶 (4)白毫烏龍。

( ) 4. 下列有關綠茶之說明何者錯誤？ (1)部分需要揉捻 (2)不萎凋 (3)不發酵 (4)不乾燥。

( ) 5. 下列何者為不發酵茶的製造過程？ (1)茶菁→炒菁→揉捻→乾燥→成品 (2)茶菁→日光萎凋→室內萎凋→炒菁→揉捻→乾燥 (3)茶菁→揉捻→渥紅→乾燥→成品 (4)茶菁→炒菁→揉捻→渥堆→乾燥。

( ) 6. 沖泡中國茶的器具很多，以下何者「非」泡茶時會使用的器具？ (1)茶壺 (2)茶海 (3)水方 (4)單孔濾杯。

( ) 7. 臺茶 12 號是指哪一種品種的茶？ (1)烏龍茶 (2)金萱茶 (3)翠玉茶 (4)四季春。

( ) 8. 關於茶葉及其相關敘述，下列何者正確？甲、福壽茶即是所謂的東方美人茶 乙、白茶屬於不發酵茶 丙、茶湯顏色由淺色到深色的排列順序為：黃茶、青茶、紅茶 (1)甲、乙 (2)甲、丙 (3)乙、丙 (4)甲、乙、丙

( ) 9. 一般而言，適當泡茶水溫由高至低之排列順序，下列何者正確？ (1)紅茶、包種茶、碧螺春 (2)紅茶、碧螺春、包種茶 (3)包種茶、碧螺春、紅茶 (4)包種茶、紅茶、碧螺春

( ) 10. 關於茶飲的相關知識，下列敘述何者錯誤？ (1)決明子、黃耆、菊花屬於養生茶類 (2)橙皮、薔薇果、藍莓屬於果粒茶類 (3)祁門、阿薩姆、錫蘭為全發酵茶產地 (4)龍井茶、碧螺春、包種茶為部分發酵茶

( ) 11. 關於茶葉及其相關敘述，下列何者正確？ (1)臺灣著名的白毫烏龍茶又稱為椪風茶 (2)專業品評或評鑑的茶湯泡法，其茶葉用量占全部的 3% (3)最適泡茶水溫由高至低的排列順序為：烏龍茶、普洱茶、綠茶 (4)依茶葉發酵程度由高至低的排列順序為：紅茶、龍井茶、鐵觀音

( ) 12. 關於茶葉的敘述，下列何者正確？ (1)所謂發酵程度即是焙火程度 (2)茶葉的形狀，原則上在殺菁時即已成型 (3)茶葉依採收季節可分為春、夏、冬茶等三類 (4)原則上發酵程度由低至高之茶湯顏色依序為：綠黃、黃橙、紅褐

( ) 13. 關於茶葉製作流程的敘述，下列何者正確？甲、綠茶通常不需進行萎凋；乙、凍頂茶通常不需進行揉捻；丙、普洱茶通常不需進行殺菁 (1)甲 (2)甲、乙 (3)乙、丙 (4)甲、乙、丙

( ) 14. 關於東方美人茶的敘述，下列何者錯誤？ (1)又稱五色茶 (2)有綠茶的香氣 (3)屬於部分發酵茶 (4)葉片經小綠葉蟬啃食過。

( ) 15. 關於茶的敘述，下列何者正確？甲：玉露茶屬於不發酵茶；乙：鐵觀音又稱為椪風茶；丙：包種茶的發酵程度較凍頂茶輕；丁：白毫烏龍茶的發酵程度較碧螺春輕 (1)甲、乙 (2)甲、丙 (3)乙、丁 (4)丙、丁。

( ) 16. 關於臺灣特色茶葉及其產區的配對，下列何者正確？ (1)鶴岡紅茶：花蓮 (2)鐵觀音茶：南投 (3)福鹿茶：屏東 (4)包種茶：宜蘭。

( ) 17. 關於茶湯沖泡與品茗的敘述，下列何者正確？ (1)品茗蓋杯茶茶湯時，宜將托碟一起端起 (2)品茶步驟為：聞茶香、嚐滋味、觀茶色 (3)聞香杯與品茗杯，因為杯體較小宜以單手奉茶 (4)沖泡完成的茶湯應先倒入茶海，再以茶海平均倒入聞香杯與品茗杯

( ) 18. 小龍描述爸爸最喜歡的一款茶，形容茶葉「美如觀音，重似鐵」、茶湯色呈紅褐色、具堅果香氣、主要產在木柵，請問小龍爸爸最喜歡的一款茶為？ (1)鐵觀音 (2)文山包種茶 (3)東方美人茶 (4)港口茶。

( ) 19. 上課時，老師請大家針對世界各地的 Black Tea 做敘述，下列誰講的是錯誤的？ 小花：「斯里蘭卡的 Dimbula 紅茶，又稱為黃金杯」。小寶：「Keemun 為世界三大紅茶之一」。小祥：「Darjeeling 有茶中香檳之美稱」。小文：「Assam 口味濃郁，適合調製成奶茶」 (1)小花 (2)小寶 (3)小祥 (4)小文。

( ) 20. 阿豪帶小美去下午茶店吃正統的英式下午茶，服務生送來的三層架上，最下層為燻鮭魚火腿三明治及鮪魚起司三明治，中間層為司康，最上層則為水果塔及巧克力，請問吃的順序應該為何？ (1)巧克力→司康→鮪魚起司三明治 (2)燻鮭魚火腿三明治→司康→巧克力 (3)司康→巧克力→燻鮭魚火腿三明治 (4)巧克力→水果塔→燻鮭魚起司三明治。

( ) 21. 有一種茶的做法是將採摘的茶葉利用蒸氣殺菁，然後將其乾製碾碎，做成綠茶粉末飲用請問為下列何者？ (1)玄米茶 (2)抹茶 (3)玉露茶 (4)煎茶。

( ) 22. 茶葉上有白毫、茶湯為琥珀色、喝起來有淡淡蜂蜜味，有東方美人之稱是 (1)碧螺春 (2)龍井茶 (3)包種茶 (4)白毫烏龍。

( ) 23. 紅茶的特色是茶湯顏色偏紅色，香味帶有麥芽糖的焦糖味，喝起來的滋味濃厚略帶澀味，屬於刺激性較少的茶類，此類茶的發酵程度為 (1)不發酵茶 (2)半發酵茶 (3)全發酵茶 (4)後發酵茶。

( ) 24. 俗話說：「器為茶之父，水為茶之母」，可見茶的器具在泡茶過程中非常重要，請問下列關於泡茶器具的介紹何者正確？ (1)茶海：將熱水倒入，用來泡茶的 (2)茶杯：用來欣賞茶葉的 (3)水方：用來裝廢水用的 (4)茶荷：用來平均茶湯濃淡的。

( ) 25. 阿嬌在泡茶的時候首先先把茶葉放置在 A，讓客人欣賞茶葉，再來使用 B 把茶葉放入茶壺並加入熱水，為了使茶的濃淡一致，應該先將茶壺的茶倒入 C，但是阿嬌忘記帶該項器具，所以只好以來回將茶倒入 D 的方式讓茶的味道相同，請問 ABCD 器具依序為何？ (1)茶則→茶荷→茶海→茶船 (2)茶則→茶荷→茶船→茶杯 (3)茶荷→茶則→茶海→茶杯 (4)茶荷→茶則→茶杯→茶海。

( ) 26. 有關紅茶等級之敘述，下列何者錯誤？ (1)BOP 等級比 OP 等級品質好 (2)做成茶包常使用 Dust (3)FOP 的茶葉含有許多嫩芽 (4)Pekoe 指白毫之意。

( ) 27. 下列花草茶中，何者不是以植物之花製成？ (1)Lavender (2)Chamomile (3)Rosey (4)Thyme。

( ) 28. 茶樹生長環境的條件有很多，包含日照、土壤、溼度等等，請問下列哪個錯誤？ (1)日照充足，茶葉的多元酚減少，適合製成紅茶 (2)微酸性的土壤較佳 (3)日照少，茶葉品質佳，香氣高，適合製成綠茶或半發酵茶 (4)茶樹在溫暖濕潤的環境。

( ) 29. 泡茶茶具有很多的別稱，下列何者有誤？ 甲、茶船又可稱茶池；乙、茶海也可稱為公道杯；丙、茶荷又稱茶匙；丁、茶杯又稱茶盅 (1)甲、乙 (2)乙、丙 (3)丙、丁 (4)甲、丁。

( ) 30. 下列關於泡茶器具使用之目的，何者正確？ (1)水方：棄置廢棄茶葉和廢水 (2)茶船：盛裝茶葉入茶壺 (3)茶海：配合茶則，導茶入茶壺的器具 (4)茶荷：均勻茶湯濃度及沉澱茶葉。

( ) 31. 阿俊是一名僑生，畢業時同學送他一種臺灣獨有的茶當作紀念，這種茶的特色是重發酵的茶，外型為條索狀，茶香帶有熟果香味，喝起來的滋味具有蜂蜜的甘潤，請問阿俊沖泡時適合用幾度的水溫？ (1)70 度 (2)85 度 (3)90 度 (4)100 度。

( ) 32. 關於製茶步驟，下列何者正確？ (1)紅茶的獨有步驟是渥堆 (2)黃茶比紅茶的製作過程多了一道悶黃的手續 (3)普洱茶的製作過程比綠茶製作步驟多了渥堆 (4)綠茶的形狀產生是在乾燥的過程。

( ) 33. 關於茶葉的風味會隨不同製作步驟而有所改變敘述，請問關於茶葉的敘述，何者錯誤？ (1)茶湯的香氣會因為發酵而改變，從一開始的草香轉變為花香、最後變成熟果香到焦糖香 (2)當發酵程度越高，茶湯滋味就越接近植物天然的風味 (3)發酵程度愈低，兒茶素含量多，發酵程度愈高，兒茶素含量就越少 (4)發酵愈多，茶湯顏色越偏紅；發酵愈少，茶湯顏色則偏綠。

( ) 34. 阿芳環島玩一圈，品嚐了各地的茶，請問由台北到南，阿芳會喝到的茶分別為下列何者正確？ (1)港口茶、五峰茶、鐵觀音茶、舞鶴天鶴茶 (2)福鹿茶、上將茶、鐵觀音茶、鶴岡紅茶、港口茶 (3)鐵觀音茶、五峰茶、福鹿茶、舞鶴天鶴茶、港口茶 (4)鐵觀音茶、上將茶、鶴岡紅茶、福鹿茶、港口茶。

( ) 35. 吳伯伯回憶家鄉的環境，他說那是個四面環山沒有靠海的美麗仙境，請問吳伯伯的家鄉最有可能產什麼茶？ 甲、阿里山高山茶；乙、霧社廬山烏龍茶；丙、竹山金萱茶；丁、武嶺茶；戊、日月潭紅茶；己、東方美人茶 (1)乙丁己 (2)甲丙戊 (3)乙丙戊 (4)甲乙丙。

( ) 36. 小俞喝了含咖啡因的飲料就會心悸不舒服，請問到飲料店，他最適合點什麼飲料？ (1)Oolong Tea (2) Lavender (3)Earl Grey (4)Oriental Beauty Tea。

( ) 37. 關於茶的歷史，下列何者正確？ (1)易經中記載：「檟，苦荼」，亦為茶湯的味道苦澀－秦漢 (2)皇帝頒布召令，廢團茶、興茶葉，間接促進了中國紅茶的生產－清朝 (3)陸羽撰寫茶經一書，記載當時的飲茶文化－唐朝 (4)著有專書「大觀茶論」，積極倡導茶學－唐朝。

( ) 38. 下列茶品項中，製作過程須經萎凋的共有幾款？甲、臺茶 21 號；乙、臺茶 13 號； 丙、白毫烏龍；丁、珠茶 戊、玉露茶 己、白牡丹 (1)4 款 (2)3 款 (3)5 款 (4)6 款。

(　) 39. 有關於各種茶葉特性之敘述，下列何者正確？ (1)白毫銀針、壽眉、君山銀針同屬於不發酵茶 (2)茶葉形狀，取決於渥紅製程 (3)「揉捻」是黑茶加工特有製程 (4)茶湯顏色取決於發酵程度，發酵時間長，色澤偏紅。

(　) 40. 教育部舉辦各縣市的特產茶之宣導短片，請問下列何者不正確？ (1)臺北市－木柵鐵觀音：風味濃郁而甘醇，有厚重老成的氣質 (2)新北市－石碇東方美人茶：喝起來帶有淡淡蜂蜜味道，夏天盛產，沖泡時水溫約 85 度 (3)南投縣－臺茶 8 號，又名「紅玉」，茶湯鮮紅清澈，滋味甘潤醇美，聞起來有肉桂香之外，還有淡淡薄荷香 (4)屏東－港口茶：茶的風味微帶海風的清香，喝起來的味道帶有一點淡淡海藻和海水的味道。

(　) 41. 巷口開了一家紅茶專賣店，其中多款暢銷茶飲更是以該紅茶品種的特色或稱號命名，下列何者並非該店所賣的紅茶飲料？ (1)黃金杯 (2)海中之露 (3)茶中香檳 (4)威爾斯王子茶。

(　) 42. 有一個製茶步驟是每一種茶都一定具備的程序，請問是下列何者？ (1)萎凋 (2)揉捻 (3)焙火 (4)乾燥。

(　) 43. 「使茶葉轉動相互摩擦，造成芽葉部分組織細胞破壞，汁液流出黏附在芽葉表面」，請問下列何種現象是此製茶步驟所造成的？ (1)茶葉水分降低 (2)茶葉變乾燥方便儲存 (3)茶葉呈條索狀 (4)從茶樹上採摘下來。

(　) 44. 陳老闆在博覽會上販售自己做的茶，但礙於場地限制，水溫最高只能在攝氏 85 度，請問下列哪幾款茶無法沖泡？甲、阿薩姆紅茶；乙、阿里山高山茶；丙、龍井茶；丁、東方美人茶 (1)甲丁 (2)乙丙 (3)甲乙 (4)甲乙丙丁。

(　) 45. 李小姐非常講究茶葉沖泡的步驟及使用的器皿，請問他在沖泡的過程中，哪一種茶具不會碰觸到任何茶湯或廢水？ (1)茶海 (2)茶壺 (3)水方 (4)茶荷。

(　) 46. 泡茶時茶葉的用量，與茶葉的外形及鬆緊程度有密切關係，請問下列哪種茶葉在茶壺內置放的用量需最少？ (1)日式煎茶 (2)凍頂烏龍茶 (3)包種茶 (4)龍井茶。

(　) 47. 新冠肺炎肆虐，小新只能靠臉書的動態回顧來回憶環遊世界時的情境，請問有幾篇動態回顧所對應的茶有誤：甲、最古老的紅茶產地-中國安徽省的祁門紅茶；乙、聞起來具有佛手柑的香氣－阿薩姆紅茶；丙、作法是咖啡、紅茶及煉乳混合－鴛鴦奶茶；丁、紅茶的特色是會加入果醬及伏特加增加風味－加拿大；戊、奶茶有添加肉桂、荳蔻、丁香、茴香等香料－印度奶茶 (1)2 種 (2)3 種 (3)4 種 (4)5 種。

( ) 48. 小宜是雜誌社的編輯，主編要求他做一篇各國風味茶飲的介紹，請問他蒐集的資料中何者錯誤？ (1)錫蘭奶茶是利用鮮奶泡茶，使奶茶喝起來具有濃濃茶味 (2)香港著名的絲襪奶茶是使用絲襪沖泡紅茶，故名絲襪奶茶 (3)客家有名的擂茶又稱三生湯，製作時的三寶為擂棒、擂缽及撈子 (4)達賴喇嘛愛喝的西藏酥油茶是酥油和濃茶加工製成。

( ) 49. 有關於 Herb Tea 的敘述，何者錯誤？ (1)Violet Mallow 經熱水沖泡後呈藍色，加入檸檬汁等酸性物質後呈粉紅色，有花草中的魔術師之稱，近年流行的 Butterfly Pea Flower 也會因為加入檸檬汁而變色 (2)Chamomile 又稱「大地的蘋果」，清淡甘香，可舒緩頭痛，助眠 (3)Sage 能提振精神、消除疲勞，有「芳香藥草之王」的美譽 (4)Rosemary 又稱「聖母瑪利亞的玫瑰」，可用於西餐料理或烘焙西點。

( ) 50. 關於調味茶的敘述，下列何者正確？ (1)玫瑰花茶屬於花草茶，被稱為「玫瑰中的瑰寶」 (2)茉莉花茶屬於花果茶，被稱為「人間第一香」 (3)伯爵茶屬於花草茶，乃添加佛手柑薰香製成 (4)洋甘菊茶屬於花草茶，又稱為「大地的蘋果」。

( ) 51. 關於臺灣茶葉及其產區，下列何者錯誤？ (1)松柏長青茶產於南投 (2)天鶴茶產於臺東 (3)港口茶產於屏東 (4)玉蘭茶產於宜蘭。

( ) 52. 下列關於茶葉的敘述，何者正確？ (1)普洱茶又有黑茶、女兒茶之稱 (2)文山包種茶與金萱茶屬於不發酵茶 (3)抹茶與香片都是屬於綠茶類 (4)青心烏龍茶又稱為椪風茶或五色茶。

( ) 53. 下列何種器具或方式沖煮咖啡最容易萃取出 crema？ (1)espresso machine、Moka pot (2)French press、Ibrik (3)espresso machine、French press (4)paper drip、Belgium royal coffee maker。

( ) 54. 下列哪幾款市售飲料中的兒茶素含量相對較低？甲：印度拉茶、乙：水果茶、丙：抹茶拿鐵、丁：烏龍青茶、戊：綠茶多多己：鴛鴦奶茶 (1)甲、乙、己 (2)甲、丙、戊 (3)乙、丙、戊 (4)乙、丁、己。

(　) 55. 大方是一家旅遊企劃公司的主任，正在檢查以下這一份文化體驗之旅的宣傳文稿，他發現這裡面有許多不正確的內容。根據茶葉相關知識與製程，下列文稿內容何者正確？

~~~ 一日茶農 & 製茶師 ~~~

來一趟山上。享受大自然的晨光與茶香。手作蜜香紅茶帶回家

主要體驗內容如下：

山麓遊：在晨曦的微光下，順著曲折小徑，兩旁的綠林，遠離城市塵囂，一路來到茶園，享受一杯茶、以及中午的茶餐。

採茶樂：用完午餐，頭戴斗笠、身掛竹籠，在最適合採摘鮮嫩茶葉的午後時段，體驗在灌木群中，採摘小葉種品種的臺茶 18 號茶葉，有蜜蜂停留過的茶葉，才會產生蜜香的獨特風味。

製茶趣：從採菁、萎凋、殺菁、揉捻、發酵至乾燥等六個步驟，跟隨著製茶師的示範與引導，親自體驗蜜香紅茶的製作，讓身心靈陶醉茶香中。

(1)「在最適合採摘鮮嫩茶葉的午後時段」　(2)「體驗在灌木群中，採摘小葉種品種的臺茶 18 號茶葉」　(3)「有蜜蜂停留過的茶葉，才會產生蜜香」　(4)「跟隨著製茶師的示範與引導，親自體驗蜜香紅茶的製作」。

(　) 56. 唐代詩人元稹《茶》:「香葉，嫩芽。慕詩客，愛僧家。碾雕白玉，羅織紅紗。銚煎黃蕊色，碗轉麴塵花。夜後邀陪明月，晨前獨對朝霞。洗盡古今人不倦，將知醉後豈堪夸。」依據詩中所敘述茶能減輕倦意，主要是由於茶葉中哪項成分的作用？　(1)茶鹼　(2)胺基酸　(3)單寧酸　(4)維生素 C。

▲閱讀下文，回答第 57~58 題

曉萱在公視看完茶金影集後，對於臺灣茶葉的歷史發展與製作過程感到興趣，某個假日決定到該劇拍攝地點之一的南投日月老茶廠一探究竟，讓自己對臺灣紅茶的製作方法與沖泡方式有更深入的了解。

(　) 57. 在日月老茶廠參觀的過程中，曉萱看到了臺灣紅茶品種的介紹、製作的過程與其所使用的機具設備。關於臺灣紅茶的品種、外觀與製作流程之敘述，下列何者正確？　(1)臺灣紅茶的茶葉主要品種是臺茶 13 號與臺茶 18 號　(2)烘焙後的臺灣紅茶茶葉外觀是球形狀、墨綠色　(3)製作過程是採菁 → 萎凋 → 殺菁 → 揉捻 → 發酵 → 乾燥 → 精製　(4)萎凋的過程是將茶菁置於室內陰涼處進行室內萎凋。
~~~

( ) 58. 參觀完茶廠後，曉萱買了一罐日月潭紅茶當伴手禮，返家後興奮地向家人敘述參觀的過程，並迫不及待打開茶葉罐，準備沖茶器具沖泡一壺紅茶給家人品茗。關於臺灣紅茶的沖泡方式，下列敘述何者正確？甲：宜使用軟水來沖泡才能充分溶出茶葉顏色、香氣與滋味、乙：沖泡茶葉的水溫宜控制在 75 ~80 ℃ 才不會破壞兒茶素、丙：紅茶是屬於全發酵茶，熱水沖泡後的茶湯會呈現紅褐色、丁：原則上，沖泡紅茶茶葉所需時間短於綠茶茶葉所需時間 (1)甲、乙 (2)甲、丙 (3)乙、丁 (4)丙、丁。

( ) 59. 關於茶葉發展與相關歷史的敘述，下列何者正確？甲：英國為茶葉的發源地、乙：中國被稱為茶的原鄉、丙：神農氏被尊稱為茶神、丁：陸羽被尊稱為茶聖 (1)甲、丙 (2)乙、丙 (3)乙、丁 (4)丙、丁。

( ) 60. 臺灣近年來非常風行地區特色茶種，地區的產茶受到人文歷史及自然的結合，創造出獨特的風味。擁有近百年歷史，據說來自武夷的茶農朱振淮帶來的中國茶種，包含雪梨、武夷、青心烏龍，在臺灣環境的種植特色為海拔低、緯度低、日照長、海風強。上述的內容為臺灣哪種茶葉？ (1)烏龍茶 (2)膨風茶 (3)上將茶 (4)港口茶。

( ) 61. 製茶流程繁瑣複雜，工序影響著茶湯的表現，下列對於殺菁的製作敘述何者正確？ (1)茶葉水分持續消散又稱為「走水」 (2)破壞酵素活性，抑制茶葉氧化發酵 (3)將茶葉細胞揉破，茶的汁液溢出表層並定型 (4)兒茶素進行氧化作用，轉化各種風味及物質。

( ) 62. 沖泡茶葉的水溫須依據茶葉特性、外觀形狀、發酵程度以及烘焙等因素有所改變，下列的敘述何者正確？ (1)水溫越高，沖泡時也越容易有苦澀味 (2)嫩芽越多的茶葉，需要用越高溫沖泡出風味 (3)發酵越重的茶葉顏色越深，因此通常用越低溫的水沖泡 (4)輕發酵茶因為發酵程度相當低，需要越高溫沖泡才能萃取出風味。

( ) 63. 小賴是紅茶愛好者，進口世界各地紅茶開設了一家紅茶專賣店。某天下午一位顧客來電，想要宅配兩款紅茶，一款為調味的紅茶做為日常家人飲用，一款號稱為香檳紅茶做為送禮使用。小賴要協助顧客挑選哪兩款紅茶是正確的？甲：Assam Tea、乙：Darjeeling Tea、丙：Uva Tea、丁：Earl Grey Tea、戊：Nuwara Eliya Tea (1)甲、丙 (2)乙、丁 (3)乙、戊 (4)丙、戊。

( ) 64. 關於茶葉成品外形及風味特性，下列敘述何者正確？ (1)碎形綠茶外形破碎，不容易沖泡出風味 (2)普洱茶茶葉以球形居多，沖泡風味極佳 (3)烏龍茶通常可做為茶磚，剝碎沖泡風味淡雅 (4)紅茶可分為碎形及條形，沖法不同，風味也不同。

MEMO

咖啡的認識與調製

5-1 咖啡歷史與發展趨勢

5-2 咖啡豆種類

5-3 咖啡烘焙原理

5-4 咖啡萃取原理、方法與調製

5-1 咖啡歷史與發展趨勢

一、咖啡歷史的發展

1. 衣索比亞，驍勇善戰的蓋拉族發現咖啡果實和葉子有提神效果，是最早了解咖啡用途的民族。
2. 9 世紀波斯名醫拉齊，將咖啡種子加水煮成藥汁，用來治頭痛胃病跟感冒。
3. 15 世紀伊斯蘭教的蘇菲教派流行喝咖許 Quishr（將咖啡用輕火烤過再放到水中煮成飲料）讓他們在晚上祈禱時可以保持清醒，同時也加速咖啡的平民化。
4. 16 世紀，敘利亞盛產鐵具，居民利用鐵具烘培咖啡並將咖啡搗碎加水煮。
5. 1530 年，敘利亞大馬士革出現全世界第一間咖啡屋，咖啡成為具商業價值的商品，從阿拉伯世界傳到歐洲。

二、咖啡的流行趨勢

演進	時間	特色
第一波 即溶咖啡	第二次世界大戰前後	一開始的出現，主要是補給前線作戰的士兵並提振精神，後來因即溶咖啡顆粒小，較好運送且耐儲存，帶動消費市場並將咖啡普及化。
第二波 義式咖啡	1966 年後	最早提出「精緻咖啡」說法的是1960年代的阿弗列德皮茲(Alfred Peet)，他以濃縮咖啡為基底，調製出各種不同風味的咖啡，並稱之為花式咖啡，使咖啡的樣貌不再是黑咖啡或即溶咖啡，阿弗列德皮茲創造了更多咖啡的可能性。這也影響了後來的全球咖啡巨人－星巴克。星巴克於1971年成立，主打以義式濃縮咖啡(espresso)作為基底，加入牛奶製作成拿鐵、卡布奇諾等，且發展出添加各種口味糖漿的調味牛奶咖啡。星巴克選擇以深烘焙的呈現方式，來維持咖啡配方品質的一致，主要以提供大量穩定的咖啡以及舒服放鬆優雅的場所，使咖啡店的定義不再只是喝咖啡。

演進	時間	特色
第三波 精品咖啡	2000~至今	當咖啡越來越普及，人們開始研究起咖啡的本質，從一粒咖啡種子到一杯咖啡的概念形成；舉凡接觸產區、了解栽種環境開始，進而研究生豆如何處理、到各式沖煮方式，探究各種因素對於咖啡風味的影響，逐漸形成第三波咖啡浪潮。隨著科技與技術的進步，咖啡農也開始研究各種不同品種的咖啡種，讓咖啡豆的整個流通過程透明化。以「開放與分享」的精神，回歸咖啡本身風味的表現與追求，並讓消費者重新認識咖啡。
第四波 永續咖啡	現今	友善對待咖啡生產者與環境，避免中間商剝削。永續咖啡可分三部分；有機咖啡、公平交易咖啡、認證咖啡（鳥類保護認證 BIRD FRIENDLY、雨林聯盟 CERTIFIED、好咖啡認證 ECO CERT 等）。

5-2 咖啡豆種類

一、生豆品種

（一）咖啡豆介紹

1. 咖啡果實

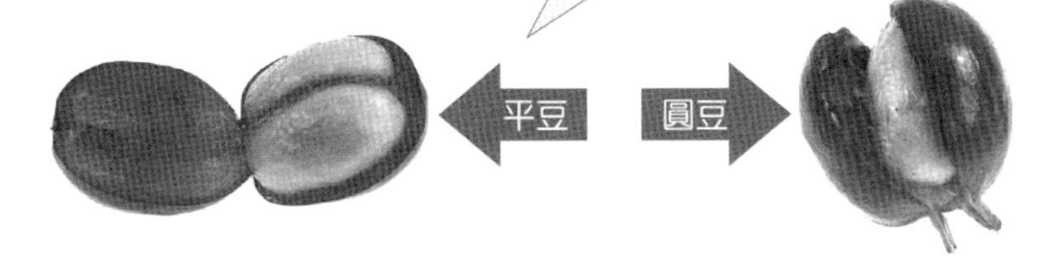

2. 咖啡的構造

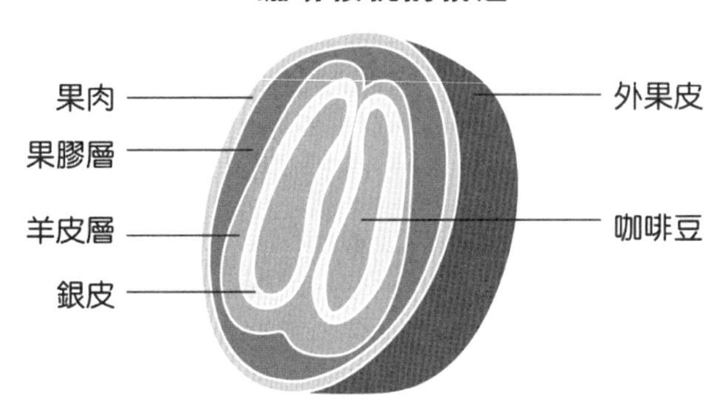

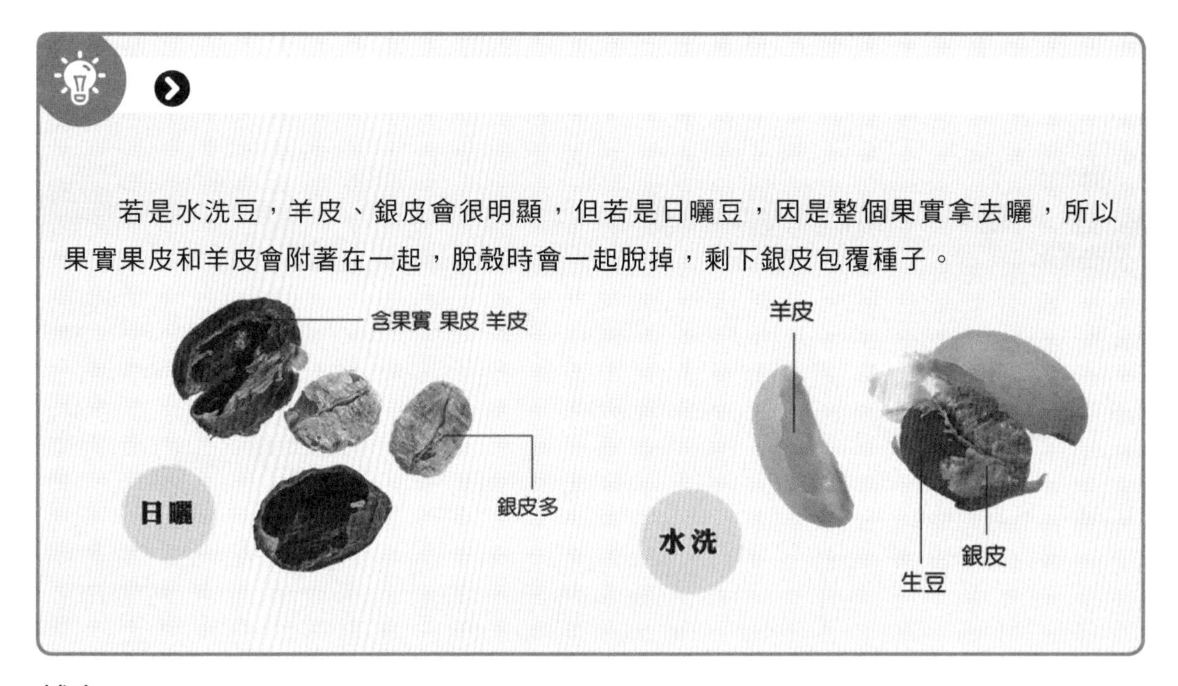

若是水洗豆，羊皮、銀皮會很明顯，但若是日曬豆，因是整個果實拿去曬，所以果實果皮和羊皮會附著在一起，脫殼時會一起脫掉，剩下銀皮包覆種子。

補充

※咖啡為惡魔的飲料

※咖啡花為白色。果實顏色變化：綠→黃→紅，稱為咖啡櫻桃、惡魔的果實

3. 咖啡豆品種

品種	阿拉比卡(Arabica)	羅巴斯塔(Robusta)	賴比里卡(Liberica)
產地	非洲衣索比亞	非洲剛果	非洲西海岸
產量	約占世界咖啡總產量的70~80%	約占世界咖啡產量的 20%	產量稀少，不具有商業價值
栽種地點	高原栽培	低地栽培	低地栽培
生豆形狀	* 扁平長橢圓形 * 外型如半顆花生 * 中央裂縫呈 S 型	* 渾圓、短橢圓形 * 外型如薏仁、黃豆 * 中央裂縫呈直線	頂端較尖、呈菱形
味道	* 香味良好 * 良質酸味	* 香氣差、苦味強 酸味不足	品質差
特徵	* 耐病性較差 * 限制多（不可太熱、太冷、太濕、太乾） * 低緯度地方需種遮蔭樹	* 抗病性較高、適應力佳 * 限制少（耐高溫、耐寒、耐旱、耐濕） * 咖啡因多→味道苦、可抗蟲害	易受蟲害侵蝕
咖啡因含量	含量較低，約占重量的1.1~1.7%	含量較高，約占重量的 2~4%	
用途	直接沖泡飲用之單品咖啡或加味咖啡	即溶咖啡、冰咖啡及罐裝咖啡之用。	做研究用

4. 咖啡豆的生長條件

條件	說明
緯度	以赤道為中心，北緯 25 度到南緯 25 度，稱為「咖啡區域 coffee zone」/「咖啡腰帶 coffee belt」
陽光	半日照環境為宜；白天溫暖不炎熱，晚上涼爽不寒冷。種植遮蔭樹，早上可曬日光，午後可遮蔭，使咖啡樹及周邊地面能冷卻下來，例如：椰棗樹、香蕉樹（具經濟價值，還可以賣香蕉）。屏東利用檳榔樹當遮蔭樹栽培檳榔咖啡。
溫度	年均溫 18~25℃，不下霜的地方為佳。
雨量	年降雨量 1500~2000 公釐；濕度 75~85%。
海拔	海拔平地~2000 公尺高地，高地豆品質較佳也較昂貴。
土壤	土壤排水良好的火山灰質土壤，酸鹼值 pH4.5~5.5。

5. 咖啡豆產區

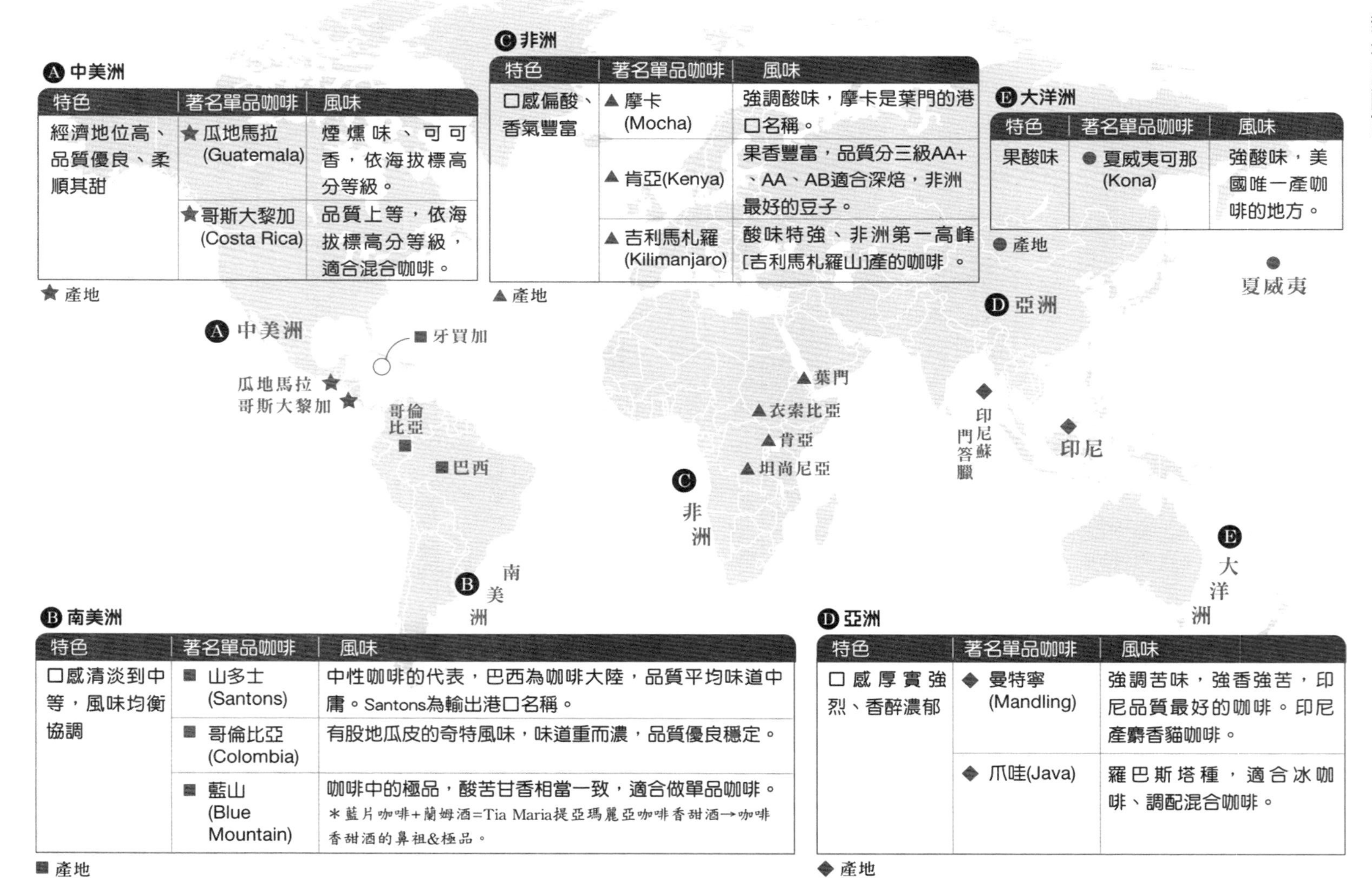

A 中美洲

特色	著名單品咖啡	風味
經濟地位高、品質優良、柔順其甜	★瓜地馬拉 (Guatemala)	煙燻味、可可香，依海拔標高分等級。
	★哥斯大黎加 (Costa Rica)	品質上等，依海拔標高分等級，適合混合咖啡。

★ 產地

C 非洲

特色	著名單品咖啡	風味
口感偏酸、香氣豐富	▲摩卡 (Mocha)	強調酸味，摩卡是葉門的港口名稱。
	▲肯亞(Kenya)	果香豐富，品質分三級AA+、AA、AB適合深焙，非洲最好的豆子。
	▲吉利馬札羅 (Kilimanjaro)	酸味特強、非洲第一高峰[吉利馬札羅山]產的咖啡。

▲ 產地

E 大洋洲

特色	著名單品咖啡	風味
果酸味	●夏威夷可那 (Kona)	強酸味，美國唯一產咖啡的地方。

● 產地

B 南美洲

特色	著名單品咖啡	風味
口感清淡到中等，風味均衡協調	■山多士 (Santons)	中性咖啡的代表，巴西為咖啡大陸，品質平均味道中庸。Santons為輸出港口名稱。
	■哥倫比亞 (Colombia)	有股地瓜皮的奇特風味，味道重而濃，品質優良穩定。
	■藍山 (Blue Mountain)	咖啡中的極品，酸苦甘香相當一致，適合做單品咖啡。 ＊藍片咖啡+蘭姆酒=Tia Maria提亞瑪麗亞咖啡香甜酒→咖啡香甜酒的鼻祖&極品。

■ 產地

D 亞洲

特色	著名單品咖啡	風味
口感厚實強烈、香醉濃郁	◆曼特寧 (Mandling)	強調苦味，強香強苦，印尼品質最好的咖啡。印尼產麝香貓咖啡。
	◆爪哇(Java)	羅巴斯塔種，適合冰咖啡、調配混合咖啡。

◆ 產地

6. 咖啡豆的精製

方式	介紹	優點	缺點	適合
乾燥法／日曬法 (Dried Method /Unwashed /Natural Coffee)	採收→乾燥→脫殼→生豆	1. 口感強烈濃郁。 2. 風味層次豐富。 3. 微酸略有苦味。 4. 精製成本較低。	1. 易受天候影響。 2. 易摻入瑕疵豆。 3. 品質較不穩定。	陽光充足的地方。 ex：葉門、衣索比亞
水洗法 (Wash Method / Washed)	採收→選別→去除果肉→發酵→水洗→乾燥→脫殼→生豆	1. 色澤美雜質少。 2. 品質穩香味柔順。	1. 處理不當會有酸臭味。 2. 精製成本較高。 3. 風味層次變化較少。	水源充足雨量多處。 ex：中美洲的哥斯大黎加、瓜地馬拉、墨西哥。南美的哥倫比亞。夏威夷可納島等
半水洗 (Semi-Washed)	採收→去除果肉→日光乾燥→脫殼→生豆	可節省水資源。	醇厚度較差。	ex：巴西
蜜處理 (Pulped Natural /Honey Coffee)	採收→去除部分果肉（保留部分果膠層）→日光乾燥→脫殼→生豆 * 依保留果膠層的多寡可分白蜜、黃蜜、紅蜜、黑蜜。	咖啡風味甜質較佳。	發酵掌控不佳會有負面風味。	哥斯大黎加、臺灣。
蘇門答臘式水洗法 (Wet-Hulled/ Giling Basah)	採收→去除果肉→短時間日光乾燥→脫殼→日光乾燥→生豆 * 唯一未乾燥就處理內果皮的處理法	1. 可快速乾燥咖啡。 2. 風味帶有木質、青草、稻草、濕土等。	品質較不易控制。	印尼，蘇門答臘。

同場加映

◎麝香貓咖啡（貓屎咖啡）Civet Coffee

麝香貓吃下咖啡果實，經過他的消化系統，種子與糞便一起排出， 將種子洗淨之後就是具有獨特風味的麝香貓咖啡了。

5-3 咖啡烘焙原理

咖啡烘焙過程是一系列物理和化學反應，使咖啡豆的風味產生，主要分成三大階段：

1. 烘乾/脫水/乾燥 (Drying)

生豆開始吸熱後內部的水分會逐漸蒸發，使生豆原有的翠綠色澤會因為水分減少而轉為黃色。

2. 烘焙(Roasting/Browning)

咖啡豆由黃色慢慢轉至深褐色，咖啡豆裡的水分漸漸沸騰產生蒸汽，最後衝破細胞壁將蒸氣散出，使咖啡豆產生香氣與爆裂，直到出爐下豆。

3. 冷卻(Cooling)

咖啡豆烘焙之後必須冷卻，將風味鎖住。

一、一般烘豆步驟

步驟	溫度	說明
暖機下豆	約 160~180℃	烘豆機在烘焙咖啡豆前需先暖機，使烘焙穩定並縮短烘豆時間。
回溫點	約 80~120℃	回溫點是反應暖機與豆溫是否合適的參考。如果回溫點過低或過高，可作為下一鍋豆子火力配置的參考。
脫水期／蒸焙	約 80~145℃	此時主要是讓豆子均質化及脫除部分水分，將熱傳遞至生豆，做均勻反應的準備。生豆在這階段，會將豆內的自由水大量去除，為接下來的焦糖化與梅納反應做準備。
梅納反應旺盛期	約 145~175℃	此階段是主要梅納反應(Maillard Reaction)旺盛期，不是其他溫度就不會有梅納反應，而是此溫度比較劇烈。
焦糖化反旺盛期	約 175~195℃	此階段是主要焦糖化反應(Caramel Reaction)旺盛期，過程中豆子將產生火烤的香味、焦糖與顏色。
一爆	約 190~200℃	生豆中細胞壁產生爆裂，是水分大量釋出，通過加熱揮發成分會向咖啡豆內部組織散開。

步驟	溫度	說明
二爆	約 210~220℃	生豆中的木質部爆裂，二氧化碳釋出，咖啡豆組織熱後到破壞，有機酸裂解 60%以上，酸味下降，許多芳香成分開始揮發，在這之後，豆內會生成油脂，苦味與香醇程度增加。
冷卻	室溫	約 2~3 分鐘，豆子溫度需降至室溫。若冷卻時間超過 5 分鐘，對品質有嚴重影響。

同場加映

咖啡會香的祕密~焦糖化反應 VS.梅納反應

1. 焦糖化反應

　　只有含糖的食材，才會發生焦糖化反應，當蔗糖加熱至 185℃，就會溶解成透明液體，如果持續加熱的話，顏色就會開始轉變，由黃→淺褐色→深褐色→黑碳，也就是糖脫水的過程。當糖開始加熱，咖啡本身的風味分子即開始瓦解，而散發出風味複雜的揮發性分子，並產生酸味與苦味，顏色越深，則味道越苦。

2. 梅納反應

　　是指食物中的碳水化合物、胺基酸或蛋白質，在常溫或者加熱的時候，所產生一系列的複雜反應。除了產生棕黑色的大分子物質「類黑精」或稱「凝黑素」之外，還會產生成多種不同的氣味，也是咖啡產生香氣風味的重要反應之一。

二、烘豆機介紹

烘豆的原理，是將熱能透過傳導、對流、幅射等方式，傳遞給咖啡豆，最重要的是傳導以及對流；一開始加熱時，最先受熱的生豆，會把熱能「傳導」給旁邊的生豆，而在烘焙的過程中，咖啡豆不只被加熱，也會因為熱風「對流」傳給生豆熱能。

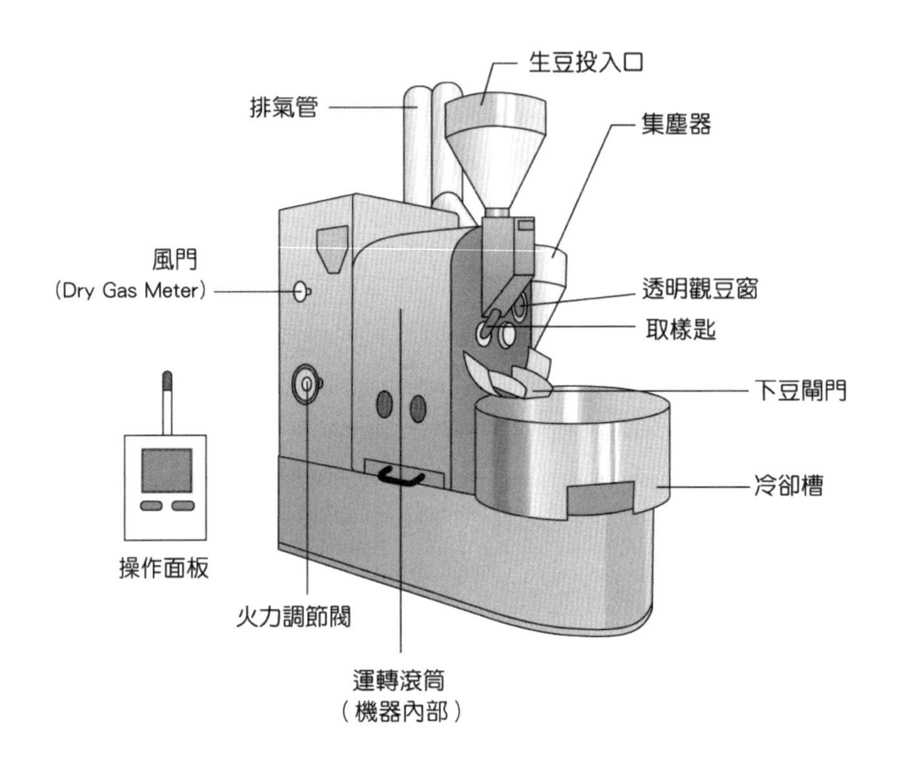

◎烘豆機的分類

烘豆機	原理	說明	圖示
半熱風烘焙機	傳導 對流	火源不會直接接觸到生豆，而是透過滾筒傳導熱及熱風，所以同時兼具傳導與對流的效果。 ＊ **優點**：烘焙均勻，風味也穩定。 ＊ **缺點**：香氣較不明顯。	入豆 收齊脫落的銀皮 熱氣回收 出豆 散熱 熱風烘烤生豆＋烘烤無洞滾筒
直火烘焙機	傳導	加熱滾筒有網狀的孔洞，使火源直接接觸到生豆，主要是靠傳導的方式加熱生豆。 ＊ **優點**：咖啡的香氣濃烈芬芳。 ＊ **缺點**：咖啡豆的表面較易燒焦且不易烘焙均勻。	入豆 收齊脫落的銀皮 熱氣回收 出豆 散熱 火直接烘烤開洞滾筒

烘豆機	原理	說明	圖示
熱風烘焙機	對流	完全採用全高溫熱風的方式，以對流原理加熱生豆，導熱極效果極佳。 ＊ **優點**：烘焙快速、均勻也較穩定。 ＊ **缺點**：烘焙時間較短、導致咖啡豆風味發展較不完全。	入豆 收齊脫落的銀皮 熱氣回收 出豆 散熱 純熱風烘烤

三、咖啡的烘焙

1. **淺焙**：因為咖啡豆成分中殘留許多有機酸，所以酸味強，豆子呈淡茶褐色。
2. **中焙**：苦和酸達到平衡，豆子呈茶褐色。
3. **深焙**：因為豆子中的醣類產生焦化，所以豆子呈黑褐色且泛油光，苦味強，同時水分散失，豆子體積增加，脂肪會隨深炒泌出豆子表面，會縮短咖啡豆的儲存期限。

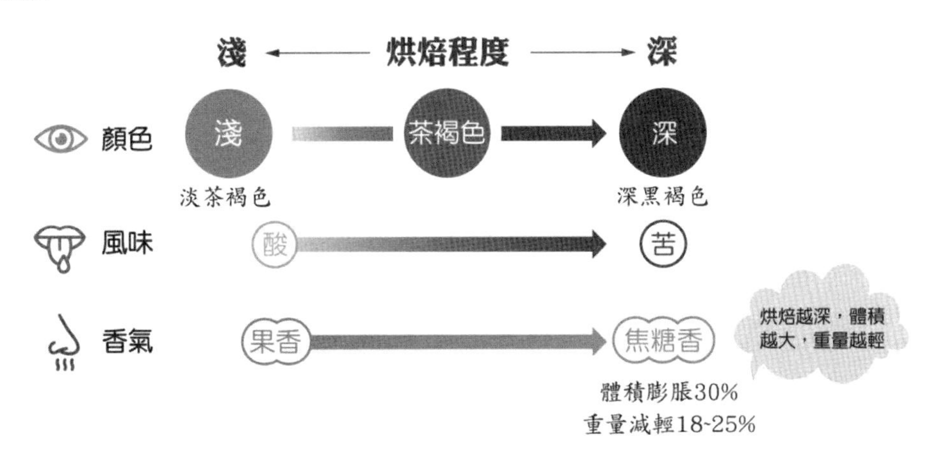

圖 5-1　烘焙與咖啡的關係

◎烘焙狀態說明

烘焙狀態	特色	焦糖化檢測	烘焙階段	風味		
				酸味	苦味	醇厚度
一爆開始前後	酸味強、帶有青草味，常用於測試，不適合飲用。	淺焙 Agtron#90~80	淺焙 (Light Roast)	強	弱	少
一爆密集前後	顏色略帶褐色，酸味稍強、略有香氣。		肉桂色烘焙 (Cinnamon Roast)	↓	↓	↓
一爆結束前	屬於美式咖啡的烘焙程度，酸度及香氣適中。	中焙 Agtron#60~50	中度烘焙 (Medium Roast)			
一爆完全結束	咖啡的酸、香、苦、甜達到平衡。適合一般單品咖啡、吉力馬札羅咖啡		強烘焙 (High Roast)			
一、二爆之間	咖啡開始略帶苦味，醇厚度稍高。苦味大於酸味，如：藍山咖啡、哥倫比亞咖啡、巴西咖啡	中深焙 Agtron#50~40	城市烘焙 (City Roast)			
二爆開始前	豆子出現出油狀況、顏色偏深，酸味減少，苦味增強，醇厚度佳，無酸味，適做冰咖啡。		市區烘焙 (Full city Roast)			
二爆密集前	豆子表面出現片狀出油，顏色深、苦味強、醇厚度高。可做法式歐蕾、義式咖啡	深焙 Agtron#40~30	法式烘焙 (French Roast)			
二爆結束前	豆子出現後油脂，顏色極深、易酸敗，苦味極強、醇厚度極高、帶有焦味，已無酸味。適做義式咖啡		義式烘焙 (Italian Roast)	弱	強	多

進階補充

焦糖化檢定數值 Agtron

美國精選咖啡協會(SCAA)利用焦糖化檢定數值來表示烘焙的程度，數值越小、顏色越深、代表烘焙程度越高；數值越大、顏色越淺、代表烘焙程度越低。

四、咖啡豆的調配

1. 常用來調配的三種基本豆：巴西、摩卡、哥倫比亞。
2. 綜合咖啡就是為了彌補某些咖啡豆的缺點，彰顯其優點，並尋求更完美的味道。
3. 混合原則有三
   (1) 用特色不同的咖啡豆組合。
   (2) 以特色的良質咖啡豆為主體，再用其他咖啡豆來平衡→以減弱或加強某一單品豆子的味道。
   (3) 在受歡迎的咖啡豆中，加入有特色的咖啡豆，使其更突出。
4. 混合咖啡的調配法
   (1) **先烘焙再調配**：為品質較佳的豆子，因可保有每一種咖啡的特性及風味，再經調配，可變化各種不同風味的咖啡。
   (2) **先調配再烘焙**：須先了解生豆本身特質→調配→烘焙，口味穩定，但調配後較適合單一口味。

五、咖啡的選購與儲存

因咖啡豆烘焙後會釋放出大量的二氧化碳，故一般多使用具有單向排氣閥的不透明包裝，一來排放二氧化碳，二來避免氧氣進入，以保咖啡豆的新鮮。存放時宜存放陰涼乾燥處，不宜與味道強烈的物品放置一起。建議飲用前再磨成粉，以延緩咖啡衰敗的速度，建議 2 個月內飲用完畢，以免失去咖啡風味。

六、咖啡的成分

成分	介紹	氣味
咖啡因	苦味來源，高溫釋出 酸弱苦強，酸強苦弱 1. 沖泡時間長→萃取多 2. 沖泡水溫高→萃取多 3. 研磨顆粒小→萃取多	苦
單寧酸	澀味來源	澀

成分	介紹	氣味
脂肪	酸性脂肪→酸性口感	酸
	揮發性脂肪→香氣	香
蛋白質	不易溶出→黑咖啡熱量低	
糖	甘味、褐色	甘

5-4 咖啡萃取原理、方法與調製

一、咖啡構成要素

要素	說明
濃度	適合飲用的濃度為 1.15~1.35%之間，也就是 100 克溶液裡面，溶質占全部的百分比，濃度高則風味厚重、酸苦味強；濃度低則味道淡薄、風味不明顯。
萃取率	最佳萃取率為 18~22%，也就是指咖啡豆有多少物質被萃取出來；萃取率過高會導致雜味澀味明顯，且苦味突出；萃取率低則風味不鮮明，且完整性不佳。

二、萃取變因

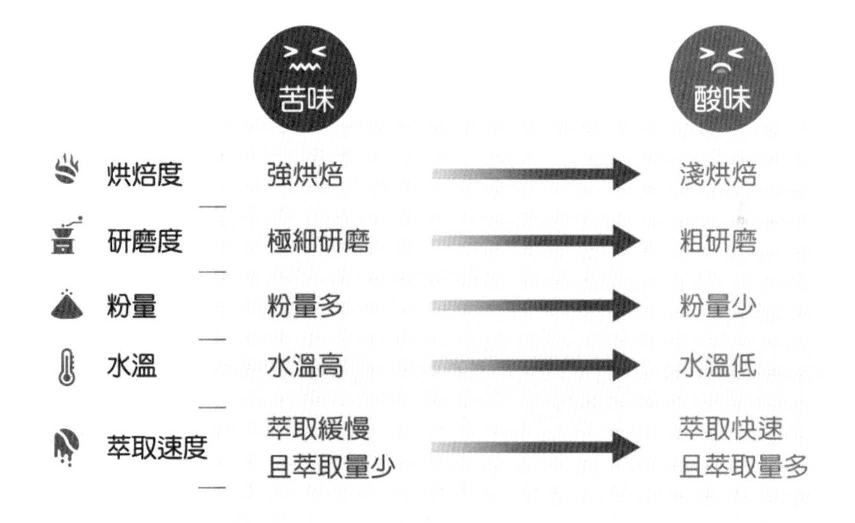

三、咖啡的研磨

研磨是為了增加萃取表面積，以及在短時間快速萃取出香氣與風味。咖啡豆一旦磨成粉，就開始散失風味，所以最佳研磨時間是沖泡咖啡之前，通常研磨顆粒越粗，萃取時間越長，研磨顆粒越細，萃取時間越短，冰滴咖啡例外，冰滴咖啡雖需要的時間長，但是研磨程度是細研磨。

研磨程度	顆粒大小	適用沖泡法
極細研磨	麵粉	土耳其咖啡(Turkish Coffee)
細研磨	細鹽	義式咖啡機(Expresso Machine)、摩卡壺(Mocka Pot/Percolator/Moka Espress)、越南咖啡(Vietnamese drip coffee)、冰滴咖啡(Cold Drip/Cold Water Drip/Dutch Coffee)
中研磨	砂糖	濾紙滴濾式(Paper Drip/Filter Coffee)、電動滴濾式(Drip Coffee Maker/Automatic Coffee Maker)、法蘭絨布沖泡法(Flannel Drip)、比利時壺(Belgium Royal Coffee Maker/Vienna Roray Coffee Maker/Royal Balancing Syphon Maker)、虹吸式咖啡(Vacuum Pot/Syphon/Distilled Coffee Maker)
粗研磨	粗砂糖	法式濾壓壺(French Press/The Press Pot/Plunger Pot)

同場加映

◎磨豆機的介紹

類別	說明	優點	缺點
義式磨豆機	搭配義式咖啡機使用。	可大量研磨、也可磨到極細研磨。	不容易調整與校正刻度。
手搖磨豆機	利用人工轉動方式研磨咖啡。	多樣化的設計，可選擇符合個人風格的款式。使用不需電源非常環保。重量相對輕巧便於攜帶。	較耗人力、一次僅能研磨少量咖啡豆。
鋸齒磨豆機	利用兩片有間距的刀片齒輪，將咖啡豆磨碎。依照刀片類型分成平刀、圓刀、鬼齒等，磨出的顆粒樣貌及風味也有差異、價格也不同。	咖啡顆粒較一致、適合商業用。	單價較高。
螺旋式磨豆機	使用兩片刀片，像螺旋槳重複把咖啡豆切成小顆粒狀，較適合家庭使用。	價格便宜。	咖啡豆磨出之顆粒粗細不一。

四、常見的咖啡沖泡方式

(一) 土耳其咖啡(Turkish Coffee / Ibrik)

調製步驟

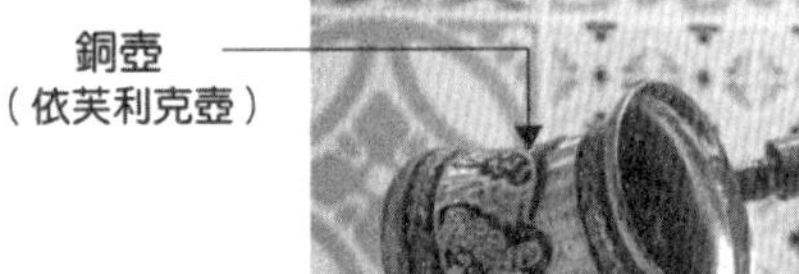

1. 將咖啡粉與水放入土耳其咖啡壺壺中。
2. 使用瓦斯爐或炭火加熱，邊加熱邊攪拌至沸騰，待泡沫要溢出時迅速將壺移開。
3. 等待泡沫消退後再加熱，同樣動作重複三次。
4. 等咖啡粉渣沉澱之後，將咖啡倒出。

備註

1. 會利用喝完的咖啡渣進行占卜。
2. 也可以加入糖一起煮。

(二) 義式咖啡機(Expresso Machine)

調製步驟

1. 填入適當咖啡粉置咖啡把手，並以填壓器壓實咖啡粉（單孔把手 7g 粉，雙孔把手 14 克粉）。
2. 按沖煮按鈕測試水壓（清潔出水口及排放壓力）。
3. 將咖啡手把扣上機器轉緊。
4. 壓下沖煮鍵萃取出濃縮咖啡（單孔把手 30ml，雙孔把手 60ml）。

備註

1. 義式咖啡機是西元 1947 年由義大利人所發明，原來是利用高壓原理（約 8~9 個大氣壓力），讓熱水快速滲透咖啡粉末，並萃取濃縮咖啡液（因萃取時間短約 25~30 秒之間，故粉的研磨程度採細研磨）。
2. 濃縮咖啡液表層會有黃褐色的泡沫(Crema)，是義式咖啡的特色。
3. 一般使用濃縮咖啡杯(Demitasse)，其杯身較厚實，有助於保持咖啡的溫度。
4. 美式咖啡是將單份濃縮咖啡液直接加入 120ml 熱水調整而成。

◎關於義式咖啡機

<table>
<tr><th colspan="3">咖啡品質變化</th><th>原因</th></tr>
<tr><td rowspan="3">流速</td><td colspan="2">太快（15 秒以下、粗水柱狀）</td><td>1. 填壓→過鬆。
2. 研磨→過粗。
3. 粉量→過少。
4. 咖啡豆不新鮮。</td></tr>
<tr><td colspan="2">適中（20~30 秒、黏稠狀像老鼠尾巴要斷不斷）</td><td>完美萃取。</td></tr>
<tr><td colspan="2">太慢（30 秒以上、水滴狀或極細水柱）</td><td>1. 填壓→過緊。
2. 研磨→過細。</td></tr>
<tr><td rowspan="5">克麗瑪(Crema)
因為水在高壓的狀態下，能夠溶解比一般多的二氧化碳，而二氧化碳就是在烘豆焙過程中所產生的氣體。當沖煮的咖啡液體流到杯中，回復到正常的大氣壓力時，它就沒辦法溶解這麼多的二氧化碳，因此氣體就從咖啡液中跑出來，變成無數個微氣泡，形成一層穩定的泡沫層。</td><td rowspan="2">量</td><td>沒有</td><td>1. 機器壓力不足。
2. 咖啡豆不新鮮。</td></tr>
<tr><td>太少或破洞</td><td>1. 填壓→過鬆。
2. 研磨→過粗。
導致萃取不平均。</td></tr>
<tr><td rowspan="3">顏色</td><td>泛白、淺黃</td><td>1. 萃取不足或過度。
2. 水溫過低。</td></tr>
<tr><td>紅金黃、褐紅</td><td>完美</td></tr>
<tr><td>焦黑</td><td>1. 填壓→過緊→萃取過度。
2. 研磨→過細。
3. 咖啡豆不新鮮。</td></tr>
<tr><td rowspan="3">風味</td><td colspan="2">太酸</td><td>1. 填壓→過緊。
2. 水溫過低。
3. 咖啡豆烘焙程度較淺。</td></tr>
<tr><td colspan="2">太苦</td><td>1. 填壓→過緊。
2. 研磨→過細。
3. 水溫過高。
4. 咖啡豆烘焙程度較深。</td></tr>
<tr><td colspan="2">澀味感</td><td>1. 填壓不當。
2. 粉量太少。
3. 萃取過度。</td></tr>
</table>

（三）義式摩卡壺(Mocka Pot / Percolator / Moka Espress)

調製步驟

1. 將冷水加入下壺，記得水量不可超過安全閥。
2. 咖啡粉放進過濾網內，用木匙刮平使其平整。
3. 把過濾網放進下壺。
4. 將上、下壺拴緊。
5. 把摩卡壺放在瓦斯爐架上，用中小火煮。
6. 聽到水沸騰聲，咖啡滴漏孔冒出超過一半容量的咖啡時，將火關掉，利用剩下的壓力將剩餘的水推出來即完成。

備註

1. 摩卡壺又稱為蒸氣沖煮式咖啡壺，於西元 1933 年由義大利人發明。
2. 與義式咖啡機同為利用高壓萃取咖啡，只是摩卡壺的壓力較小，約 2~3 個大氣壓力。

(四) 荷蘭冰滴咖啡(Cold Drip / Cold Water Drip / Dutch Coffee)

調製步驟

1. 將咖啡粉放在咖啡過濾器內。
2. 水槽內加入 10°C的冷水。
3. 把水滴調節閥開關轉緊，並將水槽放置在咖啡過濾器上。
4. 調節水滴的速度，約 10 秒 7 滴。
5. 滴漏約 4~8 小時即完成。

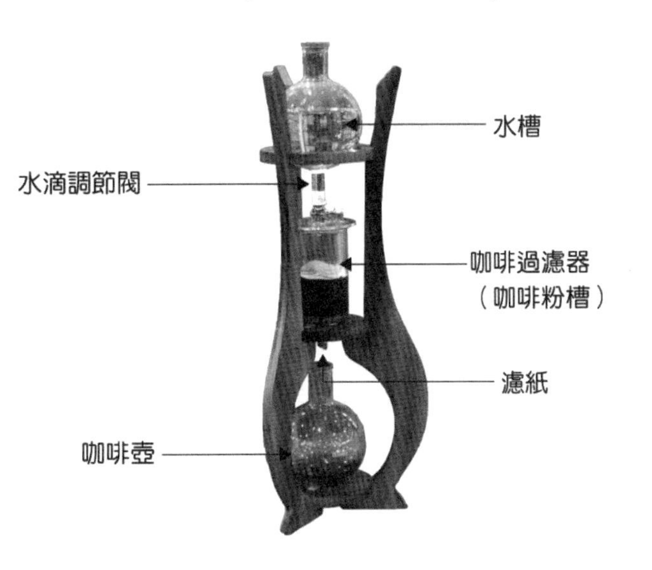

備註

1. 也稱為稱為冷水滴漏式沖泡法(Cold Water Drip)。
2. 也可用冰塊:冰水=1~1.5:1 之比例放入水槽。
3. 因為咖啡因要高溫才將容易萃取出來，所以冰滴咖啡的咖啡因含量較低。
4. 雖然製作的時間長，但因一次滴出的水量很少，故採用細研磨的咖啡粉，較為合適。

(五) 濾紙滴濾式(Paper Drip / Filter Coffee)

調製步驟

1. 將濾紙放在濾杯上並放入咖啡粉。
2. 從咖啡粉中心以同心圓方式注入熱水，使粉浸濕進行悶蒸。
3. 悶蒸約 20~30 秒，在進行第二次注水，直到到達所需水量為止。

備註

1. 越新鮮的咖啡粉與烘培程度越深的咖啡粉，注水悶蒸時越容易膨脹。
2. 烘培程度越淺的咖啡粉，沖泡後的風味酸度偏高，烘焙程度深的咖啡粉，風味則偏苦。

（六）法蘭絨布沖泡法(Flannel Drip)

調製步驟

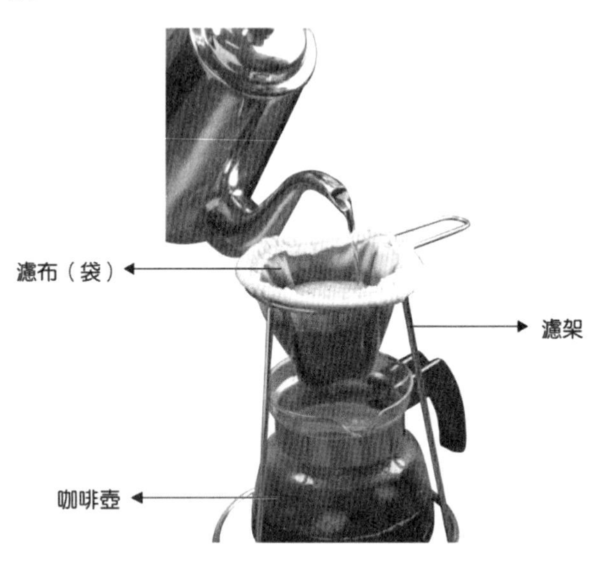

1. 將過濾袋水壓乾之後，縫線面朝外放在濾架上，底下放咖啡壺（或鋼盆）。
2. 咖啡粉加入袋中。
3. 將熱水以同心圓方式注入袋中，水柱需連續且均勻。
4. 待咖啡膨脹後停止沖水進行悶蒸（約 40 秒）。
5. 再次進行注水，直到濾出所需的量為止。
6. 若是製作冰咖啡，需將沖煮好的咖啡液隔冰急速冷卻，（或者水量減半，咖啡加入冰塊）並以打蛋器快速攪拌，且去除泡沫後冰冷藏。

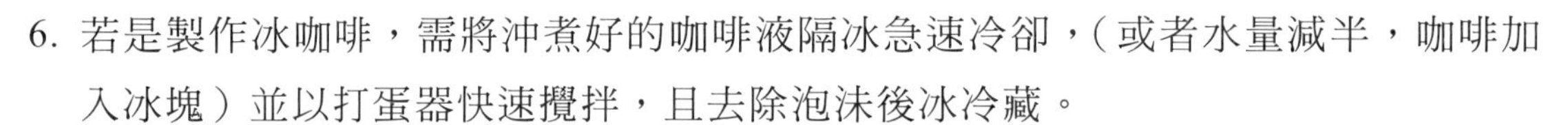

備註

1. 此沖泡法為大量製作冰咖啡的最佳方式。
2. 使用打蛋器快速攪拌並且去除泡沫，是為了去除澀味與雜味。
3. 新濾布在使用前需用熱水煮過。
4. 使用後要再用熱水煮過以除去濾布上的咖啡油脂，待洗淨後泡入冷水，放入冰箱冷藏。
5. 單杯的沖泡方式與濾紙滴濾式相同，只是把濾紙改為濾布即可。

（七）電動滴濾式(Drip Coffee Maker / Automatic Coffee Maker)

調製步驟

1. 將咖啡粉放進濾紙內。
2. 水箱注入水。
3. 按下沖煮鍵。

備註

1. 又稱美式咖啡機。
2. 不需要任何的沖煮技術即可完成。
3. 保溫時間小於 30 分鐘，以免咖啡變質。

(八)比利時壺(Belgium Royal Coffee Maker / Vienna Roray Coffee Maker / Royal Balancing Syphon Maker)

調製步驟

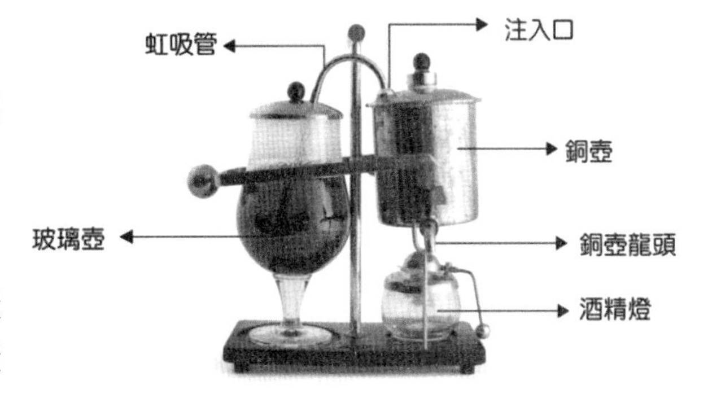

1. 將咖啡粉倒入玻璃壺中,水倒入另一側的銅壺內。
2. 虹吸管放入並蓋上玻璃壺蓋子。
3. 酒精燈點火,待水沸騰後會由銅壺流向玻璃壺,等水完全流到玻璃壺之後,火就會自動熄滅。
4. 咖啡液會再流回至銅壺,即沖煮完成。
5. 打開銅壺龍頭,咖啡即流入。

備註

1. 沖煮原理和虹吸式咖啡一樣,只是由上下變成左右,又稱為平衡式虹吸式咖啡壺(Balancing Syphon)、維也納咖啡壺。
2. 具觀賞功能,不需沖煮技術。

(九)虹吸式塞風壺(Vacuum Pot / Syphon / Distilled Coffee Maker)

調製步驟

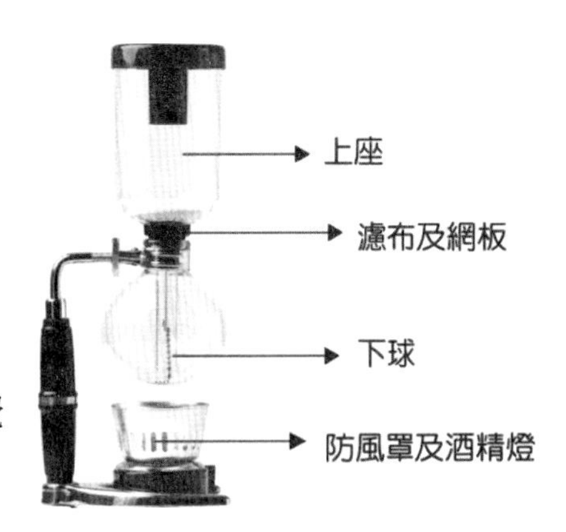

1. 下球加入水,酒精燈點火煮水。
2. 濾布放入上座並勾好(以免沖煮時濾布被沖開)。
3. 將咖啡粉倒入上座。
4. 水滾後將上座插入下球。
5. 水上升後用木匙攪拌一次,20 秒、40 秒各再攪拌一次,60 秒離火。
6. 等咖啡液流入下球即完成萃取。

備註

1. 又稱蒸餾式咖啡壺。
2. 沖煮時間不超過 1 分鐘。
3. 使用過的濾布,清洗乾淨後放入冷水置於冰箱冷藏。

（十）法式濾壓壺(French Press / The Press Pot / Plunger Pot)

調製步驟

1. 咖啡粉放入濾壓壺內。
2. 加入與粉等量的熱水以滲透並溼潤咖啡粉。
3. 靜待 15~20 秒後，進行注入第二次注水。
4. 蓋上壺蓋約 3~5 分鐘，將拉桿往下壓並過濾至咖啡杯中。

備註

1. 過程中不需攪拌以免造成粉渣。
2. 構造類似沖茶器，但濾網較細，原理是利用浸泡的方式來沖泡，過程不須接加熱。
3. 較不需要沖泡技術。
4. 沖煮出來的咖啡溫度溫度稍顯不足。
5. 容易有沉澱物。

同場加映

◎較新的沖煮咖啡方式

沖泡方式	原理	研磨程度	重點說明
聰明濾杯	浸泡式	中研磨	聰明濾杯是臺灣人發明的，其前身是沖茶器，將其應用在咖啡上，不但降低沖煮咖啡的難度且能保有良好咖啡風味。
愛樂壓	壓力式	細研磨	結構類似針筒，裡面放好咖啡粉與熱水，壓下推桿，咖啡即會經濾紙過濾製容器內，風味結合了壓力式與滴濾式的特色，也可依個人喜好調整風味。

◎重點整理

沖泡方式	原理	研磨程度	重點說明
土耳其咖啡 (Turkish Coffee / Ibrik)	煮沸法	極細研磨	1. 利用咖啡渣占卜。 2. 屬於高濃度的咖啡。
義式咖啡機 (Espresso)	壓力法	細研磨	1. 「Espresso」為濃縮咖啡的義大利文，是指快速之意，也就是客人點單之後，立即製作且快速完成的咖啡飲品。 2. Espresso 沖煮的時間約 25~30 秒，流速如老鼠尾巴要斷不斷最為恰當。 3. 咖啡上層的「crema」是義式咖啡的特色，也是需要經由「壓力」才會萃取出來的泡沫。 4. 單份義式咖啡(Single Espresso)是指以 7g 的咖啡粉，萃取 30ml 的咖啡；雙份義式咖啡(Double Espresso)是以 14g 咖啡粉，萃取 60ml 的咖啡。
義式摩卡壺 (Moka Pot)			1. 比起義式咖啡機，產生的壓力較小，約 2~3 個大氣壓力（義式咖啡機約 8~9 個大氣壓力）。 2. 水不可超過下壺的安全閥。
越南咖啡 (Vietnamese Coffee)	滴濾法	細研磨 （續）	搭配煉乳飲用（因早期物資缺乏、用煉乳取代牛奶和糖）。
荷蘭冰滴咖啡 (Cold Water Drip / Dutch Drip)			1. 5~10 度的冷水浸泡。 2. 冷水萃取，較不易釋出咖啡因。 3. 完美滴落速度為 10 秒 7~10 滴。
濾紙滴濾式 (Papper Drip)		中研磨	越是新鮮的咖啡粉，悶蒸時越容易膨脹（因咖啡粉富含二氧化碳，吸收水之後將二氧化碳氣體排出）。
法蘭絨布沖泡法 (Flannel Drip)			1. 適合大量沖泡。 2. 若要製作冰咖啡，水量需減半、冰塊加入咖啡用打蛋器將咖啡的苦澀味、雜味打出（泡沫）。
電動滴濾式／美式咖啡機 (Drip Coffee Maker)			放置於保溫裝置的電熱板不宜超過 30 分鐘以免變質。

沖泡方式	原理	研磨程度	重點說明
比利時壺／平衡式塞風壺 (Belgium Royal Coffee Maker)	真空法		1. 與虹吸式塞風壺同樣原理，只是由上下變成左右的方式。 2. 是一種很具欣賞功能且可以讓客人體驗的沖煮法（只要將粉跟水裝好，在客人面前點火，就能讓客人欣賞整個沖泡過程，等沖泡完成再將龍頭打開，就可喝到咖啡）。
虹吸式塞風壺 (Syphon)			1. 操作時上座的濾布要勾好，以免水上升時將濾布沖開，以致咖啡渣流入咖啡。 2. 未加入水之前不可點火。 3. 通常沖煮時間不超過 1 分鐘。 4. 非常需要沖泡技巧，整體亦具觀賞價值。
法式濾壓壺 (French Press)	壓濾法	粗研磨	1. 沖泡時間長→咖啡因溶出較多。 2. 易有沉澱物。

備註

*咖啡的沖煮方式建議搭配網路影片，可以更清楚了解整個沖煮過程喔！

五、咖啡飲品

咖啡名稱	基底咖啡	材料	
		其他	酒
皇家咖啡 (Royal Coffee) 	一般咖啡	方糖	白蘭地
亞歷山大冰咖啡 (Alexander Ice Coffee)		泡沫鮮奶油	白蘭地
愛爾蘭咖啡 (Irish Coffee) 		泡沫鮮奶油、糖包、可可粉	愛爾蘭威士忌
墨西哥咖啡(Mexico Ice Coffee)		泡沫鮮奶油	咖啡香甜酒
貴夫人咖啡(Mesdames Coffee)		泡沫鮮奶油	綠薄荷香甜酒
百合冰咖啡(Mint Ice Coffee)		泡沫鮮奶油	綠薄荷香甜酒

咖啡名稱	基底咖啡	材料	
		其他	酒
爪哇式熱咖啡 (Java Mocha Coffee)	一般咖啡	巧克力醬、泡沫鮮奶油、可可粉	
維也納咖啡(Viennese Coffee)		泡沫鮮奶油	

咖啡名稱	基底咖啡	添加材料	使用杯子
卡布奇諾(Cappuccino)	義式咖啡	鮮奶、奶泡、肉桂粉（或可可粉）、檸檬皮絲	寬口咖啡杯
拿鐵咖啡(Caffe Latte)		熱鮮奶、奶泡	寬口咖啡杯、拿鐵玻璃杯
摩卡咖啡(Mocha)		巧克力醬或糖漿	寬口咖啡杯
瑪琪朵咖啡(Macchiato)		奶泡	6 盎司玻璃杯、濃縮咖啡杯
康寶藍咖啡(Con Panna)		泡沫鮮奶油	透明玻璃小杯

*使用耐熱玻璃杯：拿鐵咖啡、瑪琪朵咖啡、康寶藍咖啡、愛爾蘭咖啡。

義式咖啡延伸飲品

義式濃縮咖啡
Espresso

阿法奇朵
Affogato

瑪琪朵
Macchiato

康寶藍咖啡
Con Panna

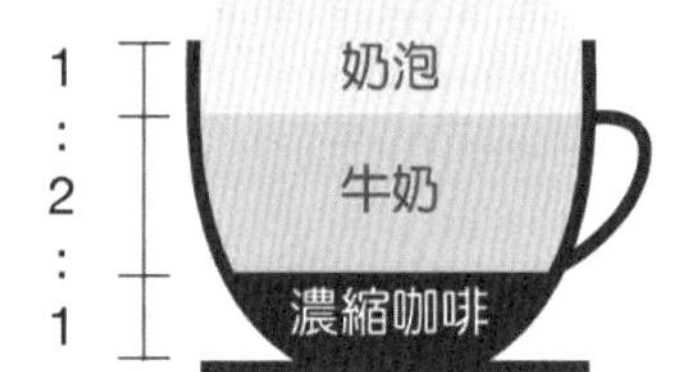

拿鐵咖啡
Coffee Latte

義式咖啡牛奶（馥列白）
Flat White

義式鮮奶油咖啡
Coffee Breve

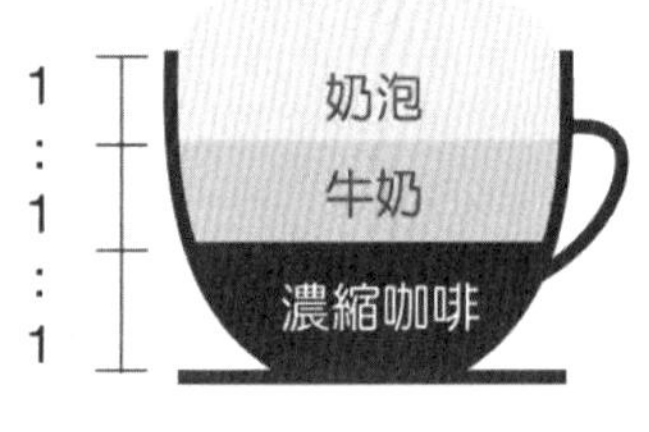

卡布奇諾
Cappuccion

義式摩卡咖啡
Mocha

美式咖啡
Americano

綜合整理

◎較不需要沖煮技術的沖煮法：比利時壺、美式咖啡機、法式濾壓壺。

◎需要火源的沖煮法：土耳其咖啡、虹吸式塞風壺、比利時壺、摩卡壺。

◎需插電的沖煮法：義式咖啡機、電動滴濾式。

◎不需使用火源及插電的沖煮法：法式濾壓壺、聰明濾杯、愛樂壓。

1. 粉水比

粉水比是萃取咖啡與水的比例，依照咖啡評鑑的標準，粉與水的比例為 1:18，也就是 15g 咖啡粉，搭配 270ml 熱水，扣除咖啡粉吸收的水量，萃取出的咖啡約 240ml。可依個人口感再行調整。

2. 水溫

一般常見的萃取水溫為 85~95°C 之間。

◎咖啡杯介紹

種類	容量	說明
小型咖啡杯	60~90ml	1. 杯身厚以達保溫效果。 2. 適合裝義式濃縮咖啡(Espresso)、瑪琪朵咖啡(Macchiato)、康寶藍咖啡(con panna)。 3. 又稱濃縮咖啡杯(Demitasse)。
中型咖啡杯	150~240ml	1. 適用一般單品咖啡、綜合咖啡。 2. 例如一般咖啡杯(Regular Coffee Cup)。
大型咖啡杯	250ml 以上	1. 杯身加厚以保持溫度。 2. 適用內含大量牛奶的咖啡飲品，例如：拿鐵咖啡。 3. 例如：早餐杯(Breakfast Cup/Morning Cup)。

單字庫

Affogato	阿法奇朵
Alexander Ice Coffee	亞歷山大冰咖啡
Amaretto	杏仁
Arabica	阿拉比卡
Belgium royal coffee maker	比利時咖啡壺
Blue Mountain	藍山
Breakfast cup	早餐杯
Robusta	羅巴斯塔
Liberica	賴比瑞卡
Caffeine	咖啡因
Decaffeinated Coffee	低咖啡因咖啡
Coffee Zone	咖啡區域
Coffee Belt	咖啡帶
Jamaica	牙買加
Coffee Breve	義式鮮奶油咖啡
Caffè Latte	拿鐵咖啡
Cappuccino	卡布奇諾
Caramel	焦糖
Cinnamon Roast	肉桂色烘焙
City Roast	城市烘焙
Civet Coffee	麝香貓咖啡
Cold Water Drip/Dutch Drip	冰滴式沖泡法
Con Panna	康寶藍咖啡
Demitasse	濃縮咖啡杯
Drip Coffee Maker	電動滴濾式
Drip Grind/Medium Grind	中研磨
Espresso	義式濃縮咖啡
Espresso Machine	義式咖啡機
Flannel Drip	法蘭絨滴濾法
Flat White	義式咖啡牛奶（馥列百）

Fine Grind	細研磨
French Roast	法式烘焙
French Press	法式濾壓壺
Full CityRoast	市區烘焙
Grind	研磨
Hazelnut	榛果
High Roast	強烘焙
Ibrik/Turkish Coffe	土耳其咖啡壺
Irish Coffee	愛爾蘭咖啡
Italian Roast	義式烘焙
Java Coffee	爪哇式熱咖啡
Kona	可那
Llight Roast	淺烘焙
Macchiato	瑪琪朵咖啡
Mandheling	曼特寧
Medium Roast	中度烘焙
Mesdames Coffee	貴夫人咖啡
Mexico Iced Coffee	墨西哥冰咖啡
Mint Ice Coffee	百合冰咖啡
Mocha	摩卡咖啡
Moka Express/Mocha Pot/Percolator	義式摩卡壺
Paper Drip	濾紙濾滴式
Percolator Grind/Regular Grind/Coarse Grind	粗研磨
Regular Cup	一般咖啡杯
Royal Coffee	皇家咖啡
Santos	山多士
Syphon	虹吸式咖啡
Turkish Grink	極細研磨
Vanilla	香草
Vienna Coffee	維也納咖啡
Vietnamese Coffee	越南咖啡

EXERCISE

( ) 1. 下列哪一種咖啡是以玻璃杯盛裝？ (1)愛爾蘭咖啡 (2)爪哇式咖啡 (3)貴夫人咖啡 (4)維也納熱咖啡。

( ) 2. 義大利傳統的卡布奇諾 (Cappuccino)，其中濃縮咖啡與牛奶和奶泡的比例為多少？ (1)1：1：1 (2)1：2：1 (3)2：1：1 (4)3：2：1。

( ) 3. 當餐廳吧檯只有一台義式咖啡機時，其飲料單無法販售下列何者產品？ (1)Cappuccino (2)Espresso Coffee (3)Filter Coffee (4)Ice Coffee。

( ) 4. 下列哪一款咖啡飲品，原則上須注入奶泡？ (1)Café Irish (2)Café Latte (3)Café Royal (4)Café Vienna

( ) 5. 關於咖啡沖煮的敘述，下列何者正確？ (1)使用摩卡壺時，加入熱水高度須高於下壺之氣閥 (2)使用摩卡壺時，須使用粗研磨之咖啡粉，口感較佳 (3)使用 Syphon 煮咖啡，煮完後務必馬上以冷水沖洗 Syphon (4)使用 Syphon 煮咖啡，通常沖煮時間大約 50 秒～60 秒左右

( ) 6. 下列哪一種冰咖啡不須加入烈酒或香甜酒？ (1)百合冰咖啡 (2)墨西哥冰咖啡 (3)摩卡冰咖啡 (4)亞歷山大冰咖啡

( ) 7. 關於咖啡生豆的製作，下列敘述何者正確？ (1)水洗式製豆是指將咖啡果實經過 10 多天曬乾後，以清水沖洗而成 (2)一般而言，在篩選不良咖啡果實的效果上，日曬式方法優於水洗式 (3)原則上採日曬式（乾燥式）製豆，過程中對咖啡豆的傷害較水洗式少 (4)日曬式（乾燥式）製豆是指將成熟咖啡果實留在樹上，待曬乾後採摘下來去殼而成。

( ) 8. 關於使用半自動義式咖啡機的相關敘述，下列何者正確？ (1)若咖啡粉磨得太細，可能造成萃取過度 (2)若填壓咖啡粉力道過大，容易造成萃取不足 (3)正確操作時，原則上新鮮咖啡豆可萃取出黑色的 crema (4)萃取咖啡之後，須按壓萃取按鈕來測試水壓及清潔出水口

( ) 9. 關於以 400ml 奶泡壺手打製作奶泡或義式咖啡機製作奶泡的敘述，下列何者正確？ (1)以咖啡機蒸氣棒打奶泡，蒸氣棒距離杯底約 1cm 較適合 (2)以咖啡機蒸氣棒打奶泡，倒入 65℃的鮮奶打發口感較佳 (3)以奶泡壺製作熱奶泡時，鮮奶量約為奶泡壺的 1/4 最佳 (4)以奶泡壺製作冰奶泡時，適合使用的鮮奶溫度約 4℃

( ) 10. 以赤道為中心，適合咖啡樹生長所形成的環狀地帶或地區，稱為：甲、coffee belt；乙、coffee equator；丙、coffee site 丁、coffee zone (1)甲、乙 (2)甲、丁 (3)乙、丙 (4)丙、丁

( ) 11. 關於虹吸式咖啡壺與其操作的敘述，下列何者正確？ (1)又稱為蒸餾式咖啡壺 (2)最適宜用來沖煮 espresso (3)熱水自上座緩緩加入 (4)沖煮後的咖啡渣會沉澱在下座

( ) 12. 下列關於咖啡豆的敘述，何者錯誤？ (1)Arabica 品種的咖啡豆產量佔世界第一 (2)Brazil 為全世界最大咖啡豆生產國 (3)Mandheling 咖啡產地是位於美洲地區的 Colombia (4)Taiwan 著名咖啡產區，包括有雲林、南投、嘉義和臺南等地

( ) 13. 關於咖啡知識的相關敘述，下列何者正確？ (1)Arabica 咖啡原產地在衣索比亞 (2)Arabica 咖啡口感較 Robusta 咖啡苦 (3)咖啡主要生產於高於南北緯 30 度以上的區域 (4)咖啡豆烘焙程度越淺，沖煮出來的咖啡口感酸度愈弱

( ) 14. 下列何者屬於濾滴式咖啡沖泡法？ (1)Paper Drip (2)Moka Pot (3)Syphon (4)Turkish Coffee

( ) 15. 火紅的「藝妓」咖啡，價格不斐，合下去的口感不苦不澀，相當清爽微酸，且香味豐富多變，請問此咖啡是屬於哪一種咖啡型態？ (1)單品咖啡 (2)綜合咖啡 (3)花式咖啡 (4)麝香貓咖啡。

( ) 16. 有關於咖啡的相關描述，下列何者正確？甲、咖啡豆烘焙程度越深、苦味越重；乙、Civet Coffee 是採用麝香貓的糞便中的豆子，所烘焙而成；丙、印尼的曼特寧咖啡最大的特色是帶有強烈酸味；丁、Ibrik Coffee 研磨極細，一般飲用前需過濾 (1)甲、乙 (2)乙、丁 (3)丙、丁 (4)乙、丙。

( ) 17. 以 Arabica 和 Robusta 為二種較常使用之咖啡品種，關於其比較，何者正確？ (1)Arabica 的特色是耐高溫、乾旱，其抗病力及適應力比 Robusta 強 (2)Robusta 的豆子較大較圓，缺乏酸性，咖啡因含量較高，所以耐病蟲害且苦味重 (3)Arabica 香氣低味道平淡，一般作為罐裝咖啡 (4)Robusta 不耐蟲害，抗病能力較差，低緯度通常會種植遮蔭樹。

( ) 18. 咖啡烘焙程度可分八種，小巴想選一種味道偏苦的咖啡豆沖泡成冰咖啡，請問他可以選用何種咖啡烘焙程度的咖啡豆？ (1)Cinnamon Roast (2)Light roast (3)Medium roast (4)Full City Roast。

( ) 19. 小傑去咖啡店買咖啡豆，老闆推薦他一款單品咖啡，其咖啡產區位於西達莫省(Sidamo)，其香氣芬芳，口感具柑橘、檸檬和茉莉般的花香，請問這款咖啡的產地與名稱比較有可能是下列何者？ (1)衣索比亞-耶家雪菲 (2)巴西-聖多士咖啡 (3)肯亞一肯亞咖啡 (4)葉門摩卡咖啡。

( ) 20. 有關咖啡豆的相關說明，下列敘述何者正確？ (1)Arabica 品質良好具有豐富的苦味，產量低 (2)水洗豆的品質比日曬豆較佳，且雜質較少 (3)Drip Coffee Maker 極需具備高超的手沖技術才能沖泡 (4)French Press 應搭配極細研磨較能展現其咖啡風味。

( ) 21. 下列的敘述，綜合各種有關咖啡的知識，請問錯誤的有幾項？甲、咖啡香氣源自酸性脂肪，苦味來自揮發性脂肪，酸味來自咖啡因；乙、Full City Roast 烘焙程度較 High Roast 深；丙、常拿來調配綜合咖啡的基本咖啡豆是摩卡、巴西、哥倫比亞；丁、咖啡出現萃取過度的現象，有可能是因為咖啡研磨過粗；戊、艷陽高照的地方，適合以 Dry Method 製豆 (1)2 項 (2)4 項 (3)3 項 (4)5 項。

( ) 22. 摩卡的涵義有很多，下列關於摩卡的說明何者不正確？ (1)去義大利旅遊必買的紀念品摩卡壺，是由法國人發明的沖煮咖啡的用具 (2)沖煮咖啡用的摩卡豆是指葉門或衣索比亞所出產的單品咖啡豆，味道以酸味著名 (3)去星巴克點一杯摩卡飲品，表示飲品中含有巧克力醬或巧克力糖漿的成分 (4)摩卡港是位在葉門的港口名稱，但現今已淤積，不再是港口。

( ) 23. 小玉想沖煮咖啡並利用咖啡上面的 Crema 練習拉花，請問他該選用何種咖啡機器？ (1)Belgium (2)Dutch Drip (3)French Press (4)Moka Pot。

( ) 24. 學校辦理園遊會，班上決定販售漂浮咖啡，阿賢負責要先沖泡冰咖啡，請問使用下列何者沖泡方式可以一次沖泡較多的冰咖啡？ (1)Syphon (2)Paper Drip (3)Flannel Drip (4)Turkish Coffee。

( ) 25. 陳部長想利用寒假帶著一家人去露營，營地規定為了安全禁止使用火源，請問適合攜帶過去沖煮出咖啡的器具有哪些？甲、Paper Drip；乙、Syphon；丙、French Press；丁、Drip Coffee Maker (1)甲、乙 (2)甲、乙、丁 (3)甲、丙、丁 (4)乙、丙、丁。

( ) 26. 一名出色的 Barista，須具備各種的咖啡沖煮技巧，關於咖啡的沖煮技巧，何者錯誤？ (1) Flannel Drip 是沖泡大量冰咖啡時的最佳選擇 (2)Filter Paper 沖泡時須使用專門的濾紙過濾咖啡渣 (3)法式濾壓壺適合 Regular grind 的研磨程度 (4)Cold Water Drip 需使用冰塊及水，因為滴濾時間非常快速，適合現點現做。

( ) 27. 有關咖啡沖煮的相關說明，何者正確？ (1)半自動義式咖啡機萃取 Single espresso，咖啡粉與水之比例為 14g:30ml；Double espresso，咖啡粉與水之比例為 14g:60ml (2)以 Syphon 煮咖啡，咖啡粉加入上座，沖煮完成後咖啡粉會被濾布擋住，煮製時間大約 1 分鐘 (3)以 Paper Drip 沖煮咖啡，過程中需不間斷加入熱水，直到滿杯 (4)摩卡壺沖煮咖啡時，水加入要超過下壺的透氣閥。

( ) 28. 李組長要設計一張使用說明書，告訴學生正確使用義式咖啡機的方法，請問下列敘述何者不正確？ (1)沖煮原理是靠大氣壓力 (2)使用前開機須將第一杯熱水漏掉，以帶出隔夜的髒水 (3)使用蒸汽管打發奶泡時，使用前後都需洩壓 (4)課堂上如要製作美式咖啡，無法使用此機器。

( ) 29. 下列何種飲品適合初學者，較不需要高超的沖煮技術？ (1)法式濾壓壺做出的黑咖啡 (2)義式咖啡機做出有葉子圖案的熱拿鐵 (3)手沖咖啡沖出的藝妓咖啡 (4)虹吸式咖啡做出的維也納熱咖啡。

( ) 30. 以下是某咖啡廳飲品 SOP，請問何者須改正？ (1) Macchiato：義式濃縮咖啡加奶泡，使用 6 盎司玻璃咖啡杯或義式咖啡專用杯 (2)Con Panna：義式濃縮咖啡加發泡鮮奶油，使用透明玻璃杯 (3)Royal Coffee：黑咖啡加方糖及白蘭地，使用一般咖啡杯 (4) Medames Coffee：黑咖啡加泡沫鮮奶油及白薄荷香甜酒，使用耐熱玻璃杯。

( ) 31. 班上同學一起到咖啡廳喝咖啡切蛋糕慶祝 16 歲生日，請問下列哪些飲品是他們不適合點的？甲、Viennese Coffee；乙、Medames Coffee 丙、Royal Coffee；丁、Irish Coffee；戊、Cappuccino；己、Macchiato (1)甲戊己 (2)甲乙丙己 (3)乙丙丁 (4)甲乙丙丁己。

( ) 32. 義式咖啡機可以做出許多飲品，請問下列飲品中，未加 Steamed Milk 的有幾個？甲、Espresso；乙、Caffé Latte；丙、Vietnam Coffee；丁、Cappuccino；戊、Flat White；己、Americano (1)4 項 (2)5 項 (3)3 項 (4)2 項。

( ) 33. 阿昌和小蔡到咖啡店聊天，阿昌想喝偏酸的單品咖啡，小蔡想喝具白蘭地風味的咖啡，下列哪一種咖啡不會被兩人所選擇？ (1)耶加雪菲 (2)皇家咖啡 (3)貴夫人咖啡 (4)亞歷山大冰咖啡。

( ) 34. 小豐和女朋友去約會，小豐喝了一口說：「這杯具有可可風味」，女朋友喝了一口咖啡，嘴邊立刻沾上奶泡，請問他們點的是下列哪種組合？ (1)美式咖啡、Affogato (2)義式濃縮咖啡、Cappuccino (3)摩卡奇諾咖啡、阿法奇朵 (4)摩卡奇諾咖啡、熱卡布其諾咖啡。

(　) 35. 珍妮想喝一杯「穀物」為原料的烈酒咖啡飲品，請問他可以點哪些咖啡？甲、Irish Coffee；乙、Alexander Ice Coffee；丙、Cappuccino；丁、Royal Coffee　(1)乙　(2)乙丁　(3)甲　(4)甲乙丙丁。

(　) 36. 柔柔要買一包咖啡豆送人，請問選用咖啡的要點，何者錯誤？　(1)使用有單項排氣閥的不透光包裝　(2)豆子外觀有明顯色斑　(3)一咬便裂開，香脆，明顯咖啡的香氣及苦味　(4)咖啡粉比咖啡豆耐保存，建議直接購置咖啡粉。

(　) 37. 到越南遊玩，可以喝到當地著名的 Vietnam coffee，請問該咖啡特色是添加？　(1)全脂牛奶　(2)煉乳　(3)肉桂　(4)荳蔻。

(　) 38. 咖啡與杯子的配對何者正確？①Macchiato Coffee、②Ice Caffe Mocha、③Con Panna 最好。甲、小型玻璃杯；乙、Demitasse；丙、寬口咖啡杯；丁、Collins glass　(1)①乙、②丁、③甲　(2)①甲、②丁、③丙　(3)①丙、②甲、③丁　(4)①甲、②甲、③丁。

(　) 39. 調製 Cappuccino 時，不會使用到下列哪一款品項？　(1)caramel sauce　(2)cinnamon powder　(3)lemon peel　(4)milk。

(　) 40. 下列關於咖啡豆的敘述，何者正確？　(1)廣義而言，所謂的 Kaffa 泛指阿拉伯地區所生產的咖啡豆　(2)著名的 Kona coffee 指生產於肯亞的咖啡豆，因為量稀少而珍貴　(3)咖啡果實被稱為咖啡櫻桃(coffee cherry)，果實最裏面的種子就是咖啡豆　(4)印尼最著名的藍山(Blue mountain)咖啡豆，生產於中部海拔約 7000 公尺的山區。

(　) 41. 下列關於咖啡沖煮的敘述，何者錯誤？　(1)Syphon 與 Moka pot，主要都是應用真空原理來沖煮咖啡　(2)以 Syphon 與 Moka pot 沖煮咖啡時，都需要直接熱源加熱　(3)Syphon 與 Moka pot 咖啡沖煮器具，都分別有上、下壺（球）　(4)沖煮好的咖啡液：Syphon 是留在下壺（球）、Moka pot 是留在上壺。

(　) 42. 下列哪一款熱咖啡的盛裝杯皿材質，原則上<u>不同</u>於其他三者？　(1)Irish coffee　(2)Macchiato　(3)Royal coffee　(4)Viennese coffee。

(　) 43. 關於咖啡豆的相關敘述，下列何者正確？　(1)咖啡果實被稱為咖啡櫻桃，是因為吃起來有類似櫻桃的滋味　(2)排除其他相關因素，原則上日曬豆較水洗豆香醇且酸度較鮮明　(3)蜜處理法的咖啡豆是在日曬過程中，塗抹上一層薄薄的蜂蜜或果糖，以增加風味　(4)Geisha（藝妓、瑰夏）是巴拿馬特有的咖啡品種，屬於 Arabica（阿拉比卡）原生種類別。

( ) 44. 阿方的咖啡吧檯中有著手沖壺、虹吸式咖啡壺以及半自動式義大利咖啡機器。走進來 2 位顧客小陳與小林，小林說想要來一杯具有濃郁 crema 香氣的 espresso，小陳則說他不喜歡 crema，他需要一杯酸味較高的單品咖啡。在正確操作器具且不考慮其他因素之下，下列哪個做法最為適當？ (1)以虹吸式咖啡壺，在下球放入咖啡粉，沖煮一杯具濃郁 crema 香氣的 espresso 給小林 (2)以手沖壺濾滴方式，慢慢地沖泡出一杯具濃郁 crema 香氣的 espresso 給小林 (3)以手沖壺濾滴方式，沖泡一杯淺烘焙的單品咖啡給小陳 (4)以義式咖啡機萃取一杯淺烘焙的單品咖啡給小陳。

( ) 45. 主要產區以火山岩土壤種植，口感豐富且風味帶有強酸的是下列哪一種咖啡豆？ (1)Blue mountain (2)Kenya (3)Kona (4)Mandheling。

( ) 46. 下列哪一款咖啡沖煮器在萃取咖啡時不需要使用到濾紙或濾布？ (1)drip coffee maker (2)flannel drip (3)French press (4)Syphon。

( ) 47. 若顧客到咖啡廳點了一杯冰咖啡，原則上吧檯工作人員宜選用下列哪一種烘焙程度的咖啡豆來沖煮？ (1)light roast (2)full city roast (3)high roast (4)medium roast。

( ) 48. 因 COVID-19 疫情持續起伏，部分學校採取線上課程，並以課後作業作為課程的學習評量。老師講授「咖啡豆種類」單元時，介紹了市面上常見的單品咖啡豆名稱、產地及特性，並設計線上課後作業，內容如下表；學生依序填寫 ①、②、③、④ 的正確組合為何？

常見單品咖啡的風味特性		
咖啡名稱	產地國	特性
Blue mountain	①	品質佳，酸度適中、味道甘柔滑口、風味均衡，是咖啡中的極品。
②	Brazil	口感溫和、味道均衡、品質均勻，適合用於調配混合咖啡的基礎豆。
③	Indonesia	屬於羅布斯塔種，苦味強而濃郁，適合深焙，用於調配混合咖啡。
Mocha	④	具有豐富的酸味，味道香醇，風味獨特，以出口港為命名來源。

(1)Colombia、Mandheling、Java、Ethiopia (2)Guatemala、Santos、Kenya、Hawaii (3)Jamaica、Mocha、Yirgacheffe、Costa Rica (4)Jamaica、Santos、Java、Ethiopia。

( ) 49. 小劉成立了一家專營進口咖啡豆業務的貿易公司。因疫情趨緩，小劉想拓展非洲與阿拉伯半島進口咖啡豆的來源地區。從臺灣坐飛機到衣索匹亞，除了安排參觀當地的咖啡產業，亦另行安排探訪位於咖啡生長帶(Coffee Belt)的其他國家，下列哪個行程組合是符合小劉他要去探訪的城市或國家？甲：肯亞(Kenya)、乙：摩納哥(Monaco)、丙：坦尚尼亞(Tanzania)、丁：葉門(Yemen) (1)甲、乙、丙 (2)甲、乙、丁 (3)甲、丙、丁 (4)乙、丙、丁。

( ) 50. 下列咖啡，何者是以咖啡出口港命名？ (1)Blue Mountain Coffee (2)Kona Coffee (3)Mandheling Coffee (4)Santos Coffee。

( ) 51. 咖啡的烘焙程度是影響咖啡味道重要的因素，咖啡的烘焙程度大致可分為輕度烘焙（淺焙）、中度烘焙（中焙）及深度烘焙（深焙）三種。烘焙程度的界定，國際上多採用美國慣用的八個標準。有關咖啡烘焙的敘述，下列何者正確？ (1)city roast 和 full city roast 屬於中度烘焙（中焙） (2)high roast 和 french roast 屬於深度烘焙（深焙） (3)light roast 和 cinnamon roast 屬於輕度烘焙（淺焙） (4)medium roast 和 cinnamon roast 屬於中度烘焙（中焙）。

( ) 52. 下列咖啡研磨度與適用萃取法，何者正確？ (1)細研磨顆粒適合虹吸式賽風壺(Syphon)的萃取方法 (2)粗研磨顆粒適合法式濾壓壺(French Press)的萃取方法 (3)粗研磨顆粒適合土耳其式(Turkish Coffee)咖啡的萃取方法 (4)中研磨顆粒適合義式濃縮咖啡機(Espresso Machine)的萃取方法。

( ) 53. 小明和小華相約在週末到咖啡廳喝咖啡，小明分享上次到咖啡廳時朋友介紹他享用的咖啡，內容有濃縮咖啡、牛奶和厚實的奶泡，最特別的是上面有加肉桂粉和檸檬皮絲。小華要享用他從國外帶回來的巧克力，他希望能夠搭配有巧克力風味的咖啡。他們請咖啡廳店內的服務人員推薦。若你是服務人員，店內五種咖啡品項，下列哪兩種是小明和小華適合點的咖啡品項？甲：拿鐵咖啡(Café Latte)、乙：焦糖瑪奇朵咖啡(Caramel Macchiato)、丙：卡布奇諾咖啡(Cappuccino)、丁：摩卡咖啡(Mocha)、戊：皇家咖啡(Royal Coffee) (1)甲、乙 (2)乙、丙 (3)丙、丁 (4)丁、戊。

( ) 54. 小張是一位喝咖啡不喜歡加泡沫鮮奶油的消費者，小張來到咖啡廳用餐並點咖啡飲用。下列何種咖啡是服務人員適合推薦給小張飲用？ (1)亞歷山大冰咖啡(Alexander Iced Coffee) (2)法式歐蕾咖啡(Café au Lait) (3)爪哇式咖啡(Java Coffee) (4)墨西哥冰咖啡(Mexico Iced Coffee)。

酒的分類與製程

6-1　釀造酒的分類與製程

6-2　蒸餾酒的分類與製程

6-3　合成酒的分類與製程

◎定義

酒精性飲料(Alcoholic Beverage)／硬性飲料(Hard Drinks、Spirits)→含有 0.5% 以上的酒精（乙醇）。

1. **釀造酒**(Fermented Liquors)：酒精濃度 4~16%（15%停止發酵，16%殺死酵母，強化酒可到 24%）。

原料（糖）＋酵母＝酒精＋CO_2

ex:啤酒、葡萄酒、紹興酒、清酒

大部分二氧化碳會消失在空氣之中，只有氣泡酒和啤酒會保留二氧化碳

不起泡葡萄酒：紅酒、白酒、粉紅酒
起泡葡萄酒：氣泡酒、香檳
強化葡萄酒：雪莉酒、波特酒、馬德拉酒
加味葡萄酒：苦艾酒、多寶力酒、金巴利酒

以『原料』來說屬於葡萄酒，
以『製法』來說屬於合成酒

2. **蒸餾酒**(Distilled Liquors)：酒精濃度平均 40%，亦有高達 75%、95%（酒精沸點 78.4℃）。

   釀造酒→機器蒸餾→透明無色的酒，ex：六大基酒、米酒、高粱、燒酒、白酒。

表 6-1　六大基酒

名稱	別稱	主要原料
琴酒(Gin)	雞尾酒的心臟	杜松子
特吉拉酒(Tequila)	沙漠甘泉	龍舌蘭
白蘭地(Brandy)	燃燒的酒	葡萄
伏特加(Vodka)	鑽石酒、生命之水	馬鈴薯
蘭姆酒(Rum)	熱帶酒、糖酒	甘蔗
威士忌(Whisky/Whiskey)	生命之水	穀物

3. **合成酒(Compounded Spirits)**：酒精濃度 16%以上，糖分 2.5%以上。

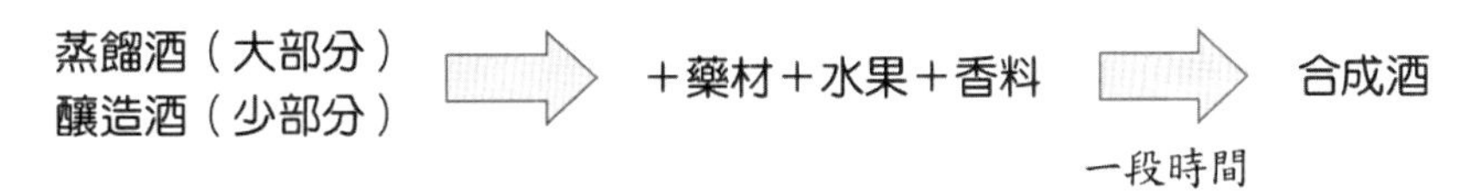

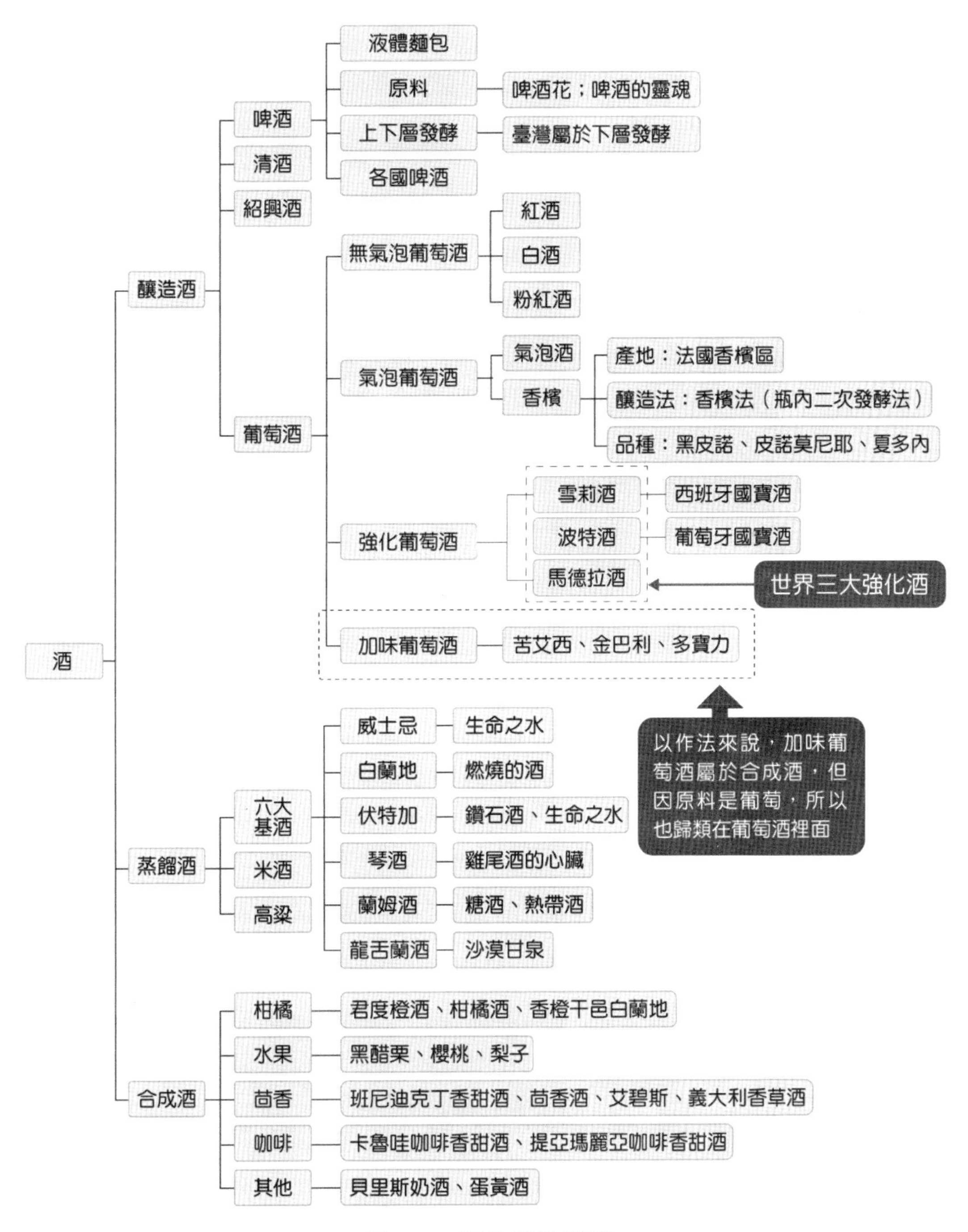

圖 6-1 酒的重點精華

6-1 釀造酒的分類與製程

一、啤酒

＊ 啤酒因熱量很高，故被稱為液體麵包(Liquid Bread)。

＊ 1 公克酒精提供 7 大卡熱量。

Ex：一瓶 600c.c.啤酒，酒精濃度 4%，提供熱量 168 大卡

600×0.04＝24（24g 酒精），24×7＝168（大卡）

（一）啤酒的原料

項目	作用
大麥芽(Barley Malt)	提供醣類供酵母發酵作用。
啤酒花(Hops) （忽布子、蛇麻草）	啤酒的靈魂 1. 啤酒苦味及獨特風味來源。 2. 凝結蛋白質具有澄清作用。 3. 幫助氣泡的持續性，以防止酒中 CO_2 消散。 4. 釀酒過程當作防腐劑。
酵母(Yeast)	將糖分分解成酒精和 CO_2。
水(Water)	硬水→深色啤酒、軟水→淡質啤酒。
穀類糊狀物(Grain Adjunct)	調整麥汁顏色和風味。 ＊ 美國通常加入玉米當穀類糊狀物；德國不添加穀類糊狀物（不添加穀類糊狀物的稱全麥啤酒）；亞洲國家通常加入蓬萊米當穀類糊狀物。

（二）啤酒釀造過程

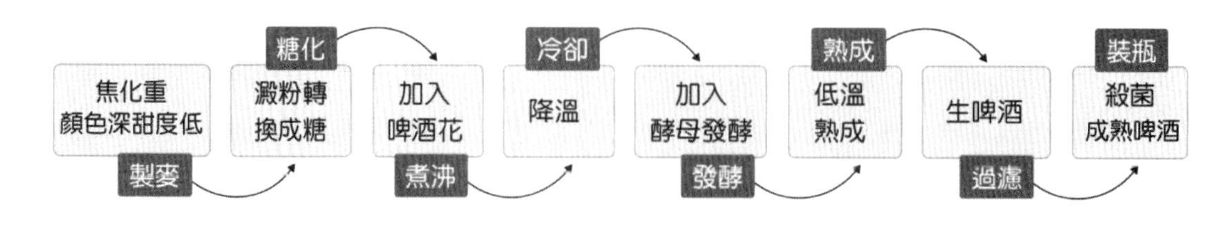

步驟	說明
製麥(Malting)	大麥泡水後長出綠芽，將綠芽在熱風中乾燥，此過程稱為焦化，焦化程度越重，酒的顏色越深，但甜度越低。
糖化(Mashing)	將烘乾的麥芽磨碎，加入熱水及穀類糊狀物煮，利用麥芽本身的酵素將澱粉轉換成糖。
煮沸(Boiling)	加入啤酒花煮滾，等提煉出芳香和苦味後過濾，取得苦麥汁。
冷卻(Cooling)	將苦麥汁冷卻降溫至 4~24℃（此為酵母最適合發酵的溫度）。
發酵 (Fermenting)	加入酵母進行發酵，經過 8 天左右，大部分的醣都會被分解成酒精和二氧化碳，此階段也稱為「主發酵」。
熟成(Aging)	將初釀啤酒放置 0℃的不鏽鋼儲存槽，冷藏約兩個月，此階段成為「後發酵」。
過濾(Filtering)	將熟成完成的啤酒不殺菌直接過濾，就是**生啤酒**(Draft Beer)。
裝瓶(Packing)	生啤酒裝瓶後以 60~65℃的熱水淋洗 30 分鐘殺菌（也就是巴斯德低溫殺菌法），終止發酵作用，成為所謂的**熟啤酒**(Beer)。

重點整理

項目	生啤酒	熟啤酒
製作過程差異	無殺菌 過濾→裝瓶→生啤酒	有殺菌 過濾→裝瓶→殺菌→熟啤酒
保存溫度	含有活酵母，需低溫冷藏 (2~7℃)	需經高溫殺菌，可室溫保存（不超過 21℃）
保存期限	7~18 天	6 個月~1 年
風味	清爽	厚實

◎上層發酵法&下層發酵法

啤酒的製造，依照發酵的酵母菌種及溫度，可分成上層發酵與下層發酵。酵母浮至液體表面在高溫狀態下，於發酵槽上層發酵，稱為上層發酵，此時釀造出來的啤酒也可稱為艾爾型(ale)啤酒，其製作過程中，會讓酵母在發酵時產生「酯」，使酒產生類似水果的風味。而所謂的下層發酵，則是酵母菌在低溫時，約發酵槽底部進行發酵，也稱為拉格型(lager)啤酒，其口感上較為清新爽口，且能品飲到啤酒花和麥芽的原始風味，保存期限比較長。關於兩者的比較，由下表說明之。

	上層發酵法(Top Fermented Beer)	下層發酵法(Bottom Fermented Beer)
發酵時間	短	長
發酵溫度	高(10~21℃)	低(3~9℃)
焦化程度	重	低
酒的顏色	深（銅色、深咖啡色）	淺（金黃色）
酒精濃度	高	低
風味	濃郁厚重、苦味重	清爽淡雅略為苦澀
保存期限	短	長
代表國家	英國、愛爾蘭	德國、美國、臺灣、日本
代表類型	麥酒(Ale) 黑啤酒(Stout) 波特啤酒(Porter)	拉格(Lager) 皮爾森(Pilsner)

（三）啤酒與產國

品牌	國家	品牌	國家
百威(Budweiser) Budweiser 米勒(Miller) Miller	美國	可樂娜(Corona) Corona	墨西哥
海尼根(Heineken) Heineken 葛洛斯(Grolsch) Grolsch	荷蘭	麒麟(Kirin) KIRIN 三多利(Suntory) SUNTORY 朝日(Asahi) Asahi 三寶樂(Sapporo) SAPPORO	日本
健力士(Guinness Stout) GUINNESS	愛爾蘭	老虎(Tiger) Tiger	新加坡
皮爾森(Pilsner) Pilsner Urquell	捷克	貝克(Becks) BECK'S 騎士(Holsten) HOLSTEN 金獅(Lowenbrau) LÖWENBRÄU	德國

品牌	國家	品牌	國家
卡斯柏(Carlsberg)	丹麥	青島啤酒(Tsingtao)	中國大陸
台啤	臺灣	生力(San Miguel)	菲律賓

同場加映

◎啤酒的飲用

1. 泡沫：啤酒 ＝3：7 或 2：8
2. 適飲溫度：夏天 6~8℃，冬天 10~12℃

二、葡萄酒

(一)「Wine」的定義

廣義的定義是指所有的蔬果釀造酒，舉凡蘋果、梨子、桃子、櫻桃、紅蘿蔔及蒲公英等所釀製而成的釀造酒皆屬於之；狹義的定義則僅限以天然葡萄汁自然發酵而成的含酒精飲品。目前「wine」指葡萄酒，若以其他蔬果釀造的，會冠上其蔬果的名稱，如草莓酒則為 Strawberry Wine。

葡萄酒通常包含 4 個要素：

1. 酒精含量 8~14%（強化酒則到 24%）。
2. 葡萄為唯一釀製的原料。
3. 原則上不添加其他材料釀製（除糖外）。
4. 全部發酵過程須在葡萄原產地進行（視各國相關法律規定）。

（二）葡萄酒的歷史

1. 西元前五、六千年，在美索不達米亞平原及高加索山區，居民已知道種植葡萄、壓榨葡萄汁與發展發酵技術，葡萄酒可說是地球上最早出現的酒精性飲料。

2. 西元前三千年，古埃及人認為酒是上天賜給人類最寶貴的禮物，主要用於祭祀，且只有貴族和祭司才能飲用。

3. 西元前一千多年，葡萄酒才普及於世，葡萄的種植技術和釀酒技術也逐漸成熟。

4. 古希臘時代，希臘人用酒來供奉酒神戴奧尼修斯(Dionysus)，葡萄酒更在人們的日常生活中扮演重要角色，人們開始大規模種植葡萄並以釀酒為業。希臘商人更將釀酒技術傳到法國、義大利和西班牙。

5. 羅馬帝國時期，發明以橡木桶大量儲存及運送葡萄酒，而釀酒的技術也開始擴張到全歐洲，德國與法國的釀酒技術亦開始萌芽。

6. 中世紀的修道院提供很多葡萄種植技術與釀酒方法的改進方法，貢獻良多。

7. 17 世紀，發展出葡萄莊園及製造商，且發明了葡萄酒瓶，並使用軟木塞，把酒與空氣隔絕。不但可以延長了酒的保存期限，釀酒的品質也跟著提升。第一個葡萄酒莊「château」也於此時誕生（指酒莊城堡、莊園之意，內含一定面積的葡萄栽種地區，且具備釀酒的技術與設備，以及儲酒之處所）。

8. 18 世紀，因為歐洲各國遷移殖民地（美洲、澳洲、非洲等），同時也將葡萄的種植及釀酒的技術傳至各地。

（三）葡萄酒的分類

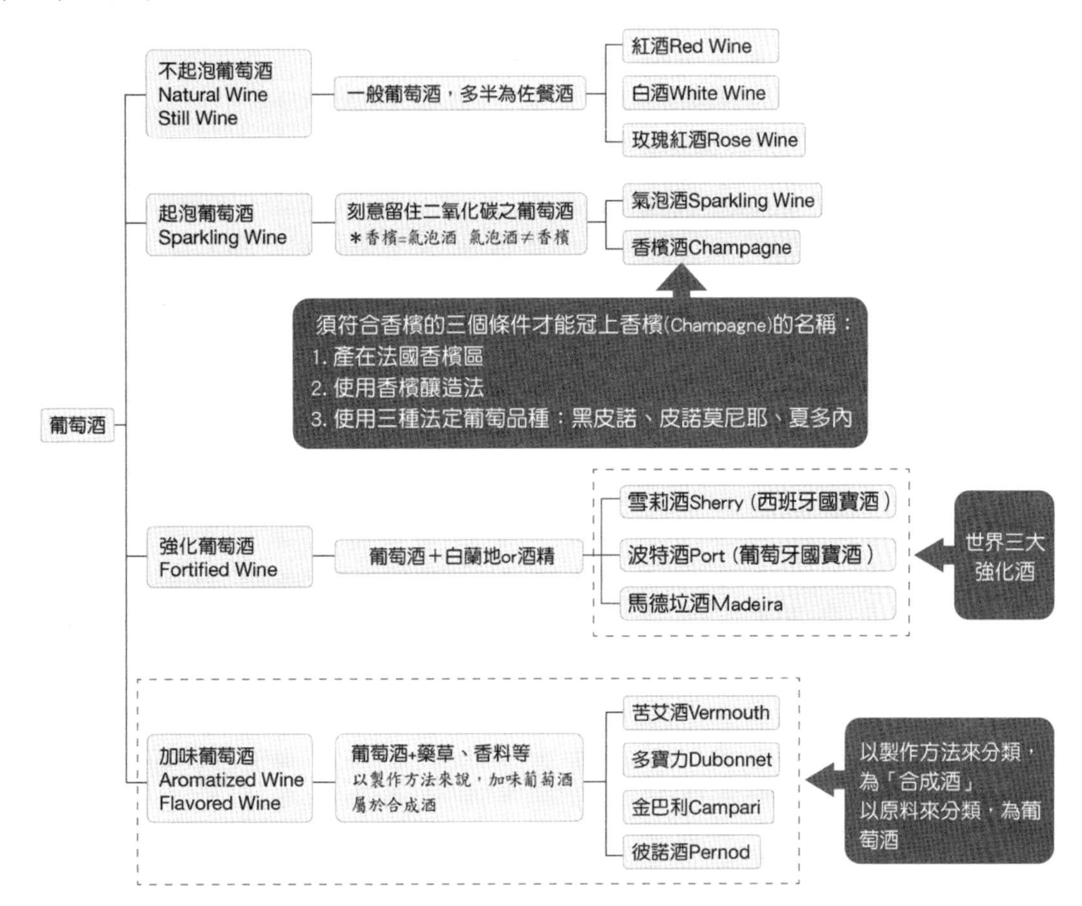

（四）葡萄生長條件

葡萄藤生長需要5個條件，分別為熱量、陽光、水分、養分及二氧化碳，其中最重要的就是**熱量**，溫度低於10℃，葡萄藤將會無法生長，這就是葡萄園會利用冬季進行葡萄藤休眠及整枝修剪的原因。但如果長時間的極端高溫，也會造成葡萄藤活動力下降並最終造成死亡。故一般最適合葡萄生長的溫度10~20℃最為合適。其中影響熱量的因素有緯度、海拔、洋流、土壤、朝向等，以下表說明之：

條件	說明
緯度	一般位於南北緯 30~50 度之間的陸地，溫度較為符合葡萄藤生長的需求，又稱葡萄酒生產帶(Wine Zone)。距離赤道越近，溫度越高，反之則溫度約低。然而除了緯度之外，仍可搭配其他因素，去克服溫度這件事。 p.s.：按照產區可分為舊世界產區與新世界產區；舊世界產區是指葡萄園位於歐洲，包含法國、義大利、西班牙、葡萄牙、奧地利、匈牙利、希臘等。而新世界產區是泛指舊世界以外的產區；包含美國、加拿大、智利、阿根廷、澳洲、紐西蘭、南非等。
海拔	海拔越高，溫度越低，故有些產地即使靠近赤道，也因為高海拔的調節，而使溫度適合種植葡萄。
洋流	洋流會將大量的寒冷或溫暖的海水，通過表層從一個海區送到另一個海區，使鄰近的葡萄園局部升溫或降溫，變得適合種植葡萄。例如波爾多的寒冷天氣，因墨西哥灣流變得溫暖。
土壤	土壤的組成，來自許多大小不同的顆粒或石塊、岩石和腐殖質，土壤內部的成分與顆粒大小非常重要。深色土壤或者富含石塊的土壤，能夠吸收及再輻射更多的太陽熱能，在涼爽的產區，這些輻射出的熱能可以幫助葡萄成熟。另外，含水量高的土壤，則需要更多的熱能，才能變得溫暖。若是遇到降雨多的產區，排水就必須良好，以免葡萄藤根部因吸太多水而膨脹死亡。常見的栽種土質包含石灰岩、含白堊質泥灰岩、花崗岩、沉積岩丶礫石岩、卵石地等礦物質含量豐富者。
朝向	面朝赤道方向的葡萄園，能接收到最多的熱能，所以北半球，朝南山坡；南半球，朝北山坡，才能獲得最多的熱量，尤其在涼爽產區尤其重要，因為這些額外獲得的熱量扮演著葡萄藤能否順利結出成熟果實的重要角色。越是陡峭的山坡，越是可以吸收更多的太陽熱，在某些涼爽產區，如德國，就能明顯看出。

除了熱量外，陽光、水分、養分及二氧化碳也是很重要影響葡萄藤生長的因素，二氧化碳的供給，基本上都是很充足的，但陽光、水分及養分，則是不斷變化的因素，會直接影響葡萄藤的生長週期及各個階段，甚至會影響葡萄的品質與數量，用下表統一說明之：

陽光	沒有陽光就無法行光合作用，葡萄藤就會死亡。陽光越充足，進行光合作用所產生的葡萄糖越多，有利於葡萄的生長與熟成，影響陽光的因素有緯度、水域（海洋、湖泊、河川）與朝向，緯度及朝向可參照上表的說明。因為水域的升溫與降溫都比陸地緩慢，所以在水域附近的葡萄園都能因此獲得溫度的調節，另外水域也會造成雲層、霧氣、陽光反射等現象，也會影響溫度的變化。若是，陽光太過強烈，也可能造成葡萄曬傷，所以葡萄園常透過葉子的修整，來使葡萄能獲得更多光照或者遮蔽掉過多的陽光。
水分	水分的作用主要是幫助葡萄藤行光合作用，並在成熟期使果實更加飽滿。水分的主要來源是降雨，當雨量不足時，若是產地的法律允許，可用灌溉的方式來補充。另外，適當的控制水量，會讓葡萄藤產生危機感，有利於將能量全部集中給果實成長而非生長新的枝葉，且葉子不會過大到遮蔽陽光。
養分	葡萄藤養分的來源主要是來自於土壤，由根部吸收後提供給整個葡萄藤，葡萄藤的生長並不需要高含量的養分，且養分過多反而會使葡萄藤生長過於茂盛、葉子太過密集，盡而遮避掉葡萄生長所需的陽光。

（五）葡萄的成分

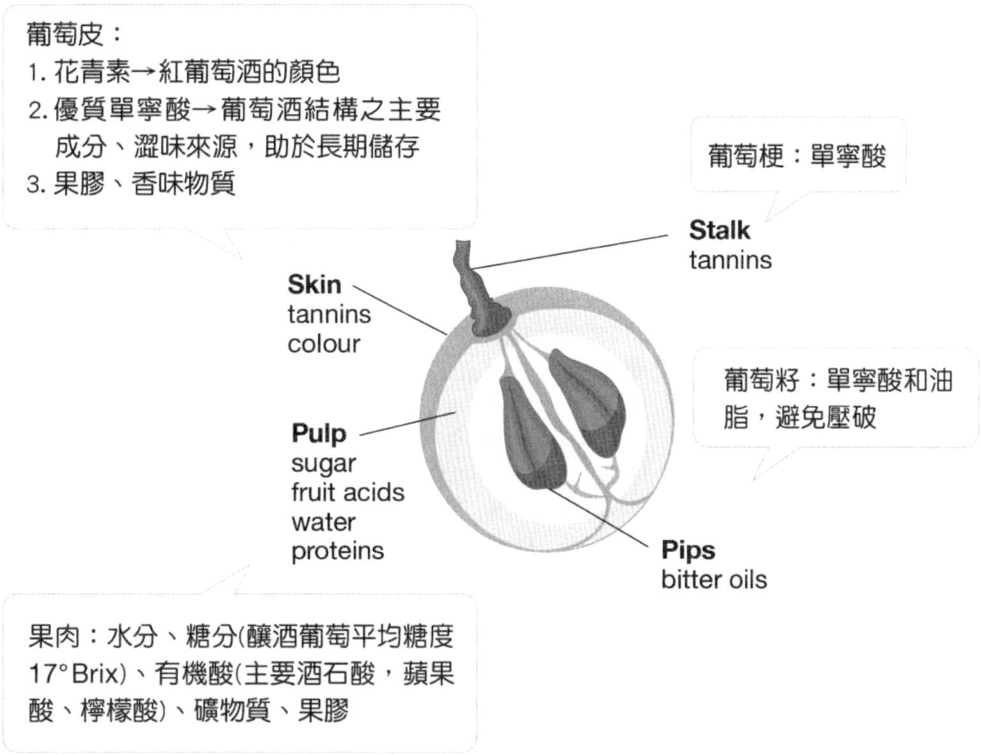

葡萄皮：
1. 花青素→紅葡萄酒的顏色
2. 優質單寧酸→葡萄酒結構之主要成分、澀味來源，助於長期儲存
3. 果膠、香味物質

葡萄梗：單寧酸

Stalk
tannins

Skin
tannins
colour

葡萄籽：單寧酸和油脂，避免壓破

Pulp
sugar
fruit acids
water
proteins

Pips
bitter oils

果肉：水分、糖分(釀酒葡萄平均糖度17° Brix)、有機酸(主要酒石酸，蘋果酸、檸檬酸)、礦物質、果膠

（六）葡萄酒的釀造過程

每一顆葡萄的表面，基本上都帶有天然的酵母菌(yeast)，所以葡萄經壓榨成汁後，裡面的糖分會經由酵母菌產生發酵作用，轉化成酒精和二氧化碳，其中酒精就是葡萄酒。

◎ 紅白酒的釀造過程

紅白酒釀造的步驟中最大的差異在於**浸皮**這個步驟；紅酒需要浸皮，白酒則不需要。紅酒是先發酵再榨汁，白酒則是先榨汁再發酵。

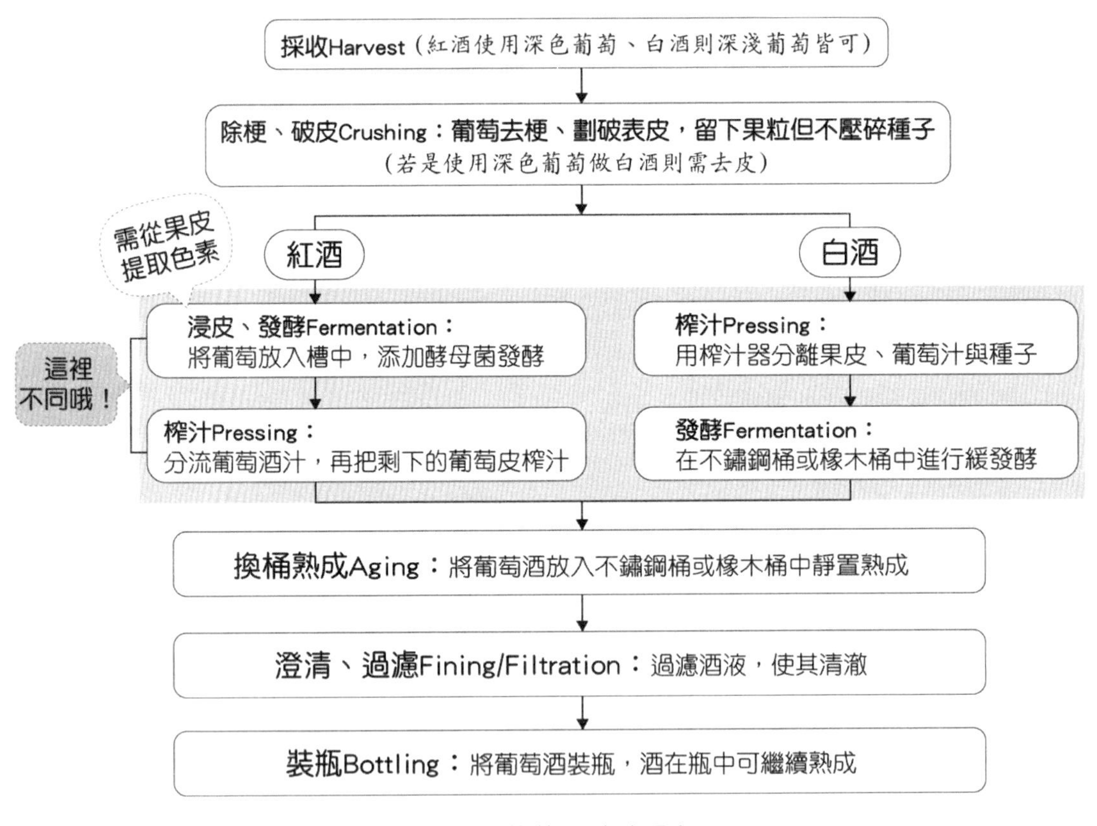

圖 6-1　葡萄酒釀造過程

三、不起泡葡萄酒(Natural Wine/Still Wine)介紹

類別	重點	使用杯子	飲用溫度	搭配食物重點
紅酒	使用紅葡萄，連皮帶籽一起發酵，果皮的花青素造就紅酒的顏色，果皮的單寧造就了紅酒獨特的澀味口感，一般紅酒需經過熟成（約 3~5 年）才會產生圓潤豐富的口感。唯獨法國薄酒萊不需要熟成。	紅酒杯：杯口大，增加空氣與紅酒接觸面積，容量約 180~360ml。	15~18℃	單寧重、口味濃，可軟化肉質，適合搭配紅肉、起司。
白酒	以白葡萄為主要原料，也可使用去掉果梗、果皮和種子的紅葡萄果汁發酵，大部分白酒熟成時間比紅酒短，約 1~3 年即可飲用。	白酒杯：杯口較小，以免白酒升溫太快，容量約 120~240ml。	10~12℃	氣味清爽帶酸味，可去除海鮮腥味，適合搭配海鮮、白肉。
粉紅酒	有兩種作法： 1. 將紅葡萄連果皮一起發酵，當形成所需色澤後再適時去掉果皮。 2. 將已經釀好的白葡萄酒加入紅葡萄皮浸漬取其色澤。粉紅酒因為單寧含量少，不適合久存，一般熟成 1~3 年即可飲用。	白酒杯：與白酒使用相同杯子，容量約 120~240ml。	10~12℃	屬於安全穩當的選擇，若不知搭配什麼酒，可選擇粉紅酒。

(一) 葡萄品種

<table>
<tr><th rowspan="2">葡萄</th><th colspan="2">品種</th><th rowspan="2" colspan="2">特色</th></tr>
<tr><th>名稱</th><th>產區</th></tr>
<tr><td rowspan="7">紅葡萄</td><td>卡本內・蘇維翁 (Carbernet Sauvignon)</td><td>法國波爾多</td><td colspan="2">1. 紅葡萄酒之王。
2. 單寧強、顏色深、具黑色水果風味，需要生長在溫暖的產區。
3. 為波爾多三大紅葡萄品種之一，其他兩大葡萄品種為卡本內弗朗(Carbernet Franc)及梅洛(Merlot)，此兩種品種多半作為混和用。</td></tr>
<tr><td>希哈(Syrah)／希拉茲(Shiraz)</td><td>1. 法國隆河河谷
2. 澳洲</td><td colspan="2">1. 澳洲代表性品種(Shiraz/Hermitage) 。
2. 可生長在溫和到溫暖的產區，具黑色水果及香草植物、黑胡椒香氣，若是在較為溫暖的產區，更會產生煮熟黑色水果得及甘草的味道。</td></tr>
<tr><td>金芬黛爾 (Zinfandel)</td><td>美國加州</td><td colspan="2">1. 加州神祕葡萄之稱。
2. 此品種生長時會有不均勻的狀況，以至採收時，有的已成熟、有的未成熟，主要風味兼具紅色水果與黑色水果味、乾漿果及甘草，有時會夾雜未成熟葡萄帶來的草本植物風味。</td></tr>
<tr><td>佳美(Gamay)</td><td>法國勃根地薄酒萊區</td><td colspan="2">1. 薄酒萊新酒(Beaujolais Nouveau)
・產區：法國・勃根地・薄酒萊區。
・全球上市日期：每年 11 月第 3 個星期四。
・品種：100%佳美（Gamay，薄酒萊新酒之唯一葡萄品種）。
2. 單寧酸含量低，不耐久存，無須醒酒。</td></tr>
<tr><td></td><td></td><td></td><td></td></tr>
<tr><td>黑比諾 (Pinot Noir)</td><td>法國勃根地、香檳區</td><td>1. 紅色莓果香
2. 多單獨釀成酒</td><td rowspan="3">香檳酒(Champagne)[酒中之王、葡萄酒中的貴族]
・產地：法國・香檳區
・釀造法：香檳法〔香檳釀造法、瓶內二次發酵法〕
・三種法定葡萄品種：黑比諾(Pinot Noir)、比諾・莫尼耶(Pinot</td></tr>
<tr><td>比諾・莫尼耶 (Pinot Meuier)</td><td>香檳區</td><td></td></tr>
<tr><td>白葡萄</td><td>夏多內 (Chardonnay)</td><td>法國勃根地、香檳區</td><td>1. 白葡萄酒之后。
2. 釀造勃根地的夏布利(ChablisII)不甜白酒。
3. 此品種可在各種氣條件下生存；於涼爽氣候下生長具有高酸</td></tr>
</table>

<table>
<tr><th rowspan="2">葡萄</th><th colspan="2">品種</th><th rowspan="2" colspan="2">特色</th></tr>
<tr><th>名稱</th><th>產區</th></tr>
<tr><td rowspan="3">白葡萄</td><td></td><td></td><td>度、綠色水果、柑橘水果風味。溫和氣候下更帶有帶核水果夾雜熱帶水果之風味。而熱帶氣候產區，則酒體飽滿以帶核水果與濃郁熱帶水果風味為主。
4. 夏多內為非芳香型葡萄，其淡雅香氣及香味可經由不同的釀酒工藝來增加酒的複雜性與質感。</td><td rowspan="2">Meunier)、夏多內(Chardonnay)
・甜度：
不甜 EXTRA BRUT
↓
BRUT
↓
EXTRA SEC
↓
SEC
↓
DEMI SEC
↓
甜 DOUX</td></tr>
<tr><td colspan="3">其他各國氣泡酒名稱：
<table>
<tr><th>氣泡酒</th><th>國家</th><th>氣泡酒</th><th>國家</th></tr>
<tr><td>雅詩提酒(Asti)
普塞克(Prosecco)</td><td>義大利</td><td>Crémant</td><td>法國</td></tr>
<tr><td>卡瓦(Cava)</td><td>西班牙</td><td>斯克特(Sekt)</td><td>德國</td></tr>
</table></td></tr>
<tr><td colspan="4"><table>
<tr><th colspan="2">品種</th><th>特色</th></tr>
<tr><th>名稱</th><th>產區</th><th>名稱</th></tr>
<tr><td>麗絲玲(Riesling)</td><td>1. 德國
2. 法國阿爾薩斯</td><td>1. 屬於芳香型的品種，具花香、果香及高酸度。
2. 白酒中的貴族。
3. 德國上好白酒品種。</td></tr>
<tr><td>白蘇維翁(Sauvignon Blanc)</td><td>1. 法國波爾多及羅亞爾河流域。
2. 紐西蘭主要品種。</td><td>1. 芳香型葡萄品種，具草本植物香氣。
2. 主要拿來釀造葛拉富(Graves)不甜白酒。</td></tr>
<tr><td>慕斯卡(Muscat)</td><td>1. 法國南部</td><td>1. 具花香、熱帶水果香。
2. 義大利甜氣泡酒(Asti)品種。</td></tr>
<tr><td>榭密雍(Sémillon)</td><td>1. 法國波爾多
2. 德國萊茵河谷</td><td>1. 梭甸(Sauternes)貴腐甜白酒品種。
2. 依照此品種不同的成熟度，酸度可由中到高、酒體輕盈到飽滿，可與白蘇維翁混釀、也可做成不同風格的干型葡萄酒以及貴腐甜白酒。</td></tr>
</table></td></tr>
</table>

（二）葡萄經典產區－法國

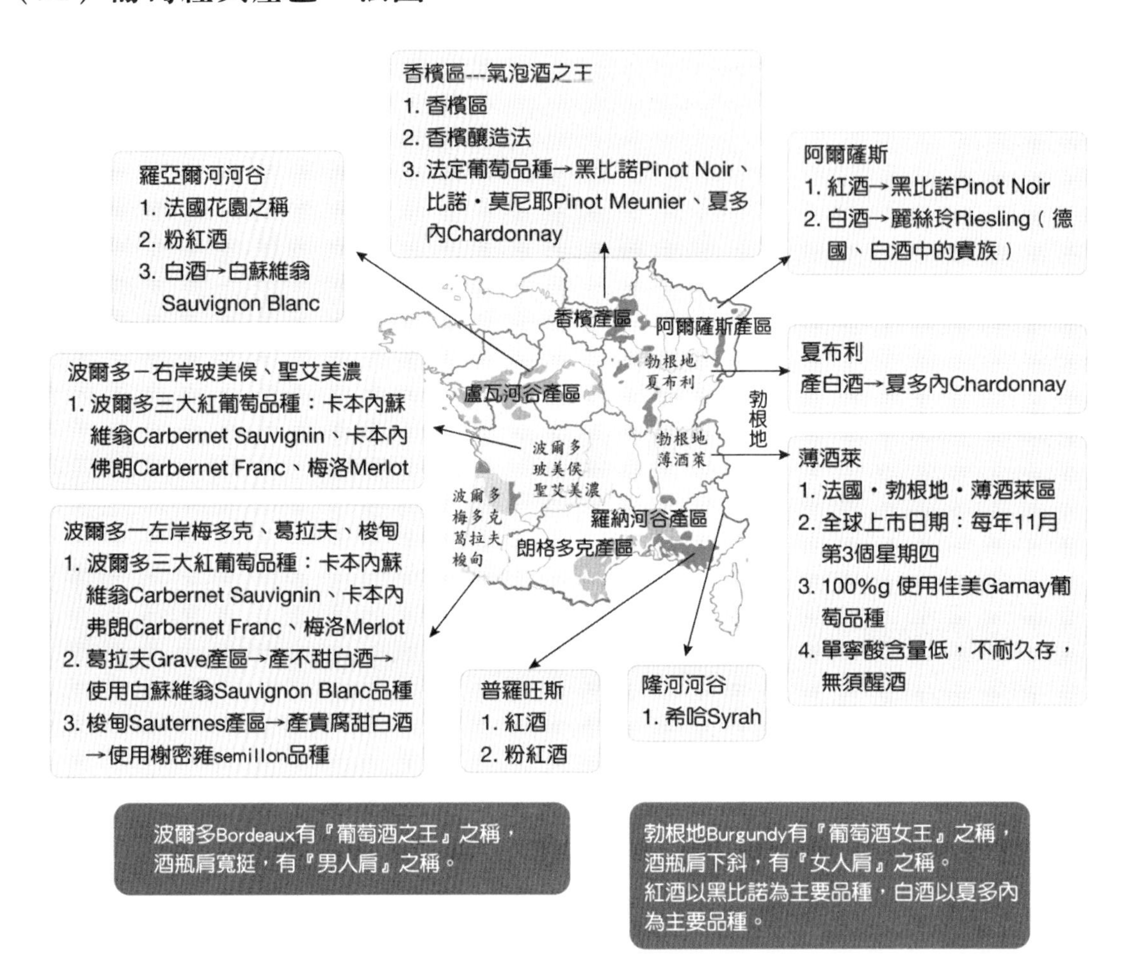

圖 6-2　法國產區

四、起泡葡萄酒(Sparkling Wine)

起泡葡萄酒（氣泡酒）就是在製作過程中，刻意將二氧化碳留住，氣泡越細緻表示品質越好，除了香檳(Champagne)之外的含氣泡的葡萄酒皆稱為起泡葡萄酒。香檳有「酒中之王」、「葡萄酒中的貴族」之稱，多半是白氣泡酒為主，粉紅氣泡酒不但產量少且價格昂貴。

氣泡酒的葡萄條件

1. 糖分低
2. 高酸度
3. 葡萄成熟不帶草本味

➡ **一般涼爽產區較適合氣泡酒的釀造**

產區對葡萄的影響

✓ 涼爽產區

➡ 糖分酸度變化緩慢

➡ 味道變化也緩慢

✓ 溫暖地區

➡ 糖分上升酸度迅速下降

➡ 提早採收 → 葡萄青澀帶草本味

◎ 香檳（Champagne）

法國酒標上冠上香檳「Champagne」的三個條件，必須同時符合：

1. 產地：法國香檳區。
2. 釀造法：香檳釀造法（瓶內二次發酵法、傳統法）。
3. 法定葡萄品種：Chardonnay（夏多內，白葡萄）、Pinot noir（黑比諾，紅葡萄）、Pinot meunier（比諾・莫尼耶，紅葡萄）。

圖 6-4　香檳甜度表

◎ 香檳種類（依顏色區分）

類別	說明
白香檳	1. **白中白**(Blanc de Blancs)：是以 100%夏多內品種所釀製的白香檳。風味清新、具果香，含有夏多內獨有的蜂蜜香氣，建議當餐前酒或搭配海鮮菜餚。 2. **黑中白**(Blanc de Noirs)：是以單一紅葡萄或兩種紅葡萄所釀造的香檳酒。口感強勁厚實，香氣豐富多變，適合搭配口味較重的肉類菜餚。
粉紅香檳	又可稱為玫瑰紅香檳，以白酒混合紅酒而成的香檳

◎ 香檳種類（依年分區分）

類別	說明
無年分香檳 (Non Vintage Champagne, N.V.)	使用不同年分、莊園、品種所釀製而成的，一般市面大多以無年分香檳為主。
年分香檳 (Vintage Champagne)	僅使用單一年分葡萄所釀製而成的香檳，頂級香檳(Cuvee Prestige)大都為年分香檳，價格昂貴。

◎ 氣泡酒的開瓶方式

用手撕開錫箔，瓶口朝無人的方向。 → 大姆指壓住瓶塞，並扭開鐵絲環取下。 → 斜45度，一手大姆指壓住瓶塞，一手扭轉瓶身，輕輕將軟木塞取出。

◎ 葡萄酒的服勤

	紅酒		白酒	氣泡酒
	陳年	一般	玫瑰紅酒	
瓶塞形狀	軟木塞、螺旋瓶蓋			T 字型軟木塞，外有鐵絲環固定（以免二氧化碳將瓶蓋彈出）。
開瓶位置	酒籃內	餐桌／旁桌上	餐桌上／邊桌上／冰桶外	冰桶外，瓶口朝無人方向。
開瓶器具	侍者之友 corkscrew（老酒可用薄片型開瓶器）			直接用手，不需使用開瓶器。 服務巾二端對角包住軟木塞與瓶底，小心開瓶。
倒酒份量	1/3~1/2 杯		1/2~2/3 杯	2/3 杯，使用二次倒法，不可超過八分滿。
倒酒方法	用酒籃	右手拿取瓶身或瓶底	1. 服務巾包裹服務。 2. 右手拿瓶身或瓶底。	1. 服務巾包裹服務。 2. 空手拿瓶：大姆指伸入瓶底凹槽處，利用其餘四指托住瓶身，可用左手扶持住瓶身。

◎ Decant（過酒、換瓶）

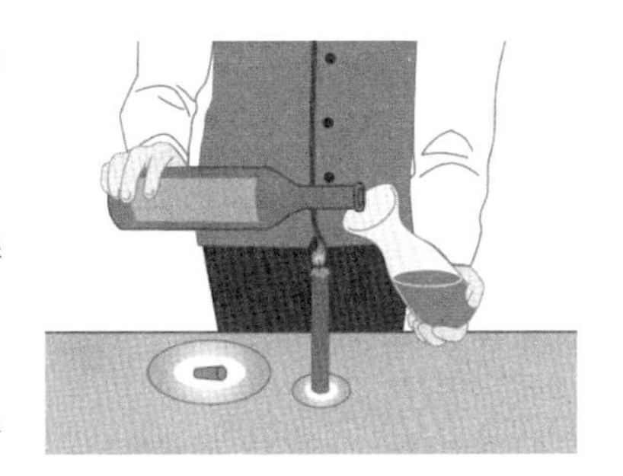

1. 一般換瓶前，需將酒直立一段時間，使沉澱物集中於瓶底。
2. 酒瓶下方點蠟燭，將酒從酒瓶倒到過酒器(Decanter)，動作輕柔，將沉澱物留在酒瓶中。
3. 換瓶時，除了使沉澱物留在舊瓶，亦可使紅酒進行醒酒(Breathing)，使紅酒風味更佳。

此部分可和餐飲服務的第九章一起讀哦！

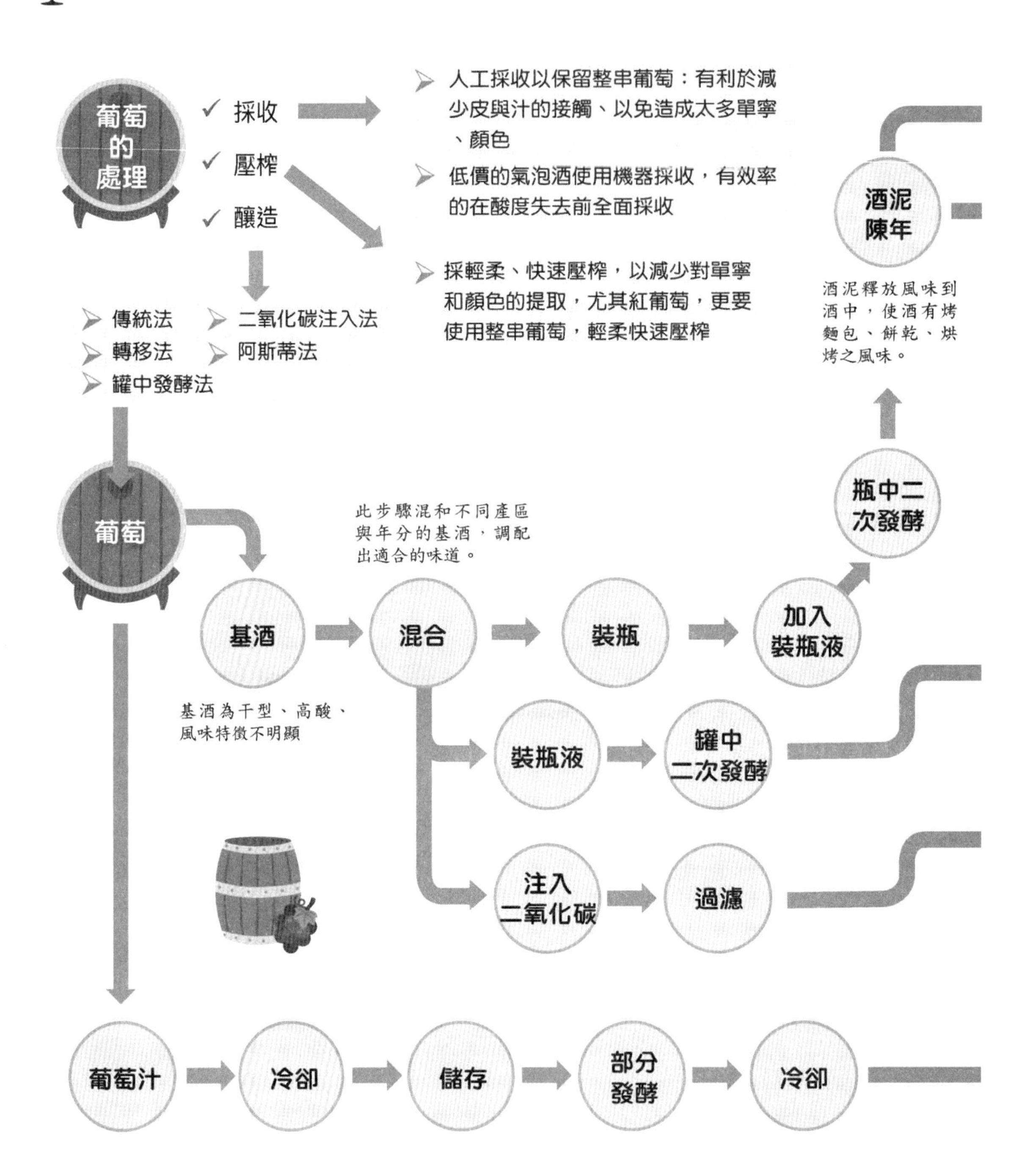
葡萄的處理
✓ 採收
✓ 壓榨
✓ 釀造
人工採收以保留整串葡萄：有利於減少皮與汁的接觸、以免造成太多單寧、顏色
低價的氣泡酒使用機器採收，有效率的在酸度失去前全面採收
採輕柔、快速壓榨，以減少對單寧和顏色的提取，尤其紅葡萄，更要使用整串葡萄，輕柔快速壓榨
傳統法
二氧化碳注入法
轉移法
阿斯蒂法
罐中發酵法
酒泥陳年
酒泥釋放風味到酒中，使酒有烤麵包、餅乾、烘烤之風味。
瓶中二次發酵
葡萄
此步驟混和不同產區與年分的基酒，調配出適合的味道。
基酒
混合
裝瓶
加入裝瓶液
基酒為干型、高酸、風味特徵不明顯
裝瓶液
罐中二次發酵
注入二氧化碳
過濾
葡萄汁
冷卻
儲存
部分發酵
冷卻

圖 6-3 氣泡酒製造過程

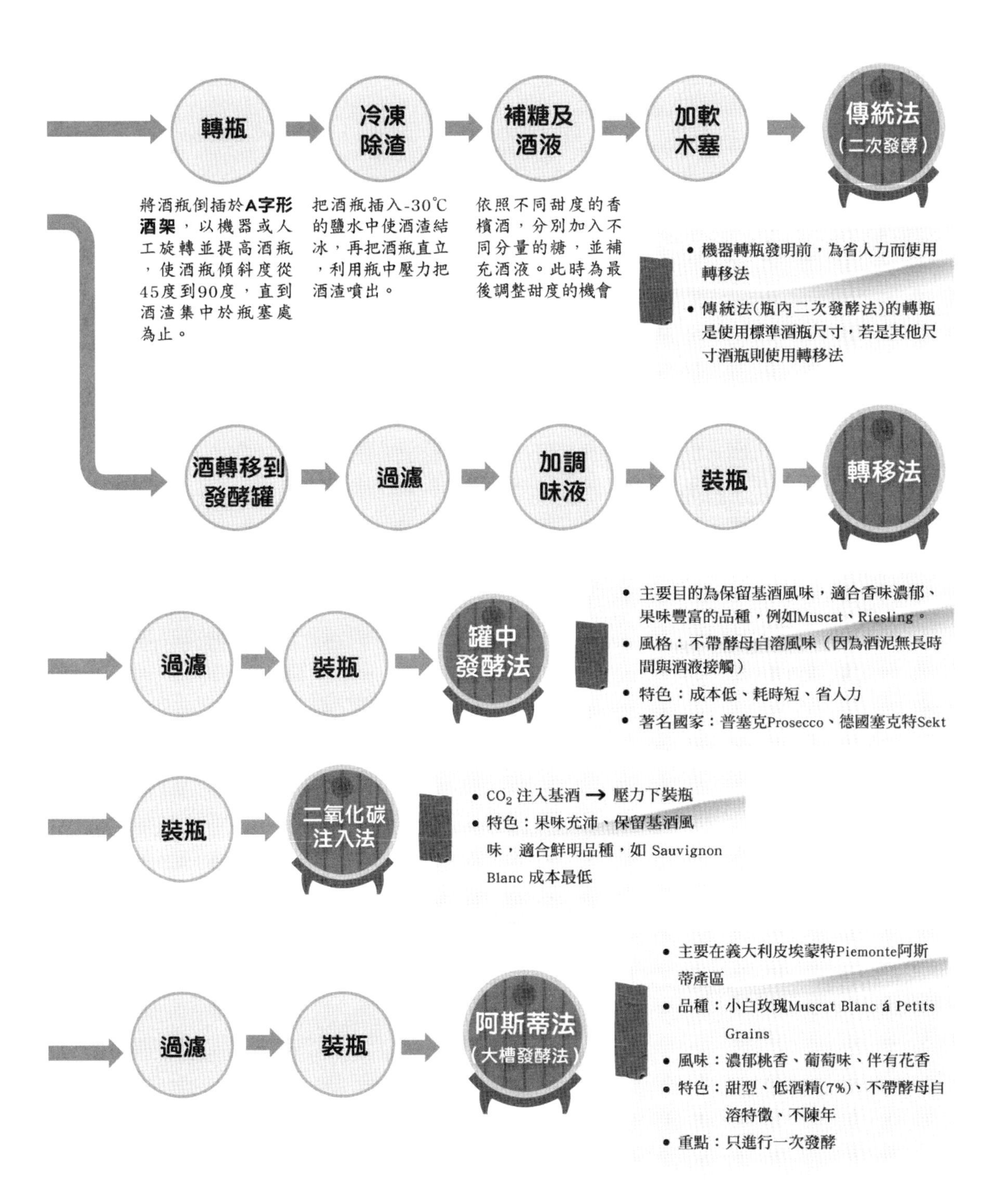

轉瓶
冷凍除渣
補糖及酒液
加軟木塞
傳統法（二次發酵）
將酒瓶倒插於A字形酒架，以機器或人工旋轉並提高酒瓶，使酒瓶傾斜度從45度到90度，直到酒渣集中於瓶塞處為止。
把酒瓶插入-30℃的鹽水中使酒渣結冰，再把酒瓶直立，利用瓶中壓力把酒渣噴出。
依照不同甜度的香檳酒，分別加入不同分量的糖，並補充酒液。此時為最後調整甜度的機會
• 機器轉瓶發明前，為省人力而使用轉移法
• 傳統法(瓶內二次發酵法)的轉瓶是使用標準酒瓶尺寸，若是其他尺寸酒瓶則使用轉移法
酒轉移到發酵罐
過濾
加調味液
裝瓶
轉移法
• 主要目的為保留基酒風味，適合香味濃郁、果味豐富的品種，例如Muscat、Riesling。
• 風格：不帶酵母自溶風味（因為酒泥無長時間與酒液接觸）
• 特色：成本低、耗時短、省人力
• 著名國家：普塞克Prosecco、德國塞克特Sekt
過濾
裝瓶
罐中發酵法
• CO_2 注入基酒 → 壓力下裝瓶
• 特色：果味充沛、保留基酒風味，適合鮮明品種，如 Sauvignon Blanc 成本最低
裝瓶
二氧化碳注入法
• 主要在義大利皮埃蒙特Piemonte阿斯蒂產區
• 品種：小白玫瑰Muscat Blanc á Petits Grains
• 風味：濃郁桃香、葡萄味、伴有花香
• 特色：甜型、低酒精(7%)、不帶酵母自溶特徵、不陳年
• 重點：只進行一次發酵
過濾
裝瓶
阿斯蒂法（大槽發酵法）

圖 6-3　氣泡酒製造過程

五、強化葡萄酒(Fortified Wine)

所謂強化葡萄酒，是以一般葡萄酒為基底，再加入白蘭地或烈酒，以提高酒精濃度，世界有三大強化酒：雪莉酒、波特酒、馬德拉酒。

1. 雪莉酒(Sherry)－西班牙國寶酒

(1) 莎士比亞稱雪莉酒是「裝在瓶中的西班牙陽光」。

(2) 因為在釀造過程中，是在發酵完成後才加入白蘭地，故多半為不甜雪莉酒，且做為餐前酒使用。

(3) 索雷亞系統(Solera System)的目的是為了保持**酒的品質一致**，也因為是混和不同年齡的酒，故雪莉酒一般不會標示年分，除非是使用單一豐收年分的葡萄去釀造，才會標示成年分雪莉。

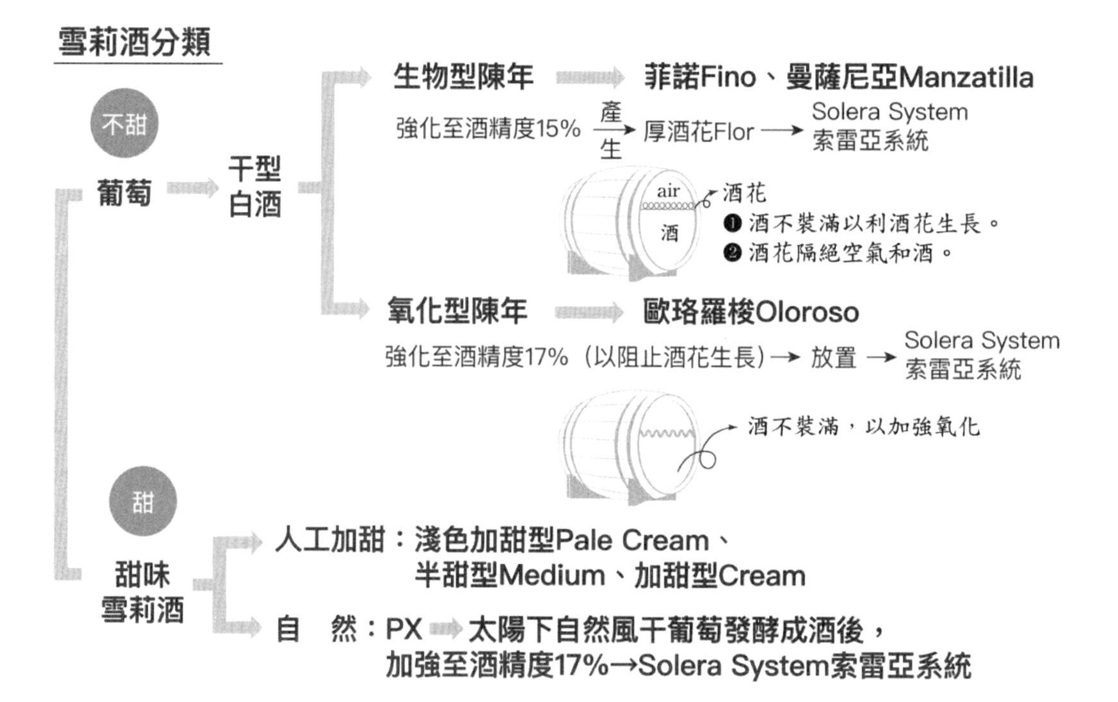

進階補充

索雷亞系統(Solera System)

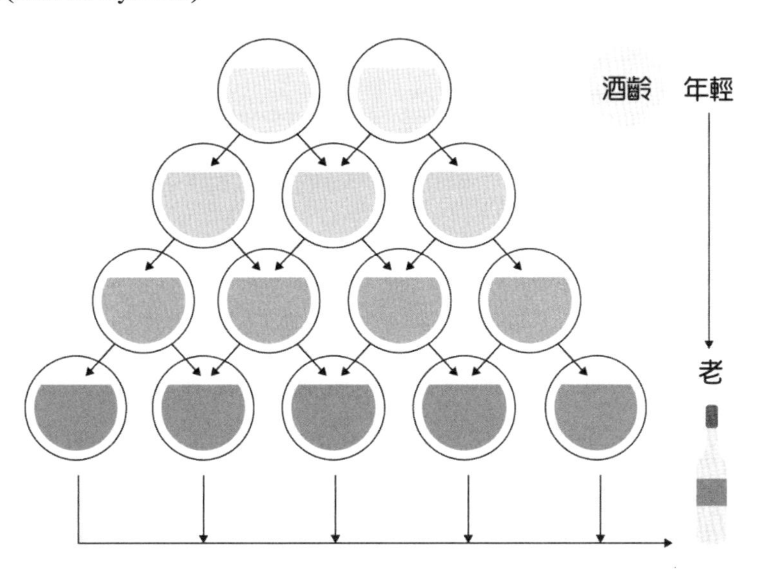

酒齡最長的酒放在最下層，當下層的酒取出裝瓶時，上層的酒就下層流，年輕的酒與陳年的酒混合，以保持雪莉酒的品質。索雷亞的層數從3~14層都有

2. 波特酒(Porto/Oporto)－葡萄牙國寶酒

(1) 葡萄牙法律規定，必須由杜洛河流域生產之葡萄釀造、添加葡萄牙釀造之白蘭地並由波特港出口的強化酒才能稱為波特酒。

(2) 波特酒在釀造過程中，在葡萄汁發酵尚未完成之前就加入白蘭地，使其停止發酵，故酒中仍有殘留糖分，因此波特酒多半為甜味口感，並多做為餐後酒使用。

◎ 波特酒分類

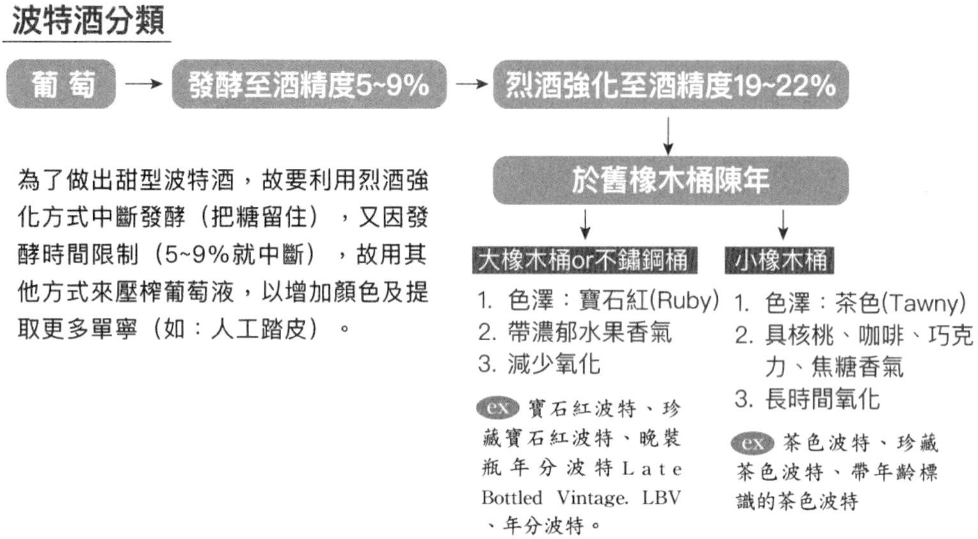

波特酒分類

葡萄 → 發酵至酒精度5~9% → 烈酒強化至酒精度19~22% → 於舊橡木桶陳年

為了做出甜型波特酒，故要利用烈酒強化方式中斷發酵（把糖留住），又因發酵時間限制（5~9%就中斷），故用其他方式來壓榨葡萄液，以增加顏色及提取更多單寧（如：人工踏皮）。

大橡木桶or不鏽鋼桶

1. 色澤：寶石紅(Ruby)
2. 帶濃郁水果香氣
3. 減少氧化

ex 寶石紅波特、珍藏寶石紅波特、晚裝瓶年分波特Late Bottled Vintage. LBV、年分波特。

小橡木桶

1. 色澤：茶色(Tawny)
2. 具核桃、咖啡、巧克力、焦糖香氣
3. 長時間氧化

ex 茶色波特、珍藏茶色波特、帶年齡標識的茶色波特

3. 馬德拉酒(Madeira)

(1) 產於葡萄牙大西洋岸的小島，多半作為料理酒或餐後酒。

(2) 採「**溫室加熱酒槽法**」；也就是將蘭姆酒、白蘭地或食用酒精加入葡萄汁中混合，並注入橡木桶裡面，並且放置在密閉溫室當中，藉由日光的曝曬使酒溫達到 30~50℃，利用高溫加速酒的熟成，形成其特殊風味。

六、加味葡萄酒

酒名	說明
苦艾酒(Vermouth)	甜味苦艾酒(Sweet Vermouth)，又稱義大利式苦艾酒(Italian Type Vermouth)，味道甘苦、稍帶點甜味，可提供純飲或者當作餐後酒飲用，也可拿來調製雞尾酒（如曼哈頓、美國佬、羅伯羅依等）。
	不甜苦艾酒(Dry Vermouth)又稱法國式苦艾酒(French Type Vermouth)，甘苦味濃烈，可供純飲亦可作為餐前酒飲用或調製雞尾酒（例如：馬丁尼、完美馬丁尼等）。
金巴利酒(Campari)	屬於餐前開胃酒，可加冰塊或者搭配蘇打水、柳橙汁飲用，或者調製雞尾酒（例如：金巴利蘇打、彩虹酒、美國佬等）。
多寶力酒(Dubonnet)	餐前開胃酒，不起泡葡萄酒加入奎寧、橘皮、肉桂等藥草，帶香甜味，可純飲也可加冰塊飲用，也能拿來調製雞尾酒。
彼諾酒(Pernod)	帶有大茴香味道的法國開胃酒。

同場加映

1. 貴腐酒

貴腐菌(Noble Rot / Botrytised)是真菌灰葡萄孢導致的，當它侵蝕葡萄時，水分蒸發萎縮，糖分濃縮在葡萄裡面，雖外表看起來難看，但釀成的酒風味非常好。世界著名產貴腐甜白酒有法國索甸(Sauternes)、德國、奧地利、匈牙利都凱(Tokay)等。

其生長條件如下：

(1) 葡萄須完全成熟

(2) 環境為早晨濕霧朦朧，下午陽光明媚。

2. 冰酒(Eiswein / Ice Wine)

健康葡萄掛在樹上直到冬天，等氣溫降至冰點時，葡萄就會結冰，採收後壓榨，冰會留在壓榨機裡，進而使榨出的葡萄汁增加糖分，釀造出罕見珍貴、味道濃而甜的冰酒。冰酒的釀造關鍵在於品種的純淨度，必須在酸與甜之間達到很好的平衡。生產冰酒有名的國家有德國、加拿大等。

七、葡萄酒補充

(一) 著名產區分級

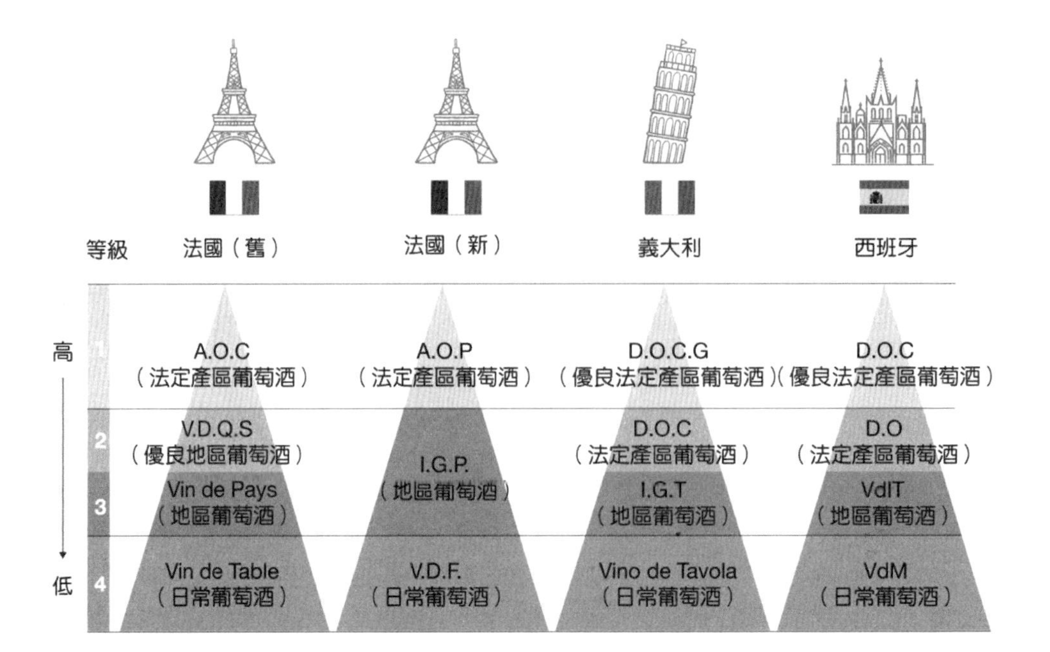

（二）德國葡萄酒分級

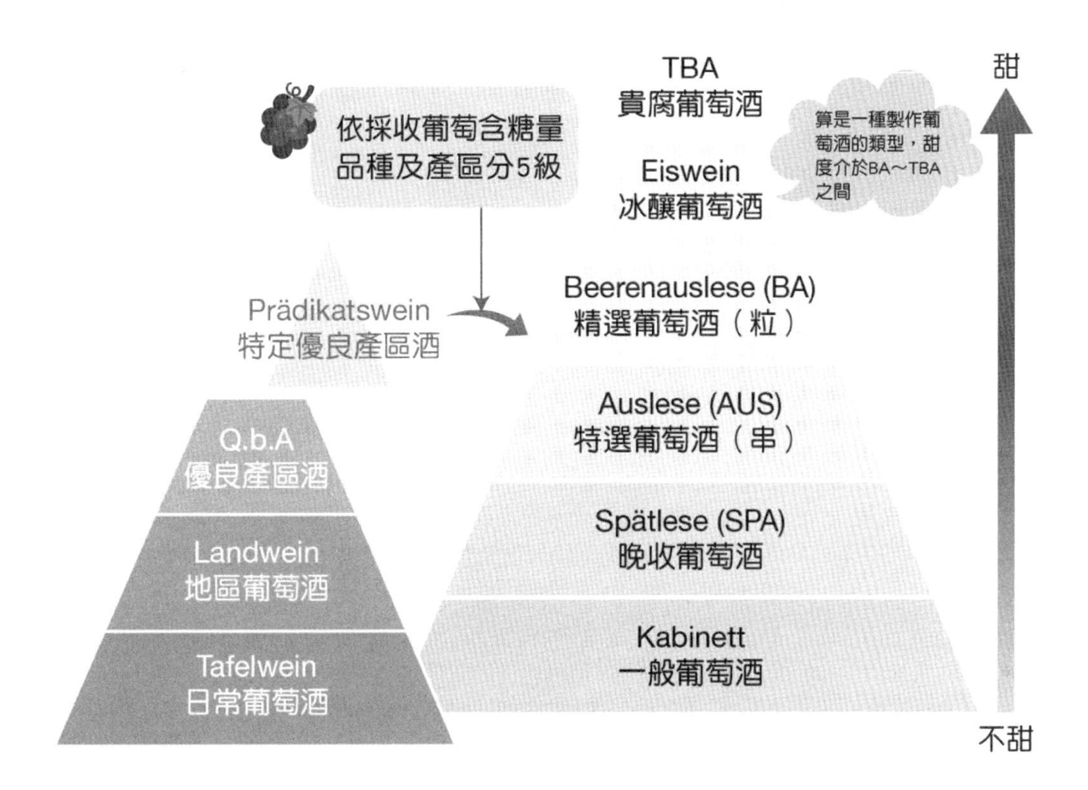

（三）葡萄酒飲用時機 V.S 中式茶飲

分類 飲用時機	酒精性飲料	中式茶飲
餐前： 酸、澀助開胃	Aperitif Wine 1. 不甜雪莉酒 2. 不甜苦艾酒 3. 多寶力酒、金巴利酒 4. 不甜氣泡酒、香檳 5. 不甜雞尾酒	迎賓茶→清香型： 綠茶、青茶、包種、白毫烏龍茶
佐餐	Table Wine 1. 紅酒 2. 白酒 3. 香檳（若選擇香檳，則餐中皆飲香檳） 4. 啤酒	半發酵茶 ＊清香型的茶→海鮮 （青茶、包種、白毫烏龍茶） ＊口味重、喉韻佳的茶→紅肉 （普洱茶、鐵觀音）

分類 飲用時機	酒精性飲料	中式茶飲
餐後： 甜味、去油解膩	Dessert Wine 1. 甜味氣泡酒、香檳 2. 冰酒 3. 甜白酒 4. 甜苦艾酒 5. 甜雪莉酒、波特酒 6. 香甜酒 7. 白蘭地	飯後茶→口味重、喉韻佳： 紅茶 普洱茶 鐵觀音

(四)葡萄酒的飲用

一般餐廳在客人入座決定點酒之後，侍酒師(Sommelier)進行的主要服勤步驟為點酒→驗酒→調整酒溫→開瓶→試酒→倒酒。客人的品酒步驟可分為視覺的觀、嗅覺的聞，以及味覺的嚐，以下表說明之：

步驟	說明
視覺的觀	觀看酒的顏色與深度。紅酒常見的顏色為紫色、寶石紅、石榴紅、棕色等，白酒常見的顏色為檸檬色、金黃色、琥珀色等。
嗅覺的聞	輕晃酒杯，讓香氣釋放，鼻子在酒杯邊緣輕嗅，感受酒香的濃度及呈現的香味特徵；如檸檬、草莓、奶油、烤麵包、蜂蜜等等。
味覺的嚐	透過啜飲來感受酒中的甜度、酸度、單寧、酒精度、酒體、味道濃度、味道特徵以及餘味等，來判斷酒的陳年度、價值等。

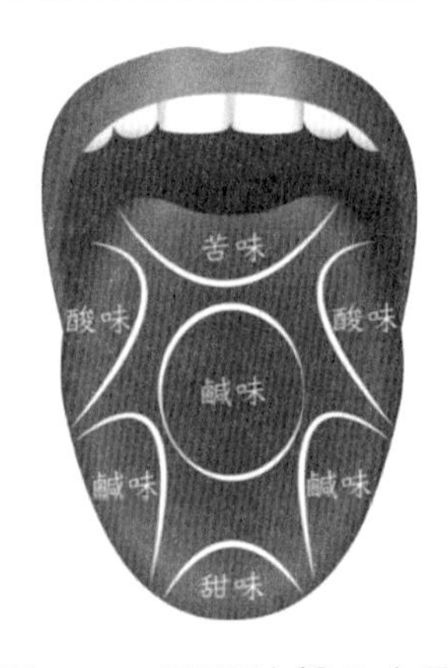

圖 6-5　舌頭味覺分布圖

(五)葡萄酒飲用與搭配

菜餚與酒的搭配須考慮到烹調手法、醬汁、配菜等因素，選用的酒要能襯托出菜餚的風味，而非互相蓋過味道。

◎ 2 瓶以上葡萄酒順序

- 先白後紅。
- 先淡後濃。
- 先低後高(酒精濃度低→高)。
- 先差後好(便宜→貴)。
- 先不甜後甜。
- 先年輕後陳年。
- 先起泡後不起泡。

表 6-3　菜餚與酒的搭配原則

大原則搭配法	舉例
好酒配好菜、精釀酒配精緻菜	生蠔、魚翅、魚子醬當配氣泡酒
濃郁酒配油膩菜	油重味濃的燉肉→濃郁紅酒
地方酒配地方菜	勃根地燉牛肉→勃根地紅酒 舊金山龍蝦→加州納帕白酒
甜酒配甜點	
紅酒配紅肉	
白酒配白肉	
玫瑰紅酒配淡味菜	

表 6-4　不適合搭配葡萄酒

品項	理由
咖哩、椰奶、辣醬等香料入菜之料理	味道太重不適合。
酸味過重的菜：油醋、酒醋、酸黃瓜、沙拉等	酸味易壓過葡萄酒。
略甜醬汁：美乃滋、千島醬、塔塔醬	使酒在口中有澀味。
蛋類	歐姆蛋(Omelets)搭淡紅酒或白酒，其餘不適合。
湯品	喝湯又飲酒造成水分太多，但可搭配強化酒。

◎葡萄酒飲用溫度

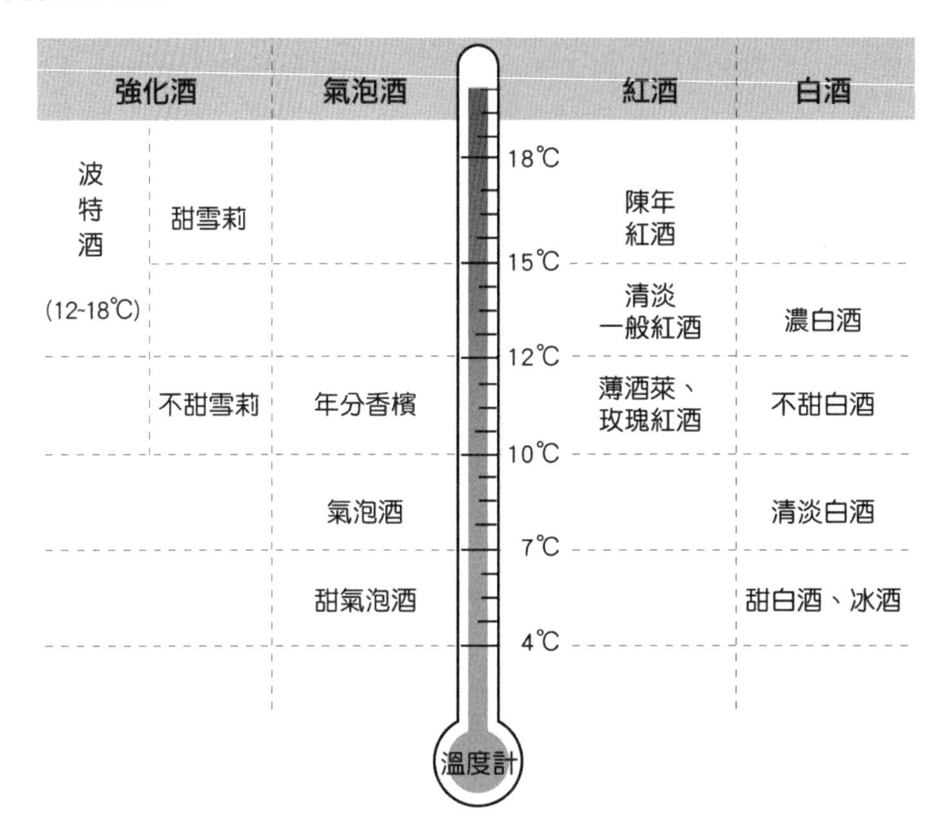

葡萄酒飲用溫度無一定標準，把握以下幾項大原則即可：

1. 越成熟越濃，越甜的紅酒飲用溫度越高。
2. 越濃的白酒飲用溫度越高，但越甜的白酒或氣泡酒，飲用溫度越低。
3. 品嚐溫度高→低：
   (1) 紅酒＞白酒＞氣泡酒
   (2) 陳年紅酒＞一般紅酒＞薄酒萊新酒、玫瑰紅酒＞白酒＞氣泡酒＞甜白酒（氣泡酒、甜白酒要看甜度、種類）

同場加映

◎國產酒釀造

種類	名稱	細分	原料	補充重點
釀造酒	啤酒	臺灣啤酒、金牌啤酒、18 天臺灣生啤酒	麥芽、水、啤酒花、酵母、蓬萊米	下層發酵
	黃酒（玉泉系列）	黃酒	蓬萊米、小麥	1. 飲用方式： (1) 直接飲用。 (2) 溫熱後加薑絲或梅粉。 (3) 調成水果酒。 2. 花雕酒是紹興酒中最上乘的。
		紹興酒		
		花雕酒		
		紅露酒	糯米、紅麴	
	清酒（玉泉系列）	玉泉清酒、菊富士純米大吟釀清酒、吟釀清酒	米	日本等級高到低：純米大吟釀、大吟釀、純米吟釀、吟釀、特別純米酒、特別本釀造、純米酒、本釀造。
	葡萄酒（玉泉系列）	特級紅葡萄酒	葡萄	使用國產葡萄製作

6-2 蒸餾酒的分類與製程

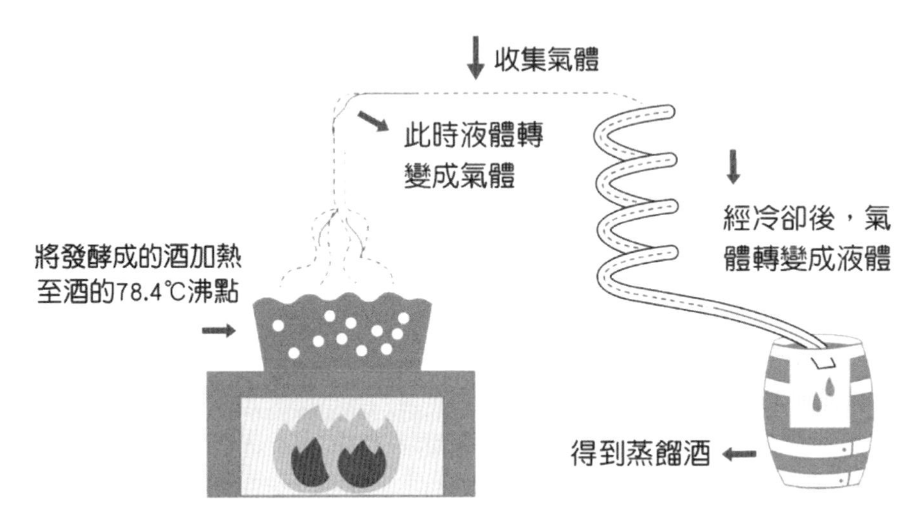

圖 6-6 蒸餾酒原理

蒸餾酒(Distilled Alcoholic Beverage/Distilled Liquors/ Neutral Spirits/ Spirits)，也統稱「生命之水」、「烈酒」。製作原理是利用酒精與水的沸點不同；酒的沸點為 78.4 度，故當釀造酒加熱到 78.4 度時，酒精會變成蒸氣，收集酒精蒸氣後進行冷卻，即可收集到酒精液體，每次蒸餾都會將酒精度大幅提升，酒精濃度越高，雜質越少。

表 6-6 蒸餾方式（酒加熱→氣體→冷卻→高酒精濃度液體）

方式	說明
單式蒸餾法 (Pot still Method)	使用大肚銅壺為蒸餾器進行蒸餾，酒只有經過一次的冷卻，蒸餾出的酒精濃度不高、但可保留較多的物質，產量少且生產速度慢，許多高級酒皆使用單式蒸餾法。
連續式蒸餾法 (Continuous Still Method)	將酒放入具有層層隔熱板的蒸餾槽當中，使酒加熱變成氣體之後，碰到隔熱板即冷卻，再遇高溫又變氣體，如此不斷重複的過程即為連續式蒸餾法。此法的酒精濃度可達到 95%。但是口感與香味相對平淡，生產速度快，通常平價的酒多使用此法。

蒸餾酒的酒精濃度普遍約 37~43%，原本為無色無味的酒液，但經過儲存、熟成之後將轉變成為吸收**橡木桶**色素及香氣的琥珀色酒液，而未儲放在橡木桶中熟成的蒸餾酒，則是保持原本的無色透明酒液。調酒常用的六大基酒，以下說明之。

一、六大基酒之比較

名稱	別稱	主要原料	產國	代表雞尾酒
琴酒 (Gin)	雞尾酒的心臟	杜松子 （穀物＋杜松子）	荷蘭（原） 英國	紅粉佳人(Pink Lady)、橘花(Orange Blossom)、藍鳥(Blue Bird)、馬丁尼(Martini)、吉普森(Gibson)、費士系列(Fizz)、司令系列(Sling)。
特吉拉酒 (Tequila)	沙漠甘泉	龍舌蘭 （藍色）	墨西哥	瑪格麗特(Margarita)、特吉拉日出(Tequila Sunrise)、霜凍瑪格麗特(Frozen Margarita)。
白蘭地 (Brandy)	燃燒的酒	葡萄 （水果）	法國	白蘭地亞歷山大(Brandy Alexander)、蛋酒(Egg Nog)、側車(Side Car)、馬頸(Horse's Neck)、聖基亞(Sangria)、熱托地(Hot Toddy)、B 對 B(B&B)。
伏特加 (Vodka)	鑽石酒 生命之水	馬鈴薯	俄國 美國 瑞典	螺絲起子(Screwdriver)、哈維撞牆(Harvey Wallbanger)、血腥瑪莉(Bloody Mary)、鹹狗(Salty Dog)、俄羅斯(Russian)系列、教母(God Mother)、飛天蚱蜢(Flying Grasshopper)、奇奇(Chi Chi)、神風特攻隊(Kamikaze)。
蘭姆酒 (Rum)	熱帶酒 糖酒 海盜酒	甘蔗 （蔗糖）	牙買加 波多黎各	自由古巴(Cuba Libre)、莫西多(Mojito)、薑味莫西多(Ginger Mojito)、蘋果莫西多(Apple Mojito)、蘭姆可樂(Rum Coke)、邁泰(Mai Tai)、鳳梨可樂達(Pina Colada)、冰涼甜心(Cool Sweet Heart)、戴吉利(Daiquiri)、百家得雞尾酒(Bacardi Cocktail)、藍色夏威夷(Blue Hawaii)、天蠍座(Scorpion)。
威士忌 (Whisky / Whiskey) ＊愛爾蘭、美國威士忌單字拼法 Whiskey，其餘國家為 Whisky	生命之水	穀物	蘇格蘭 愛爾蘭 美國 加拿大	1. 蘇格蘭：教父(God Father)、羅伯羅依(Rob Roy)、鏽釘子(Rusty Nail)、蘇格蘭蘇打(Scotch Soda)。 2. 美國：古典酒(Old Fashioned)、紐約(New York)、紐約客(New Yorker)、威士忌酸酒(Whiskey Sour)、曼哈頓(Manhattan)、蘋果曼哈頓(Apple Manhattan)、波本可樂(Bourbon Coke)。 3. 愛爾蘭：愛爾蘭咖啡(Irish Coffee)。

重點提醒

六大基酒中不需熟成的是琴酒與伏特加

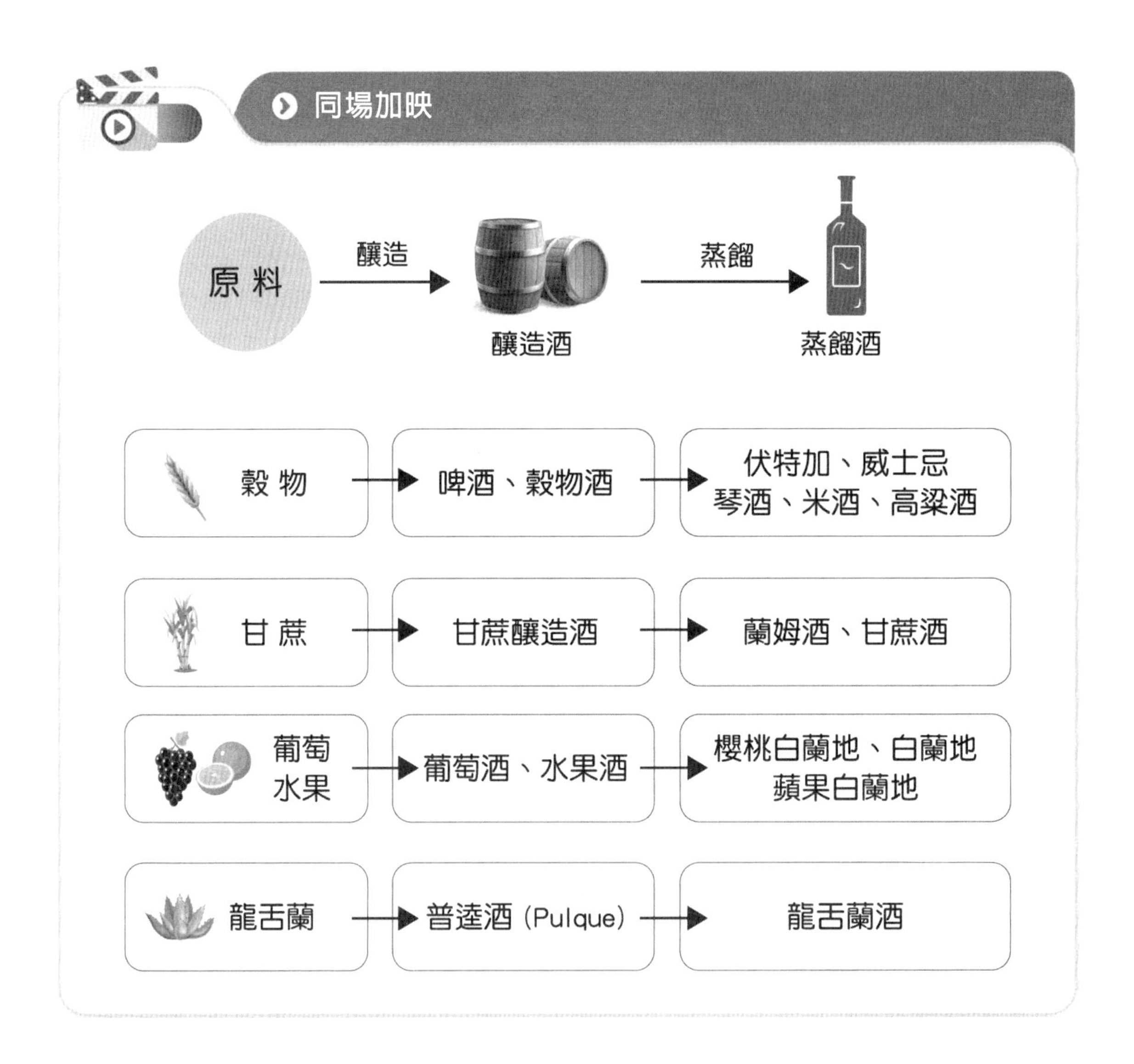

(一) 琴酒 Gin

1. **原料及製作方式**：穀類+杜松子(Juniper Berry)。穀類蒸餾時加入杜松子一起蒸餾而成。
2. **別稱**：杜松子酒、雞尾酒的心臟(The Heart Of Cocktail)。
3. **飲用方式**：可純飲，也可調成雞尾酒。
4. **特色**：不需熟成(Aging)即可飲用、早上製作晚上喝。

表 6-7　製造方法可分

蒸餾琴酒	穀物蒸餾酒+杜松子蒸餾的無色烈酒	屬於蒸餾酒
合成琴酒	穀物蒸餾酒加入杜松子浸漬	屬於再製酒（合成酒）

表 6-8　產地：原產地→荷蘭、主要產地→英國

種類	重點	品牌
荷式琴酒 (Holland Gin / Dutch Gin)	1. 荷蘭國酒。 2. 放在玻璃槽陳年 2~3 年才裝瓶出售。 3. 單式蒸餾。 4. 適合純飲或加冰塊。 5. 濃郁、辣中帶甜。	博斯(Bols)
英式琴酒 (London Dry Gin)	1. 3 次以上蒸餾。 2. 適合調雞尾酒。	倫敦琴酒(London Gin) 普利茅斯琴酒(Plymouth Gin) 老湯姆(Old Tom)

5. 雞尾酒種類（此表為常考重點，詳細酒譜請看 P.240~P.260）

基酒	雞尾酒	特色（特別重點）		調製法	杯器	備註
		重點配方	裝飾物			
琴酒(Gin)	吉普森(Gibson)	苦艾酒(Vermouth)	小洋蔥(Onion)	攪拌法(Stir)	馬丁尼杯(Martini Glass)	差異只在苦艾酒和琴酒的使用比例、苦艾酒的甜味不同以及裝飾物。
	不甜馬丁尼(Dry Martini) ★雞尾酒之王★	苦艾酒(Vermouth)	小橄欖(Olive)			
	完美馬丁尼(Perfect Martini)	苦艾酒(Vermouth) （甜＋不甜）	檸檬皮(Lemon Peel) 櫻桃(Cherry)			
	義式琴酒(Gin & It)	甜苦艾酒(Rosso Vermouth)	檸檬皮(Lemon Peel)			
	粉紅佳人(Pink Lady)	蛋白(egg white)		搖盪法(Shake)	雞尾酒杯(Cocktail Glass)	
	橘花(Orange Blossom)		糖口杯(Sugar Rimmed)			
	藍鳥(Blue Bird)					
	琴費士(Gin Fizz)				高飛球杯(Highball)	琴費士+蛋白=銀費士 琴費士+蛋黃=金費士 琴費士+全蛋=皇家費士
	銀費士(Silver Fizz)	蛋白(Egg white)				
	金費士(Golden Fizz)	蛋黃(Egg yolk)				
	皇家費士(Royal Fizz)	全蛋(Egg)				

表 6-9　馬丁尼家族比較表

基酒	苦艾酒	裝飾物	名稱	調製法	杯皿
琴酒	不甜苦艾酒	小橄欖	馬丁尼	攪拌法	馬丁尼杯
		小洋蔥珠	吉普森		
	甜味苦艾酒	檸檬皮	義式琴酒		
	甜＋不甜苦艾酒	檸檬皮、櫻桃	完美馬丁尼		
波本威士忌	苦艾酒、苦精	櫻桃	曼哈頓（甜&不甜）		
蘇格蘭威士忌			羅伯羅依		

（二）伏特加 Vodka

1. **定義：**
   (1) 伏特加酒 Vodka→俄羅斯的無色烈酒。
   (2) 阿吉維特 Aquavit→北歐各國無色烈酒。
   (3) 寇恩 Korn→德國無色烈酒。

2. **原料及製作方式：**馬鈴薯為主。將玉米、大麥、小麥、裸麥、馬鈴薯等原料糖化並發酵成酒，接著倒入連續式蒸餾器，連續蒸餾至 95%，再使用純水將其稀釋調降酒精濃度至 40~60%後，白樺木活性炭過濾，不用陳年，即可裝瓶販售。

3. **別稱：**生命之水、鑽石酒。

4. **飲用方式：**冷凍、雞尾酒、冰涼後配鹹魚。

5. **品牌：**思美洛伏特加(Smirnoff)（英國）、絕對伏特加(Absolut)（瑞典）、首都伏特加(Stolichnaya)（俄羅斯）。

6. 雞尾酒（此表為常考重點，詳細酒譜請看 P.240~P.260）

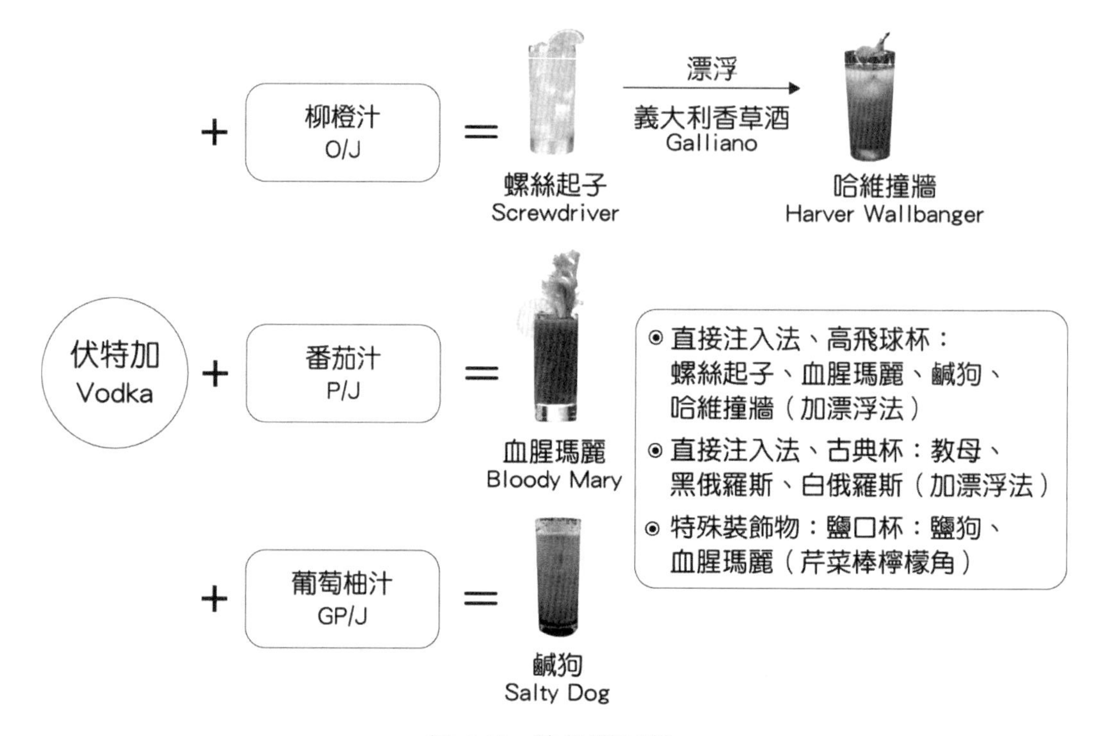

圖 6-7　特色雞尾酒

表 6-10　伏特加調酒

雞尾酒	調製法	杯器
飛天蚱蜢 (Flying Grasshopper)	搖盪法(Shake)	雞尾酒杯 (Cocktail Glass)
神風特攻隊(Kamikaze)		古典酒杯 (Old Fashioned)
奇奇(Chi Chi)	電動攪拌法(Blend)	可林杯 (Collins)

圖 6-8 特色雞尾酒

(三) 威士忌(Whisky/Whiskey)

1. **定義**：將搗碎之穀類進行發酵及蒸餾後，存放於橡木桶中熟成所製成的烈酒。

2. **原料**：穀物(Grain)；例如大麥(Barley)、小麥(Wheat)、裸麥(Rye)以及玉米(Corn)等。

3. **製作方式**

   麥子發芽(Malting)→磨碎(Milling)→糖化(Mashing)→發酵(Fermenting)→蒸餾(Distillation)→陳年、熟成(Maturing)→調配(Blending)→裝瓶(Bottling)。

4. **蒸餾方式**

單一蒸餾 (Pot Still)	大多數的麥類威士忌多採用單一蒸餾法，使用單一蒸餾器蒸餾兩次，而第二次蒸餾只取中間的酒心，去除掉頭尾。
連續式蒸餾 (Continuous stil)	穀類威士忌則多半採連續式蒸餾法，將 2 個蒸餾器串聯起來，一次連續進行兩階段蒸餾。

5. **別稱**

「Whisky」起源於愛爾蘭語，指「生命之水」。英文拼法分兩種，愛爾蘭和美國是「 Whiskey」，其他國家是「Whisky」。

6. **產地及儲存年限**

產地	年限
愛爾蘭	3 年
蘇格蘭	3 年
美國	2 年
加拿大	3 年

7. **酒齡的計算**

一開始初蒸餾的威士忌是無色透明，需經過裝桶熟成，才會具有橡木桶的顏色及風味，故威士忌的酒齡計算方式為威士忌存放在橡木桶的時間；儲放時間越久，酒吸收橡木桶的顏色及香味就越多，風味就越濃醇，而裝瓶後的威士忌即停止熟成作用。

8. **飲用方式**

方式	作法	杯子
純飲(Straight up)	烈酒杯附一杯冰水	烈酒杯(Shot)
加冰塊(On the Rocks)	古典杯加冰塊	古典酒杯(Old Fashioned)
水割(Mizuwali)	加水	高飛球杯(Highball)
高飛(Highball)	加碳酸飲料	高飛球杯(Highball)

9. **各產地威士忌之介紹**

◎ **蘇格蘭**

(1) **風味**

煙燻泥煤味，以**泥煤**(peat)烘乾麥芽，使用銅壺或蒸餾器進行單一蒸餾法。使其具有獨特的煙燻泥煤味。法定的標準品需要陳年 3 年以上，中級品需要陳年 12 年，高級品則需要陳年 15 年以上。

(2) **儲存年限**：3 年

(3) **分類**

純麥/調和麥芽威士忌Pure Malt：100%麥芽為原料，但是以不同酒廠的麥芽威士忌勾兌而成。

麥芽威士忌 **Malt Whisky**：以純麥芽為原料

單一麥芽威士忌Single Malt：100%麥芽為原料，所謂「單一」是指單一酒廠；使用單一酒廠但是不同酒桶的麥芽威士忌勾兌而成，具有該酒廠的特色。

單一麥芽威士忌品牌：

格蘭菲迪Grenfiddich
麥卡倫Macallan
格蘭利威Glenlivet

穀物威士忌**Grain Whisky**：大麥**20%** + 穀物釀製而成，多半拿來做調和威士忌

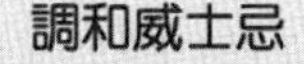

調和威士忌 **Blended Malt Whisky**：麥芽威士忌 + 穀物威士忌；蘇格蘭大部分為調和威士忌

調和威士忌品牌：

約翰走路Johnnie Walker
起瓦士Chivas Regal
皇家禮炮Royal Salute
威雀牌Famous Grouse

(4) **雞尾酒（此表為常考重點，詳細酒譜請看 P.240~P.260）**

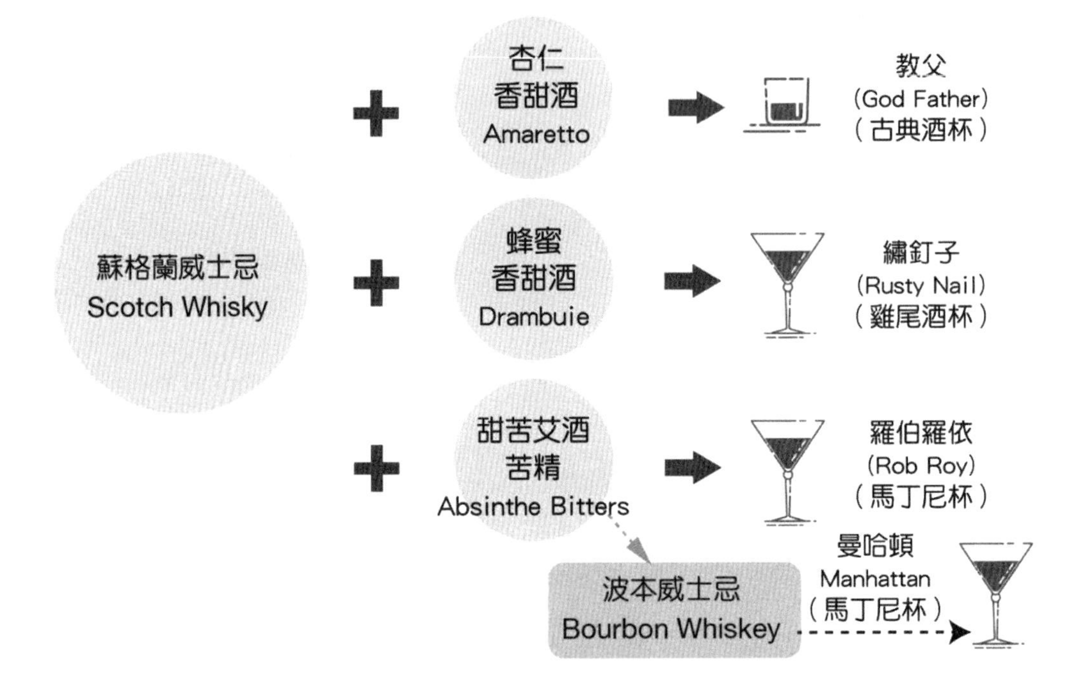

◎ **美國**

(1) **原料**：玉米、裸麥、穀物為主

(2) **儲存年限**：2 年

(3) **分類**

種類	說明
裸麥威士忌 (Rye Whiskey)	裸麥含量 51%以上。
☆ 波本威士忌 (Bourbon Whiskey)	1. 玉米含量 51~79%。 2. 蒸餾後須放在火烤過的新橡木桶陳釀達 2 年以上。 3. 酒精濃度 40%~80%。 4. 美國國會定義「美國獨特產品」。 5. 較溫和不具辛辣味。 6. 懷念波本王朝而命名。 **品牌：** 金賓(Jim Beam) 野火雞(Wild Turkey)

種類	說明
玉米威士忌 (Corn Whiskey)	玉米含量 80%以上
調配威士忌 (Blended Whiskey)	一種威士忌占 20%，其餘威士忌或穀類中性酒精 80%。
淡質威士忌 (Light Whiskey)	酒精純度高達 161~189proof(≒80~95%)儲存在舊的或未焦黑的新木桶，味道較清淡。 * 因酒精濃度高，保留較少的穀物風味，加上新橡木桶的風味，使其具「清淡」的獨特味道。
保稅威士忌 (Bottled in Bond)	美國政府監督下，至少儲存在橡木桶 4 年，置於保稅倉庫儲存裝瓶。
田納西威士忌 (Tennessee Whiskey)	特色是蒸餾後會先流入裝有楓樹燒成之木炭的大桶中以極慢的速度流經所有木炭進行過濾，整個過程約需十天的時間才能完成。過濾完之後再存放在焦黑的白橡木桶當中，放置在田納西山丘等待熟成。

(4) **重點雞尾酒（此表為常考重點，詳細酒譜請看 P.240~P.260）**

名稱	調製法	杯子	備註
古典酒 (Old Fashioned)	直接注入法 (Build)	古典酒杯 (Old Fashioned)	特色材料：方糖
紐約客 (New Yorker)	搖盪法 (Shake)	雞尾酒杯（大） (Cocktail Glass)	特色材料：紅酒
紐約(New York)		雞尾酒杯 (Cocktail Glass)	特色材料：紅石榴糖漿(Grenadine Syrup)
曼哈頓 (Manhattan)	攪拌法 (Stir)	馬丁尼杯 (Martini Glass)	★雞尾酒之后 波本＋甜味苦艾酒＝曼哈頓 波本＋不甜苦艾酒＝不甜曼哈頓

◎ 其他國家威士忌

國家	特色	品牌	雞尾酒
愛爾蘭	1. 單式蒸餾器**蒸餾 3 次**，味道辛辣爽口。 2. 熱風烘乾。	尊美醇愛爾蘭威士忌 (Jameson)	愛爾蘭咖啡(Irish Coffee)（使用愛爾蘭咖啡杯）
加拿大	1. 多種穀物（玉米、裸麥、大麥）蒸餾後，先混合再裝桶陳年於未經燒烤過的橡木桶。 2. 酒質溫和爽口。	施格蘭 (Seagram's V.O.) 皇冠 (Crown Royal) 加拿大會所 (Canadian Club)	C.C.7（使用加拿大會所的威士忌加七喜）
臺灣	1. 宜蘭的舊稱。 2. 金車酒廠生產的純麥威士忌。	噶瑪蘭 (Kavalan)	
日本	只含 20%以上的穀類，可用水果替代，味道柔順，具水果風味，屬於調和威士忌。	三得利 (Suntory)	

（四）白蘭地(Bandy)

1. **原料**：葡萄、水果；白蘭地為水果蒸餾酒的總稱，但如果是葡萄以外的水果為原料則要冠上該水果名，例如：櫻桃白蘭地。
2. **別稱**：燃燒的酒。
3. **天使的分享**(Angel's Share)：酒液每年減少的部分。
4. **鑑別的兩大依據**：產地、陳年時間。
5. **飲用方式**：純飲或調成雞尾酒。

*純飲：使用白蘭地杯，以掌心托住杯肚，利用手的溫度溫熱酒，使其散發酒香。

6. **品牌**：軒尼斯(Hennessy)、馬爹利(Martell)、人頭馬(Remy Martin)、豪達(Otard)、康福壽(Courvoisier)。

7. 白蘭地產區介紹

◎ 法國干邑區

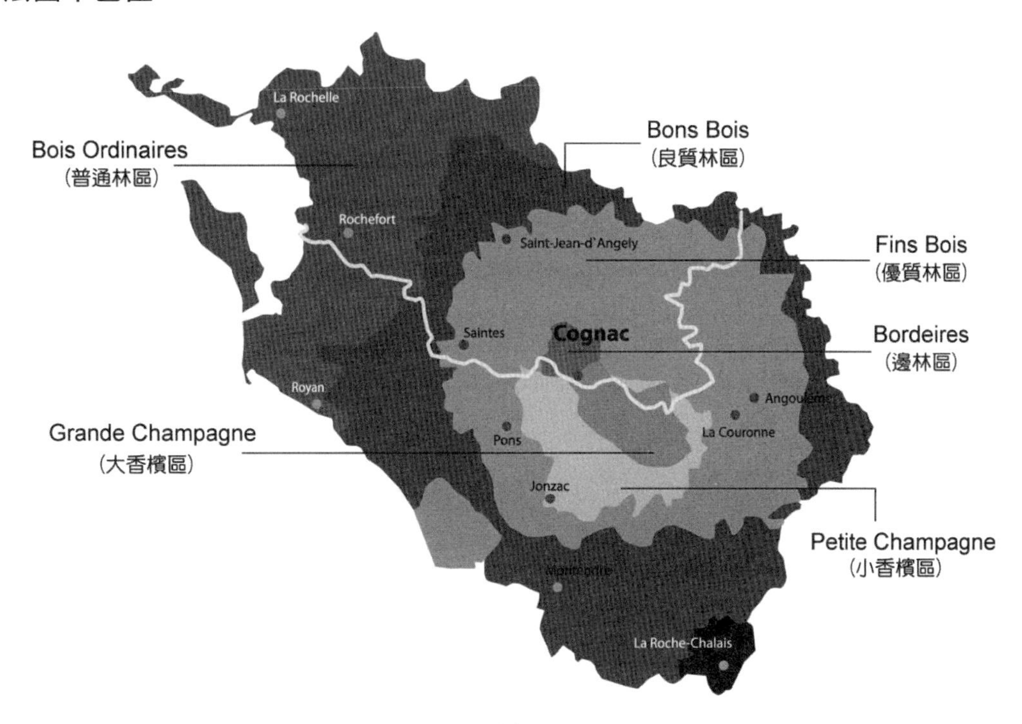

圖 6-9 法國干邑區

(1) 干邑區為「白蘭地之王」。

(2) 不同標示表示不同等級：

* 標示 Grande Champagne 表示為特級的好酒（採用大香檳區 100%的葡萄做成）。
* 標示 Fine Champagne 為特級香檳干邑（採用大香檳區 50%以上的葡萄+小香檳區的葡萄）。
* 標示 Cognac 為一般干邑區的白蘭地。

(3) 不同縮寫之英文字母代表不同意思，以下表說明之：

字母	英文	涵義
V	Very	真正
S	Superior/Special	優異、特別
O	Old	陳年
P	Pale	純淨
F	Fine	精純
X	Extra	特級
R	Reserve	久藏

(4) 不同等級之儲存年限：市面上不同的參考書或者酒廠之年限略有不同，建議讀者以記得等級年限長短之比較，還有英文字母縮寫的涵義即可。

等級	儲存時間
3 Star	2 年
V.S	2 年
V.S.O.P	4 年
Napoleon	6 年
X.O	6 年
Extra	6 年
Louis XIII	年代最久

◎ 其他產區

區域	重點
法國雅馬邑區 (Armagnac)	第二好的產區，位在南法波爾多東南方。
法國白蘭地 (French Brandy)	法國干邑和雅馬邑以外所產的白蘭地。
殘渣白蘭地 (Marc)	1. 製造葡萄酒所剩的渣為原料，所釀造的白蘭地。 2. 義大利的殘渣白蘭地稱(Grappa)。
蘋果白蘭地 (Calvados)	1. 使用法國諾曼第省卡拉瓦杜斯(Calvados)所產的蘋果，釀造而成的白蘭地。 2. 其他的美國蘋果白蘭地稱 Apple Jack。

8. 雞尾酒（此表為常考重點，詳細酒譜請看 P.240~P.260）

雞尾酒	特色（特別重點）		調製法	杯器
	配方	裝飾物		
白蘭地亞歷山大 (Brandy Alexander)	深可可香甜酒 (Browm Crème de Cacao)	**荳蔻粉** (Nutmeg Powder)	搖盪法 (Shake)	雞尾酒杯 (Cocktail Glass)
蛋酒 (Egg Nog)	鮮奶(Milk) 蛋黃(Egg Yolk)	**荳蔻粉** (Nutmeg Powder)		高飛球杯 (Highball)
馬頸 (Horse's Neck)	薑汁汽水 (Ginger Ale)	螺旋檸檬皮 (Lemon Spiral) 苦精(Bitter)	直接注入法 (Build)	
聖基亞 (Sangria)	紅酒 (Red Wine)		搖盪法 (Shake)	
熱托地 (Hot Toddy)	熱開水 (Hot Water)	檸檬片 (Lemon Slice) **肉桂粉** (Cinnamon Powder)	直接注入法 (Build)	托地杯 (Toddy Glass)
B 對 B (B&B)	班尼狄克丁香甜酒 (Benedictine)		分層法 (Layer)	香甜酒杯 (Liqueur Glass)

◎ 相似雞尾酒比較

雞尾酒	特色（特別重點）		調製法	杯器
	配方	裝飾物		
側車 (Side Car)	白柑橘香甜酒 (Triple Sec) 新鮮萊姆汁 (Fresh Lime Juice)	白蘭地 (Brandy)	搖盪法 (Shake)	雞尾酒杯 (Cocktail Glass)
神風特攻隊 (Kamikaze)		伏特加 (Vodka)		古典杯 (Old Fashion)
瑪格麗特 (Margarita)		特吉拉 (Tequila)		瑪格麗特杯 (Margarita Glass)

（五）蘭姆酒(Rum)

1. **產地**：西印度群島、牙買加、古巴、波多黎各。

2. **原料**：甘蔗（甘蔗汁→蔗糖）。

3. **別名：**糖酒、熱帶酒、海盜酒。調製熱帶性雞尾酒(Tropical Drinks)或稱南洋雞尾酒的重要基酒。

4. **依蒸餾方式分類：**

類別	重點	用途	品牌
淺色蘭姆酒(Light Rum)	1. 柔和型。 2. 白色蘭姆酒 White Rum→蒸餾直接裝瓶，味道較嗆辣。 3. 淺黃色蘭姆酒 Light Golden Rum→陳年 1 年後再裝瓶。	調酒	百家得(Bacardi)－古巴 哈瓦那(Havana Club)－古巴 麥斯(Myers's Rum)－英國 朗立可(Ronrico)－波多黎克
金黃色蘭姆酒(Golden Rum)	中間型	調酒、純飲	
深色蘭姆酒(Dark Rum)	濃烈型；單式蒸餾法蒸餾後，於烤過的橡木桶陳年 3 年以上，風味醇厚濃郁，酒精成分較低。	調酒、糕點、料理	

5. **雞尾酒（此表為常考重點，詳細酒譜請看 P.240~P.260）**

名稱	調製法	杯子	
自由古巴(Cuba Libre)	直接注入法(Build)	高飛球杯(Highball)	
莫西多(Mojito)	壓榨法(Muddle)&直接注入法(Build)		
薑味莫西多(Ginger Mojito)	壓榨法(Muddle)&直接注入法(Build)		
蘋果莫西多(Apple Mojito)	壓榨法(Muddle)&直接注入法(Build)	可林杯(Collins)	
邁泰(Mai Tai)	漂浮法(Float)&搖盪法(Shake)	古典酒杯(Old Fashioned)	

名稱	調製法	杯子	
鳳梨可樂達 (Pina Colada)	電動攪拌法(Blend)	可林杯 (Collins)	
冰涼甜心 (Cool Sweet Heart)	漂浮法(Float)&搖盪法(Shake)		
天蠍座(Scorpion)	電動攪拌法(Blend)		
戴吉利系列(Daiquiri)			

6. **甘蔗酒（卡沙夏）**(Cachaça)：巴西國民酒，只有在巴西境內出產的甘蔗酒才可稱 **Cachaça**，以**甘蔗汁**發酵蒸餾，在置於木桶熟成，最具代表的雞尾酒為卡碧尼亞(Caipirinha)、經典莫西多(Classic Mojito)、巴迪達系列(Batida)。

* 蘭姆酒與甘蔗酒雖都是「甘蔗」為原料，但蘭姆酒是以甘蔗的糖蜜製成，甜度較高，故常用於烘焙甜點。

（六）特吉拉酒（龍舌蘭）(Tequila)

1. **原料**：龍舌蘭，墨西哥之特產酒且為唯一產地。
2. **特色**：使用藍色品種的龍舌蘭 50%以上，並在墨西哥哈利斯科州(Jalisco)的特吉拉城鎮生產的酒才能稱為特吉拉酒(Tequila)，其餘的只能稱麥茲卡(Mezcal)，龍舌蘭的釀造酒稱普逵酒(Pulque)。
3. **別稱**：沙漠之酒、沙漠甘泉。
4. **特殊飲用方式**：手的虎口沾鹽，舔一口鹽、喝一口酒、咬一口檸檬。
5. **品牌**：金快活(Jose Cuervo Gold Tequila)、亞米茄(Olmeca Tequila)、瀟灑(Sauza Tequila)。
6. **分類**

類別	重點
白色龍舌蘭 (Silver Tequila / Tequila Blanco)	不須橡木桶儲存熟成，無色透明，風味純淨、辛辣強勁。
金色龍舌蘭 (Golden Tequila / Tequila Reposado)	橡木桶儲存熟成 1 年以上，淡琥珀色，口感圓潤。

7. **雞尾酒（此表為常考重點，詳細酒譜請看 P.240~P.260）**

名稱	調製法	杯子	備註
瑪格麗特(Margarita)	搖盪法(Shake)	瑪格麗特杯(Margarita Glass)	裝飾物為鹽口杯(Salt Rimmed)
霜凍瑪格麗特(Frozen Margarita)	電動攪拌法(Blend)		
特吉拉日出(Tequila Sunrise)	直接注入法(Build)&漂浮法（漂浮紅石榴糖漿）	高飛球杯(Highball)	

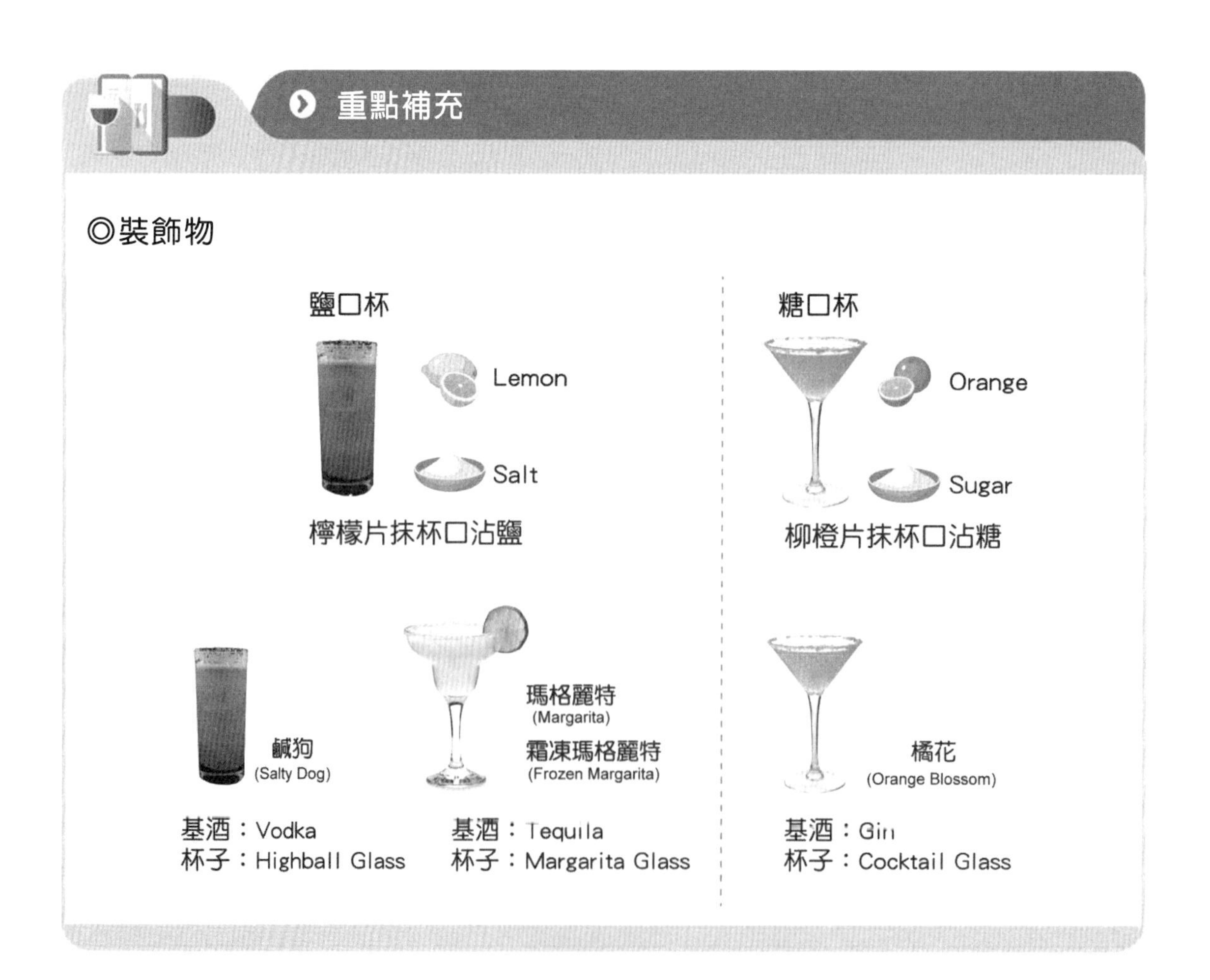

同場加映

◎國產蒸餾酒

蒸餾酒	高粱酒 （玉山系列）	高粱酒	高粱、小麥	1. 高粱酒以金門高粱最有名。 2. 茅臺酒原產貴州。 3. 大武醇水源取自屏東大武山。
		茅臺酒		
		二鍋頭		
		大武醇		
		大麴酒		
	米酒類	紅標米酒	米	阿米諾法製作。 料理米酒加入 0.5%的鹽。
		米酒頭		
		料理米酒		
	洋酒類	噶瑪蘭威士忌	大麥	金車酒廠的純麥威士忌。
		臺灣菸酒公司	X	玉山系列：琴酒、蘭姆酒、伏特加、白蘭地。 玉尊系列：威士忌。

6-3 | 合成酒的分類與製程

合成酒(Compounded Alcoholic Beverage)又稱為利口酒(Liqueur)、香甜酒(Cordial)；以釀造酒或蒸餾酒為基底，加入植物、藥草、種子、水果、堅果等配料，使用蒸餾、浸漬等方式製成而成。酒精濃度至少 16%以上、糖分 2.5%以上。

一、合成酒的製作方法

方法	說明
浸漬法(Saturation)	將香料泡入酒中，最後加入糖漿調整甜度。
蒸餾法(Distillation)	將材料與基酒一起蒸餾，最後加入糖漿調整甜度。
摻入法(Blending)	直接加入食用香精、糖漿等，省時方便，但品質欠佳。

二、藥草類香甜酒

酒名	基酒	補充說明
班尼狄克丁藥草酒 (Bénédictine D.O.M.)	干邑白蘭地	法國傳教士所創的酒，簡稱 D.O.M，指「奉獻於至高至善的神」的意思。
夏多思修道院酒(Charteuse)	白蘭地	法國教會所釀的酒。
艾碧斯(Absinthe)		酒精濃度高達 45~74%，飲用方式為 3~5 份的冰水配 1 份艾碧斯，或者是以甜酒杯裝冰塊，放上特製有洞的湯匙，並把方糖放在湯匙上，淋上艾碧斯，然後在方糖上點火，融化的糖會滴入杯中，等燃燒完成後，將湯匙上的剩餘方糖倒入杯中攪拌，一起飲用。
杉布卡金銀花香甜酒 (Sambuca)		白蘭地加入金銀花果實製作而成，充滿八角香氣。
蜂蜜香甜酒(Drambuie)	蘇格蘭威士忌	又稱為「滿意之杯」。
茴香香甜酒 (Anisette Liqueur)	蒸餾酒	×
薄荷香甜酒 (Crème de Menthe)		Menthe 或 Peppermint 都是指薄荷。
法國茴香酒(Pernod)	×	適合當開胃酒。
義大利香草酒(Galliano)	×	義大利最具代表的香甜酒。
女巫利口酒(Strega)	×	產於義大利，使用多種藥草、香料調製而成。

三、水果類香甜酒

酒名	基酒	補充說明
南方安逸桃子香甜酒(Southern Comfort)	波本威士忌	美國的香甜酒；波本威士忌加桃子浸泡而成。
梨子香甜酒(Poire William Liqueur)		×
櫻桃香甜酒(Cerises Liqueur)	白蘭地	義大利的櫻桃香甜酒稱為 Maraschino。
黑醋栗香甜酒(Cassis Liqueur)		常用來調製雞尾酒基爾以及皇家基爾。
野莓香甜酒(Sloe Gin Liqueur)	琴酒	×
野草莓香甜酒(Crème de Fraise)	×	英文稱 Wild Strawberry。

四、柑橘類香甜酒

酒名	基酒	補充說明
君度橙酒(Cointreau)		常使用於桌邊烹調。
格蘭．瑪麗亞柑橘酒／香橙干邑白蘭地(Grand Marnier)	干邑白蘭地	最上乘的柑橘酒。
白柑橘香甜酒(Triple Sec Curaçao)	白蘭地	白蘭地加上委內瑞拉的「古拉索島(Curaçao)」所產的柑橘皮釀製而成。

五、咖啡類香甜酒

酒名	基酒	補充說明。
法國咖啡酒(Crème de Café)	白蘭地	×
提亞．瑪麗亞咖啡香甜酒(Tia Maria)	蘭姆酒	牙買加的蘭姆酒加入牙買加的藍山咖啡釀製而成，是世界第一支咖啡香甜酒，也是咖啡香甜酒的極品。
卡魯哇咖啡香甜酒(Kahlúa)		蘭姆酒加入墨西哥的阿拉比卡咖啡豆釀製而成。
土耳其咖啡酒(Pasha)	×	×

六、可可、堅果類香甜酒

酒名	基酒	補充說明
可可香甜酒(Crème de Cacao)	白蘭地或中性酒精	×
杏仁香甜酒(Amaretto)	白蘭地	
巧克力香橙酒(Amadè choc Orange)	×	產於奧地利。

七、其他類

酒名	基酒	補充說明
貝里斯奶酒 (Baileys Irish Cream)	愛爾蘭威士忌	愛爾蘭威士忌加入愛爾蘭奶油釀製而成。
蛋黃香甜酒(Advocaat)	白蘭地或蒸餾酒	白蘭地加入蛋黃釀製而成。
安格式苦精(Angostura Bitters)	蘭姆酒	蘭姆酒加入龍膽草根萃取液製作而成，最早當作藥酒使用，現多為雞尾酒的調味料，例如：曼哈頓、馬頸等。

八、國產再製酒

酒名	基酒
參茸酒	高粱酒
雙鹿五加皮	
竹葉青酒	
龍鳳酒	米酒
鹿茸酒	
茉莉花酒	

單字庫

◎啤酒

Top Fermentation	上發酵法／上層發酵法／表面發酵法
Ale	麥酒（上層發酵）
Asahi	朝日（日本啤酒）
Barley Malt	大麥芽
Becks	貝克（德國啤酒）
Beer	啤酒／熟啤酒
Bottom Fermentation	下發酵法／下層發酵法／底部發酵法
Budweiser	百威（美國啤酒）
Carlsberg	卡斯柏（丹麥啤酒）
Corona	可樂娜（墨西哥啤酒）
Draught Beer/Draft Beer	生啤酒
Guinnes	健力士（上層發酵）
Guinness Stout	健力士（愛爾蘭啤酒）
Grain Adjunct	穀類糊狀物
Grolsch	葛洛斯（荷蘭啤酒）
Heineken	海尼根（荷蘭啤酒）
Hops	啤酒花
Kirin	麒麟（日本啤酒）
Lager	淡啤酒
Liquid Bread	液體麵包
Miller	米勒（美國啤酒）
San Miguel	生力（菲律賓啤酒）
Sappero	三寶樂（日本啤酒）
Stout	索特（上層發酵）
Porter	波特（上層發酵）
Pilsner	皮爾森啤酒（捷克啤酒），亦是淡啤酒的通稱／啤酒杯
Suntory	三多利（日本啤酒）

Tiger	老虎（新加坡啤酒）
Tsingtao	青島啤酒（中國啤酒）
Yeast	酵母

◎葡萄酒分類

Aperitif Wine	餐前酒
Aromatized Wine/Flavored Wine	加味葡萄酒
Campari	金巴利
Champagne	香檳酒
Dessert Wine	餐後酒
Dubonnet	多寶力
Fortified Wine	強化葡萄酒
Natural Wine/Still Wine	不起泡葡萄酒
Pernod	彼諾酒
Red Wine	紅酒
Rose Wine	玫瑰紅酒
Sparkling Wine	起泡葡萄酒／氣泡酒
Table Wine	佐餐酒
Vermouth	苦艾酒
White Wine	白酒

◎紅葡萄酒

Cabernet Sauvignon	卡本內・蘇維翁
Cabernet Franc	卡本內・弗朗
Gamay	佳美
Merlot	梅洛
Nebbiolo	納比歐羅
Pinot Noir	黑比諾
Pinot Meunier	比諾・莫尼耶
Syrah	希哈
Zinfandel	金芬黛

◎白葡萄酒

Chardonnay	夏多內
Gewuztraminer	葛福次塔名內
Müller-Thurgau	米勒・圖高
Muscat	慕斯卡
Riesling	麗絲玲
Sauvignon Blanc	白蘇維翁
Sémillon	榭密雍

◎強化酒

Cream Sherry	奶油雪莉（甜味雪莉酒）
Fino	菲諾
Late Bottled Vintage Port,LBV Port	久藏波特酒
Madeira	馬德拉酒
Oloroso	歐珞羅梭（甜味雪莉酒）
Port/Oporto	波特酒（葡萄酒國寶酒）
Ruby	寶石紅波特酒
Sherry	雪莉酒（西班牙國寶酒）
Solera System	索雷亞系統
Tawny	陳年波特酒
Vintage Port	年分波特酒
White Port	白波特酒

◎葡萄酒分級

A.O.P	（法國）歐盟法定區域標示
Auslese	德國特別精選葡萄酒
Beerenauslese (BA)	德國逐顆精選葡萄酒
Botrytis Cinerea	貴腐菌
Eiswein	德國冰釀葡萄酒
I.G.P	（法國）歐盟地區性標示
Kabinett	卡賓內，德國一般葡萄酒

Ländwein	德國鄉村餐酒
Prädikatswein	德國特級法定區葡萄酒
Q.b.A.	德國法定產區葡萄酒
Spätlese	德國遲摘精選葡萄酒
Tefelwein	德國日常餐酒
Tokaji	匈牙利的都凱貴腐甜白酒
Trockenbeerenauslese (TBA)	德國貴腐葡萄酒
V.D.F	（法國）不標示產區、品種、年分

◎法國葡萄酒產地

Alsace	阿爾薩斯區
Beaujolais Nouveau	法國薄酒萊新酒
Bordeaux	**波爾多**
Bourgogne（法）／ **Burgundy**（英）	**勃根地**
Chablis	夏布利
Champagne	香檳區
Côtes du Rhône	隆河流域
Grand Cru	特級葡萄園（特級酒莊）
Graves	葛拉富區
Loire Valley	盧瓦爾河區
Médoc	梅多克區
Pomerol	玻美侯
Provence	普羅旺斯
Saint Emilion	聖艾美濃
Sauternes	梭甸區

◎香檳甜度

Brut	不甜
Demi Sec	半甜
Doux	很甜

Extra Brut	完全不甜
Extra Sec	略甜
Sec	微甜

◎白蘭地

Bordeires	邊林區
Bons Bois	良質林區
Bois Ordinaires	普通林區
F→Fine	精純
Fins Bois	優質林區
Grande Champagne	大香檳區
O→Old	陳年
Petite Champagne	小香檳區
P→Pale	純淨
R→Reserve	久藏
S→Superior/Special	優異、特別
V→Very	真正
X→Extra	特級

◎基酒

Agave	龍舌蘭
Aging	熟成
American Whiskey	美國威士忌
Apple Jack	美國蘋果白蘭地
Aquavit	阿夸維特(北歐無色烈酒)
Armagnac Brandy	雅馬邑白蘭地
Blended Whisky	調配威士忌
Bourbon Whiskey	波本威士忌
Brandy	白蘭地酒
Cachaça	甘蔗酒
Calvados	（卡拉瓦杜斯）蘋果白蘭地
Canadian Whisky	加拿大威士忌

Cane Spirit	甘蔗蒸餾酒
Cognac Brandy	干邑白蘭地
Compounded Gin	合成琴酒
Distilled Gin	蒸餾琴酒
French Brandy	法國白蘭地
Gin	琴酒／蒸餾琴酒
Grain Whisky	穀物威士忌
Grappa	殘渣白蘭地(義大利)
Irish Whiskey	愛爾蘭威士忌
Japanese Whisky	日本威士忌
Juniper Berry	杜松子
Korn	寇恩(德國無色烈酒)
Marc	殘渣白蘭地
Mezcal	麥茲卡(墨西哥蒸餾酒)
Peat	泥煤
Rum	蘭姆酒
Scotch Whisky	蘇格蘭威士忌
Single Malt Whisky	單一純麥威士忌
Tequila	特吉拉酒
Vodka	伏特加
Whisky	威士忌

◎加拿大威士忌品牌

Canadian Club	加拿大俱樂部
Crown Royal	皇冠
Seagram's V.O.	施格蘭

◎愛爾蘭威士忌品牌

Jameson Irish Whiskey	尊美醇愛爾蘭威士忌

◎蘇格蘭威士忌品牌

Chivas Regal	奇瓦士（調配）
Famous Grouse	威雀牌（調配）

Glenfiddich	格蘭菲迪（麥芽）
Johnny Walker	約翰走路（調配）
Macallan	麥卡倫（麥芽）
Royal Salute	皇家禮炮（調配）

◎美國威士忌品牌

Jack Daniel's	傑克丹尼爾（田納西）
Jim Beam	金賓（波本）
Wild Turkey	野火雞

◎日本威士忌品牌

Suntory	三得利

◎琴酒品牌

Beefeater	英人牌（英）
Bombay	龐貝（英）
Gilbey’s	吉爾貝斯（英）
Gordon’s	高登（英）
Seagram’s Gin	施格蘭琴酒（美）

◎伏特加品牌

Absolut	絕對純淨（瑞典）
Finlandia	芬蘭伏特加（芬蘭）
Stolichnaya	首都伏特加（俄）
Smirnoff	思美諾（美）

◎蘭姆酒品牌

Bacardi	百佳麗（波多黎各）
Havana Club	哈瓦那（古巴）
Myers's	麥斯（英）
Ronrico	朗立可（波多黎各）

◎墨西哥特吉拉品牌

Jose Cuervo Gold Tequila	金快活特吉拉
Olmeca Tequila	亞米茄特吉拉
Sauza Teequila	瀟灑牌特吉拉

◎法國白蘭地品牌

干邑(Cognac)	Bisquit	百事吉
	Courvoisier	康福壽或拿破崙
	Hennessy	軒尼詩
	Hine	金御鹿
	Louis Royer	路易老爺
	Martell	馬爹利
	Remy Martin	人頭馬
雅馬邑(Armagnac)	Chabot	夏堡

◎藥草香甜酒

Absinthe	艾碧斯
Anisette Liqueur	茴香香甜酒
Bénédictine D.O.M.	班尼狄克丁藥草酒
Charteuse	夏多思修道院酒
Crème de Menthe	薄荷香甜酒
Drambuie	蜂蜜香甜酒
Galliano	義大利香草酒
Irish Mist	愛爾蘭迷霧香甜酒
Parfait Amour	紫羅蘭香甜酒
Pastis	法國茴香酒
Pernod	
Ricard	
Sambuca	杉布卡金銀花香甜酒
Strega	女巫利口酒

◎柑橘香甜酒

Blue Curaçao	藍色柑橘酒
Chambord Liqueur	桑椹香甜酒
Cherry Liqueur	櫻桃香甜酒
Cointreau	君度橙酒
Crème de Fraise	野草莓香甜酒
Grand Marnier	香橙干邑白蘭地/
	格蘭．瑪麗亞柑橘酒
Mandarin Napoleon	曼陀鈴橘皮香甜酒
Orange Curaçao	橘色柑橘酒
Red Curaçao	紅色柑橘酒
Triple Sec Curaçao	無色柑橘酒
Yellow Curaçao	黃色柑橘酒

◎堅果種子可可香甜酒

Amaretto	杏仁酒
Amadè choc Orange	巧克力香橙酒
Crème de Cacao	可可香甜酒

◎咖啡香甜酒

Crème de Café	法國咖啡酒
Kahlúa	卡魯哇咖啡香甜酒
Pasha	土耳其咖啡酒
Tia Maria	提亞．瑪麗亞咖啡香甜酒

◎其他香甜酒

Advocaat	蛋黃香甜酒
Angostura Bitters	安格式苦精
Baileys Irish Cream	貝里斯奶酒
Blackberry Liqueur	黑莓香甜酒
Bitter	苦精／苦酒
Cassis Liqueur	黑醋栗香甜酒

Cherry Brandy	櫻桃白蘭地
Coconut Liqueur	椰子香甜酒
Crème de Framboise	覆盆子香甜酒
Raspberry Liqueur	覆盆子香甜酒
Peach Liqueur	桃子香甜酒
Peter Herring	丹麥櫻桃香甜酒
Poire William Liqueur	梨子香甜酒
Sloe Gin Liqueur	野莓香甜酒
Southern Comfort	南方安逸桃子香甜酒
Wild Strawberry Liqueur	野草莓香甜酒

習題 EXERCISE

( ) 1. 關於酒精性飲料的敘述，下列何者正確？甲、Sloe gin 為漿果類的香甜酒；乙、sherry 與 port 屬於加味葡萄酒；丙、國產之金牌臺灣啤酒、料理米酒及清酒皆屬於釀造酒；丁、單一麥芽威士忌意指僅使用單一家蒸餾廠所製造之麥芽威士忌 (1)甲、乙 (2)甲、丁 (3)乙、丙 (4)丙、丁。

( ) 2. 以 Bourbon Whiskey 加上水蜜桃橘子等水果調製而成的是？ (1)Sloe Gin (2)Suntory Midori Melon Liqueur (3)Southern Comfort (4)Cointreau。

( ) 3. 有關酒精的敘述下列何者正確？ (1)可飲用酒精的化學名稱為「甲醇」，而工業用酒精稱為「乙醇」 (2)誤食乙醇會造成精神障礙、失明，嚴重的話可能導致死亡 (3)甲醇俗稱為「假酒」，飲用後會造成身體的嚴重傷害 (4)在製酒時甲醇、乙醇可以混和調製，風味更佳。

( ) 4. 咖啡香甜酒的鼻祖 Tia Maria 以哪一種蒸餾酒再製而成？ (1)Rum (2)Vodka (3)Gin (4)Tequila。

( ) 5. 珊珊和男朋友到知名酒吧慶祝生日，珊珊點了「Scotch straight up」，請問調酒師該如何製作？ (1)取用蘇格蘭品牌的威士忌、純飲 (2)蘇格蘭品牌的威士忌、加滿冰塊，用 Highball Glass 承裝 (3)使用店內最好的品牌威士忌、純飲 (4)店內最好的品牌威士忌、加蘇打水。

( ) 6. 請問葡萄牙的國寶酒，是在釀造過程中加入何種酒精所製成的？ (1)Whiskey) (2)Vodka (3)Brandy (4)Rum。

( ) 7. 下列哪一種咖啡香甜酒產源自於牙買加？ (1)Tia Maria (2)Kahula (3)Creme de Cafe (4)Creme de Cacao。

( ) 8. 以蜂蜜、柳橙皮、香草等原料和愛爾蘭威士忌混合而成的蜂蜜香甜酒，為下列何者？ (1)Drambuie (2)Grand Marnier (3)Southern Comfort (4)Irish Mist。

( ) 9. 關於酒精飲料的敘述，下列何者錯誤？ (1)啤酒中所加入的啤酒花，具有凝結蛋白質以及增加香氣等功能 (2)琴酒中的杜松子具有利尿、解熱等功能 (3)蘇格蘭威士忌用的麥芽常以 Peat 烘乾，故酒中帶有煙燻泥煤味 (4)俄羅斯所生產的 Grappa 是以葡萄渣為原料。

( ) 10. 威士忌的風味與特色，主要是由下列哪個因素所建立的？ (1)原料 (2)酵母菌 (3)蒸餾方式 (4)橡木桶陳年過程。

(　) 11. 大麥種子中的澱粉量愈多，釀造 Whisky 時就會 (1)使口感更柔順 (2)產生更多的酒精 (3)增加色澤的濃度 (4)口感較為辛辣。

(　) 12. 關於波特酒的敘述，下列何者正確？ (1)Ruby Port 比 Tawny Port 的酒齡為長 (2)White Port 是以白葡萄釀製而成，多為不甜的波特酒，可當飯前酒 (3)較晚裝瓶的 LBV Port 是指在橡木桶陳年的時間較短 (4)Port 源自 Porto、Oporto 是品牌的名稱。

(　) 13. 下列哪些雞尾酒是不以 Cachaca 做為基酒？ (1)Caipirinha (2)Mojito (3)Banana Batida (4)Classic Mojito。

(　) 14. 關於美國威士忌，下列敘述何者為非？ (1)Bourbon Whiskey 的原料中必須含 51%以上的玉米 (2)Corn Whiskey 的原料中必須含 70%以上的玉米 (3)Rye Whiskey 的原料中必須含 51%以上的裸麥 (4)Light Whiskey 蒸餾出的酒精濃度需 80%以上。

(　) 15. 關於德國葡萄酒，下列敘述何者是不正確的？ (1)主要品種為 Riesling (2)酒標上若出現品種名稱，表示該酒至少使用該品種 75%以上 (3)等級分類是依據葡萄的含糖量 (4)葡萄酒瓶多屬球棒型，又稱之為削肩型酒瓶。

(　) 16. 下列何者不是常用以釀製白酒的葡萄品種？ (1)Riesling (2)Gamay (3)Pinot Blanc (4)Chardonnay。

(　) 17. 以下有關葡萄酒產區敘述何者正確？ (1)法國 Sauternes 地區以甜紅酒著稱，乃因其氣候適合貴腐霉生長 (2)Napa Valley 為智利著名葡萄酒產區 (3)法國的 Chablis 主要是以生產不甜白酒為主 (4)Alsace 是德國白酒的著名產區。

(　) 18. 德國葡萄酒分級中，依品質、價格、糖度由低至高排列為 (1)Beerenauslese→Spatlese→Auslese→Kabinett (2)Kabinet→Auslese→Spatlese→Beerenauslese (3)Kabinett→Spatlese→Auslese→Beerenauslese (4)Beerenauslese→Kabinett→Auslese→Spatlese。

(　) 19. 關於葡萄酒的飲用原則，下列敘述何者正確？甲、先喝紅酒、再喝白酒；乙、先喝年輕、再喝陳年；丙、先喝甜的、再喝不甜的；丁、先喝低酒精濃度、再喝高酒精濃度 (1)甲、乙 (2)甲、丙 (3)乙、丁 (4)丙、丁。

(　) 20. 下列法國香檳酒甜度最高者為何？ (1)Brut (2)Demi-Sec (3)Doux (4)Sec。

( ) 21. 下列哪一種的酒類並無生產陳年酒款？ (1)Cognac (2)Scotch Whisky (3)Rum (4)Gin。

( ) 22. 關於酒的主要原料，下列何者正確？ (1)Tequila 與 Gin 相同 (2)Gin 與 Scotch 相同 (3)Cognac 與 Vodka 相同 (4)Scotch 與 Tequila 相同。

( ) 23. 下列酒類，何者不使用穀物為主要製造原料？ (1)Beer (2)Gin (3)Rum (4)Whisky。

( ) 24. 關於享譽世界的「Kavalan whisky」，下列敘述何者正確？ (1)Kavalan 一字是宜蘭的舊稱 (2)是產自於埔里愛蘭的新款威士忌 (3)這款酒由臺灣菸酒公司生產 (4)多為調和威士忌，不產麥芽威士忌。

( ) 25. 關於酒類的知識，下列何者正確？ (1)Absolut 是著名蘭姆酒品牌 (2)Cachaça 主要原料為甘蔗 (3)Old Tom Gin 屬於不甜烈酒 (4)Tequila 酒一定是白色蒸餾酒。

( ) 26. 關於啤酒知識的敘述，下列何者正確？ (1)Fermentation 是製造啤酒時的必要過程 (2)Ale Beer 屬下層發酵啤酒，口感較濃郁 (3)Pilsner Beer 屬上層發酵啤酒，口感較清淡 (4)Hops 可增加啤酒香氣，並將糖轉化為酒精。

( ) 27. 下列何款酒類製作的原料與其他三者不同？ (1)Armagnac (2)Calvados (3)Grappa (4)Marc。

( ) 28. 關於氣泡酒酒標上的標示，依照含糖（甜度）成分高到低的順序排列，下列何者正確？ (1)Doux、Extra Sec、Extra Brut (2)Doux、Extra Brut、Extra Sec (3)Extra Brut、Doux、Extra Sec (4)Extra Sec、Extra Brut、Doux。

( ) 29. 關於蒸餾酒的敘述，下列何者錯誤？ (1)經過連續蒸餾後，會形成合成酒 (2)中國所生產的蒸餾酒，統稱為白酒 (3)世界各國所生產的蒸餾酒，統稱為烈酒 (4)蒸餾是利用酒精沸點低於水沸點的原理。

( ) 30. 下列何者不是 Sparkling Wine？ (1)Cave (2)Eiswein (3)Sekt (4)Spumante

( ) 31. 某酒吧的顧客想點用餐前酒，服務人員宜推薦下列哪幾款？甲：Amaretto；乙：Campari；丙：Triple Sec；丁：Vermouth (1)甲、乙 (2)甲、丙 (3)乙、丁 (4)丙、丁。

( ) 32. 下列關於蘭姆酒的敘述何者正確？ (1)以澱粉糊狀物做為原料 (2)著名的 Bacardi 只生產 White Rum (3)最早生產蘭姆酒的地方是東印度群 (4)是調製 Piña Colada 與 Cuba Libre 的基酒。

( ) 33. Spirit 的特色會受生產國、氣候、原料等等條件之影響，請問下列敘述何者有誤？ (1)「Fine Champagne」 Cognac，意旨使用大香檳區葡萄50%以上加上小香檳區葡萄所製造 (2)調製 Pink Lady 所用的基酒，其主原料為 Juniper Berry，有利尿解熱的功能 (3)Rum、Cachaça 都是以 Cane 作為主原料 (4)以愛爾蘭威士忌為基酒調製的著名雞尾酒為愛爾蘭咖啡，該威士忌以泥煤烘烤而具有特殊香氣。

( ) 34. 西班牙著名的 Sherry 在釀造儲存時，有經過一道特別處理手續，就是將木桶疊成金字塔，酒齡最長者放在最底層，越上層者越年輕，每此從底層取出酒液之後，會再從上層補充等量的酒至底層，以此連續調配多種不同年份的酒液，此種釀造儲存方法稱為？其用意又是什麼？ (1)Oloroso System，固定酒的風味 (2) Solera System，抬高售價 (3)Solera System，保持酒質品質一致 (4) Solera System，特殊釀酒技術

( ) 35. 下列有關於烈酒與其品牌之對應，正確的有幾個？ ①Whisky—Royal Salute、②Rum—Havana Club、③Vodka—Smirnoff、④Brandy—Macallan、⑤Rum—Beefeater (1)1 個 (2)2 個 (3)3 個 (4)4 個。

( ) 36. 葡萄酒當中，有些口感屬於甜味，有些則屬於不甜口感，下列多種酒款中，屬於不屬於甜味的葡萄酒的有哪些？甲、Ice Wine；乙、Fino；丙、Sauternes；丁、Beaujolais；戊、Champagne(Brut)；己、Champagne(Doux) (1)1 種 (2)2 種 (3)3 種 (4)4 種。

( ) 37. 每年 Beaujolais 的上市都是全球關注的盛事，下列關於 Beaujolais 的敘述何者錯誤？ (1)上市日期：每年十一月的第三個星期四，全球同步上市 (2)僅使用 Gamay 單一葡萄品種釀製 (3)酒質清新，果香味重，單寧酸含量少，不耐久存 (4)推薦飲用溫度為 28℃。

( ) 38. 如果想自己釀製啤酒，請問下列哪項原料不是最主要的材料？ (1)大麥芽 (2)啤酒花 (3)酵母 (4)玉米。

( ) 39. 啤酒相關知識的敘述，下列何者是正確？ (1)臺灣的啤酒是屬於上層發酵 (2)Pilsner 屬於 Ale (3)生熟啤酒主要差別在於熟成這個過程 (4)黑啤酒是麥芽經烘烤後再釀製的，酒色為黑褐色、味道醇厚。

( ) 40. 小美慶祝 18 歲生日，打算到酒吧暢飲啤酒，請問下列何者行為不恰當？ (1)一定要大口喝加冰塊才暢快 (2)建議飲用的溫度為 6~12℃ (3)如果喜歡比較濃厚偏苦的風味應改點選上層發酵的啤酒(4)服務生倒啤酒十，酒與泡沫的比例為 8:2。

( ) 41. 葡萄酒分成起泡葡萄酒、不起泡葡萄酒、加味葡萄酒以及強化葡萄酒，關於這四列的說明何者有誤？ (1) Rose Wine、Red Wine 、White Wine 皆屬於 Still Wine (2)如果要釀製白酒只能選用白葡萄品種 (3)Port 和 Sherry 都屬於強化葡萄酒、Vermouth 屬於加味葡萄酒 (4)氣泡葡萄酒不一定香檳酒。

( ) 42. 關於葡萄品種與葡萄酒的論述，何者正確？ (1)紅酒的澀味來自葡萄果肉的單寧酸、顏色來自葡萄果肉的花青素 (2)波爾多三大紅葡萄品種之一為 Cabernet Sauvignon (3)Riesling 被譽為是紅酒中的貴族 (4)著名貴腐酒的特色是葡萄受貴腐菌的侵蝕，水分散失，甜份很低。

( ) 43. 請問美國的氣泡酒名稱為何？ (1)Champagne (2)Cava (3)Sparkling Wine (4)Espumante。

( ) 44. 有關啤酒之敘述，錯誤的有幾項？甲、啤酒讀的苦味及其泡沫穩定性，主要來自於 Hops；乙、若要喝到啤酒的最佳風味，建議存放久一點再喝才較能喝出其獨特風味；丙、Lager 屬於淡啤酒，Ale 屬於麥酒；丁、全麥啤酒的原料為大麥芽、啤酒花、酵母、水及穀類糊狀物 (1)1 項 (2)2 項 (3)3 項 (4)4 項。

( ) 45. 下列何者不屬於 Beer？甲、Root Beer；乙、Ale；丙、Lager；丁、Ginger Ale (1)甲、乙 (2)乙、丙 (3)甲、丁 (4)丙、丁。

( ) 46. 阿兩想買一瓶威士忌送爸爸，爸爸下了幾個關鍵字；「玉米」、「楓樹木炭」「新橡木桶」，請問他應該買哪一種威士忌？ (1)波本威士忌 (2)田納西威士忌 (3)玉米威士忌 (4)淡質威士忌。

( ) 47. 請將下列酒類依酒精濃度高到低排序？ (1)White Wine→Brandy→Beer→Sherry (2)Vodka→Porto→Red Wine→Beer (3)Beer→Sherry→Rose wine→Brandy (4)Beer→Gin→Brandy→Sherry。

( ) 48. Cognac 的等級排序由低到高，應該為何者？ (1) V.S.O.P.→3 star→Napoleon→X.O. (2) V.S.O.P.→Napoleon→Extra→Louis XIII (3) V.S.→V.S.O.P. →Napoleon→3 Star (4) 3 star→ V.S.O.P.→X.O→ Napoleon。

( ) 49. 小劉到墨西哥遊玩，買了當地著名的「Tequila」，請問有關於「Tequila」的說明何者正確？ (1) 必須在墨西哥的特吉拉城鎮發酵蒸餾製成(2) 需使用 51%以上的 Yellow Agave 製作(3)Tequila 以外的龍舌蘭釀造酒稱為 Mezcal (4)以龍舌蘭完成的蒸餾酒為 Pulque。

( ) 50. 關於 Distilled Alcoholic Beverage 的說明，何者為不正確？ (1)使用 Column Still 的酒，其酒精濃度較高 (2) 蒸餾的原理為沸點不同；水的沸點為 100℃，酒精的沸點為 78.4℃ (3)剛蒸餾出的酒不需經過木桶陳年才會使味道更加成熟與芳醇 (4)高級酒多半使用 Pot Still。

( ) 51. 關於 Korn 的敘述，何者不正確？ (1)生產於德國 (2)生產於北歐各國 (3)主要原料為含澱粉的農作物 (4)意為「生命之水」。

( ) 52. 下列香甜酒何者不屬於 Fruit Liqueur？ (1)Sloe Gin (2)Triple Sec (3)Peach Liqueur (4)Amade Choc Orange。

( ) 53. 下列香甜酒，不含茴香的有幾個？甲、Anisette；乙、Amaretto；丙、Sambuca；丁、Galliano；戊、Absinthe：己、Pernod；庚、Advocaat (1)1 個 (2)2 個 (3)3 個 (4)6 個。

( ) 54. 關於 Compounded Alcoholic Beverage 之說明，何者正確？ (1)Bénédictine D.O.M.是柑橘類香甜酒，由英國教會釀製，最初拿來治病用 (2)Tia Maria 是使用牙買加的藍山咖啡加上葡萄牙的蘭姆酒所做成的咖啡香甜酒 (3)Mandarin 是以白蘭地為基酒產於比利時的柑橘口味香甜酒 (4)Anisette 是著名的杏仁口味香甜酒。

( ) 55. Compounded Alcoholic Beverage 的敘述，下列何者錯誤？ (1)Liqueur 是指香甜酒，酒精濃度 16%以上 (2)調酒時主要拿來當作著色成分 (3)製作方式為以 Sprite 做為基酒 (4)利口酒至少含 2.5%的糖分，有「液體寶石」的美譽。

( ) 56. 下列關於 Compounded Alcoholic Beverag 的比較何者有誤？ (1)Bénédictine、Chartreuse 與 Southern Comfort 皆屬香草或藥草類香甜酒 (2)Apricot Liqueur、Cassis Liqueur 與 Curaçao Liqueur 皆屬水果類香甜酒 (3)Cointreau、Grand Marnier 為柑橘類香甜酒、Sloe Gin 是野莓風味的香甜酒 (4)Crème de café、Tia Maria 與 Kahlúa 皆屬咖啡類香甜酒。

( ) 57. 以下是著名的香甜酒，請問關於其介紹，何者錯誤？ (1) Southern Comfort 由波本威士忌浸泡桃子製成 (2) Grand Marnier 以干邑白蘭地為基酒的藥草風味香甜酒 (3) Sloe Gin 以琴酒浸泡野莓製成 (4) Drambuie 以蘇格蘭威士忌加入蜂蜜及藥草製成。

( ) 58. 下列哪一款酒不是 American whiskey？ (1)Glenfiddich (2)Jack Daniel's (3)Jim Beam (4)Wild Turkey。

( ) 59. 酒標上具有下列何種標示者，最適合推薦給希望品嚐甜度最低氣泡酒的顧客？ (1)brut (2)doux (3)extra-brut (4)sec。

( ) 60. 依據酒類製造方法分類，下列哪幾款酒是屬於同一類？甲：Champagne、乙： Cointreau、丙：dark rum、丁：Kahlúa (1)甲、丙 (2)甲、丁 (3)乙、丙 (4)乙、丁。

( ) 61. 餐前酒(apéritif)又稱為開胃酒，通常提供餐前飲用；下列哪一款酒最不適合提供給顧客餐前飲用？ (1)Campari (2)Dubonnet (3)Pernod (4)Port。

( ) 62. 小山、小玲、小海三人相約至餐酒館相聚聊天，小山想要點一杯 fortified wine，小玲想要點一杯 sparkling wine，小海想要點一杯 still wine；服務人員可以依上述順序推薦下列哪幾款酒？甲：Champagne、乙：brandy、丙：sherry、丁：red wine (1)甲、乙、丙 (2)乙、丙、丁 (3)丙、甲、丁 (4)丁、甲、乙。

( ) 63. 關於 Cognac 的敘述，下列何者錯誤？ (1)是以葡萄蒸餾而成的酒 (2)以 Grand Champagne 產區品質最佳 (3)Rémy Martin 為主要品牌之一 (4)V.S.O.P 的陳年等級高於 X.O.。

( ) 64. 關於酒類知識的敘述，下列何者正確？ (1)葡萄酒與白蘭地的原料都是水果 (2)葡萄酒與白蘭地都是屬於烈酒類 (3)啤酒與威士忌都以小麥為主要原料 (4)啤酒屬於釀造酒，威士忌原料多元所以是屬於合成酒類。

( ) 65. 下列哪幾款酒，有被冠以「生命之水」的稱謂？甲：gin、乙：vodka、丙：whisky、丁：wine (1)甲、乙 (2)甲、丁 (3)乙、丙 (4)丙、丁。

( ) 66. 下列何者不屬於法國葡萄酒產區？ (1)Alsace (2)Bordeaux (3)Burgundy (4)Napa Valley。

( ) 67. 小咪與石頭中午來到電影院看電影，散場後兩人來到老街附近的城隍廟朝聖，並在市場週邊享用下午茶；晚上來到一間專業的琴酒吧，酒吧裡有多款來自各國具有不同風味的琴酒供顧客點選，調酒師也專業的為顧客介紹琴酒的歷史、原料、蒸餾方式與其口感風味。下列關於各式琴酒的說明，何者正確？ (1)Dutch gin 酒液呈金黃色，味道辛辣濃郁，適合用來調製 Gin & tonic (2)London dry gin 蒸餾後需要經過橡木桶的陳年，所以味道清香淡雅 (3)Old Tom gin 是英國產的一款具有甜味的琴酒，Tom collins 的原始酒譜即以此為基酒 (4)sloe gin 是一款在中性穀物烈酒中加入野莓浸泡或蒸餾而成的 compounded gin。

( ) 68. 關於飲料服務依據酒精性飲品飲用時機說明，下列何者不適合？ (1)餐後服務咖啡、茶類飲料，餐廳附上小點(Petit Fours)，通常是用巧克力、堅果或水果裝飾的烘焙小品 (2)餐前酒即所謂開胃酒，一般是帶有濃郁香氣、口感香甜的飲料，推薦客人餐前飲用可以刺激味蕾，增加食慾 (3)餐後酒的飲用可以讓餐宴有最佳的結尾，更讓賓客心滿意足，餐後酒一般是選擇較高酒精濃度或是利口酒類飲品 (4)佐餐酒的選用可考量烹調的方式、料理酒類入菜與食材風味等，作為用餐期間的飲品選擇參考，合適的佐餐酒品可以讓食物的風味更加豐富。

(　) 69. 個性活潑的國華是美式餐廳的服務人員，在客人入座後遞上菜單，國華都會熱情的推薦餐廳的開胃酒，下列哪一種酒類飲品較不適合餐前飲用？ (1)Baileys (2)Campari (3)Dubonnet (4)Vermouth。

(　) 70. 氣候溫度會影響葡萄酒品質。一般而言，紅葡萄品種多種植在比較暖和的區域；而白葡萄品種則種植於相對比較冷一些的地區。下列的葡萄品種，請依法國種植的產區域由南至北排列出正確的順序？甲：Pinot Noir、乙：Riesling 、丙：Syrah / Shiraz (1)甲、乙、丙 (2)甲、丙、乙 (3)丙、甲、乙 (4)丙、乙、甲。

(　) 71. 強化酒精葡萄酒(fortified wine)，又稱強化葡萄酒、加烈葡萄酒，是一種加入蒸餾酒的葡萄酒。關於強化酒精葡萄酒，下列敘述何者錯誤？ (1)雪莉酒(Sherry)被譽為「裝在瓶子裡的西班牙陽光」 (2)馬德拉酒(Maderia)，有「太平洋珍珠」的稱號 (3)波特酒(Port)，產於葡萄牙，以波特(Porto)港命名，具特殊口感 (4)菲諾(Fino)是屬於不甜的雪莉酒(Dry Sherry)，通常適合餐前飲用。

(　) 72. 法國境內享負盛名的葡萄酒法定大產區包括勃根地 Burgundy，而在 Burgundy 南方頗具特色的次產區稱為薄酒萊區 Beaujolais，下列有關該區 Beaujolais Nouveau 的敘述哪些正確？甲：每年 11 月第四個星期四全球同步上市、乙：採用嘉美(Gamay)品種葡萄釀造、丙：適合飲用的溫度約在 14~16℃間，故有冰紅酒之稱、丁：果香顯著、單寧質少、酸性低且具新鮮口感，遂有「新酒」之稱、戊：酒瓶設計採勃根地型，平肩斜緩而降，又稱為「女人肩」瓶型 (1)甲、乙、丁 (2)甲、丙、丁 (3)乙、丙、戊 (4)乙、丁、戊。

(　) 73. 威士忌是世界著名的蒸餾酒之一，下列關於它的敘述何者正確？ (1)愛爾蘭威士忌於全世界最負盛名，製造流程須以泥煤(peat)烘烤，口感帶有煙燻味 (2)日本威士忌的製法較接近蘇格蘭威士忌，大部份屬於調和威士忌，口感較柔和順口 (3)英文源自於古愛爾蘭語，經過時間的演變，愛爾蘭寫成 Whisky，加拿大則為 Whiskey (4)美國威士忌以大麥為主要原料，以連續式蒸餾器蒸餾，並在橡木桶內至少陳化兩年。

(　) 74. 關於啤酒的敘述，下列何者錯誤？ (1)生啤酒(Draft Beer)因未經巴氏低溫殺菌，不適合長期保存 (2)拉格啤酒(Lager)，是屬於上層發酵的啤酒，其源起於德國 (3)啤酒的苦味與香氣來自啤酒花(Hops)，又可稱之為蛇麻草 (4)Stout 屬於黑啤酒，源自愛爾蘭，口感厚實，且有烘焙香氣。

(　) 75. 合成酒(compounded alcoholic beverage)又稱「再製酒」或「加味烈酒」，而香甜酒即是其中的一種，又可音譯為利口酒(liqueur)，下列敘述何者錯誤？ (1)Benedictine D.O.M 來自義大利修道院的神祕利口酒，又稱為靈酒或聖酒 (2)Galliano 產於義大利，為紀念守城英雄而命名，又稱為「加里安諾香草酒」 (3)艾碧斯(Absinthe)，以苦艾草、茴香、薄荷等草藥釀成 (4)Cointreau 是橙皮酒中的極品，為法國君度家族所獨家釀造發明，遂以此命名。

題組：

老師在國文課時提到唐代的詩篇，小明最喜歡王翰的《涼州詞》了。其中詩中寫道：「葡萄美酒夜光杯，欲飲琵琶馬上催。醉臥沙場君莫笑，古來征戰幾人回？」

(　) 76. 詩詞中提到「醉臥沙場君莫笑」，請問關於飲酒後的症狀，何者錯誤？ (1)平衡感受損，反應遲鈍 (2)專注力提升，助於學習 (3)判斷力降低 (4)感覺障礙、話變多

(　) 77. 小明看到詩詞中的「葡萄美酒夜光杯」，想起餐服課講述品飲葡萄酒時，選用杯子的重點，請問下列敘述何者正確？ (1)紅酒杯的容量比白酒杯大，是因為可增加紅酒與空氣的接觸 (2)白酒杯的容量比紅酒杯大，是因為一次可以裝比較多的分量 (3)紅酒一般在服勤時，需倒九分滿 (4)白酒的杯口一般會擴大，讓酒香散出。

(　) 78. 關於葡萄酒服勤時，下列哪些是有可能會用到的器具？甲：Wine cooler、乙：Mixing Glass、丙：Squeezer、丁：Corkscrew、戊：Decanter (1)丙丁戊 (2)甲乙丁 (3)甲乙丙 (4)甲丁戊。

MEMO

混合性飲料調製

7-1 混合性飲料的種類

7-2 混合性飲料的調製

7-3 飲料調製乙級檢定－杯器皿整理

7-4 飲料調製乙級檢定－調製法整理

溫馨提醒

關於混和飲料的調製法與器具說明已於前面章節介紹，故此章節著重在勞動部公告之飲料調製乙級技術士的酒譜整理，建議同學可搭配前面章節一起閱讀。

考試多半會以英文呈現，所以請同學在雞尾酒名稱、配方、調製法與杯子的部分要記英文喔！

7-1 混合性飲料的種類

混合性飲料(Mixed Drinks)，是指 2 種以上的材料混合而成的飲品。也可稱為是雞尾酒，**含有酒精的雞尾酒稱為 Cocktail，無酒精的雞尾酒稱為 Mocktail**。

一、雞尾酒的組成

基本成分	說明
基酒	雞尾酒中的主要成分，一般以六大基酒為主。
調緩溶液	用來降低酒精濃度，使味道更加順口，包含果汁、碳酸飲料。
著色成分	主要是以各式香甜酒為主，用來幫雞尾酒著色及添加風味。
配料	增加風味用，如蛋、奶等。
調味料	糖、鹽、荳蔻粉、肉桂粉、苦精等，幫雞尾酒提味，有畫龍點睛的功效。
裝飾物	裝飾雞尾酒，使其更具獨特風格。
冰塊	各式冰塊具不同功能性： 1. **大冰塊(Block of Ice)**：一公斤的大冰塊，通常用於酒會、宴會之 Punch 缸中，保持冰度用。 2. **中冰塊(Lump of Ice)**：拳頭大小，使用於小 Punch 缸、或烈酒加冰飲用。 3. **方冰塊(Ice Cube)**：一公分立方型冰塊，為最常見之冰塊型態。 4. **裂冰(Cracked Ice)**：通常搭配搖盪法使用。 5. **碎冰(Crushed Ice)**：芙來蓓(Frappé)系列飲品使用。

二、雞尾酒的種類

種類	說明	杯具	例子
可林(Collins)	以蒸餾酒為基酒，再加入檸檬汁、糖水，最後再加入蘇打水調製而成，屬於長飲飲料，又稱長酸酒(Long Sour)，與費士(Fizz)的差別僅在杯子；可林使用可林杯、費士使用高飛球杯。	可林杯	約翰可林(John Collins) 領航者可林(Captain Collins)
費士(Fizz)	Fizz 就是指碳酸飲料中的二氧化碳跑出的聲音，琴酒為底，加入檸檬汁、糖水或糖漿等搖盪後，再加入蘇打水，與可林很像，差在使用的是高飛球杯。	高飛球杯	琴費士(Gin Fizz) 金費士(Gin Fizz) 銀費士(Sliver Fizz) 皇家費士(Royal Fizz)

種類	說明	杯具	例子
司令(Sling)	Sling 源自於德文，也是「喝下」的意思，成分有烈酒、香甜酒、檸檬汁，經過搖盪後再加入蘇打水。	可林杯	新加坡司令(Singapore Sling) 巧克力司令
霸克(Buck)	以蒸餾酒或香甜酒為底，加入檸檬汁或柳橙汁、糖水（有的不加糖水）、薑汁汽水，用直接注入法調製而成。	高飛球杯	琴霸克(Gin Buck)
酷樂(Cooler)	以蒸餾酒、葡萄酒或香甜酒為底，加入檸檬汁或柳橙汁、最後加薑汁汽水或蘇打水，用直接注入法調製而成。也有無酒精的酷樂。	高飛球杯	夏威夷酷樂(Hawaiian Cooler)
酸酒／沙瓦(Sour)	以蒸餾酒或香甜酒為基酒，再加入檸檬汁、糖水一起混合均勻的短飲飲料，又稱短酸酒(Short Sour)。	酸酒杯 古典杯	威士忌酸酒(Whiskey Sour) 杏仁酸酒(Amaretto Sour)
費克斯(Fix)	將材料倒入已加滿碎冰的高飛球杯當中，再輕輕攪拌即可，特色是通常不加碳酸飲料。	高飛球杯	琴費克斯(Gin Fizz)
高飛球飲料(Highball)	高飛球杯中加入一種烈酒及一種碳酸飲料，放上攪拌棒，名稱即為烈酒加碳酸飲料，如琴通寧（琴酒加通寧水）。	高飛球杯	蘭姆可樂(Rum and Coke) 琴通寧(Gin Tonic) 蘇格蘭蘇打(Socotch Soda) 波本可樂(Bourbon Coke)
酒+果汁	若是烈酒加碳酸飲料之外還加入果汁，或者烈酒加果汁，就要另外命名，例如：螺絲起子，就是伏特加加柳橙汁、自由古巴就是蘭姆酒加可樂及檸檬汁。	高飛球杯	螺絲起子(Screwdriver) 血腥瑪麗(Bloody Mary) 鹹狗(Salty Dog) 哈維撞牆(Harvey Wallbanger) 自由古巴(Cuba Libre)

種類	說明	杯具	例子
芙萊蓓(Frappé)	雞尾酒杯中加滿碎冰，再淋上酒類，附兩支短吸管，以免吸管結冰無法喝飲料。	雞尾酒杯	薄荷芙萊蓓(Mint Frappe)
霜凍(Frozen)	材料及冰塊放入電動攪拌機中一起攪打成霜凍狀。	沒有一定	霜凍瑪格麗特(Frozen Margarita) 霜凍戴吉利(Frozen Daiquiri)
巴迪達(Batida)	源自於巴西的雞尾酒，主要是甘蔗酒加入各種果汁、水果、糖、香甜酒等，使用搖盪法或電動攪拌法調製。	旋風杯 可林杯 古典杯	香蕉巴迪達(Banana Batida) 奇異果巴迪達(Kiwi Batida) 巴迪達咖啡(Coffee Batida)
加冰塊(On the Rocks)	使用古典酒杯，單一烈酒加冰塊，或者加另一種味道濃厚的香甜酒調製而成。	古典酒杯	黑色俄羅斯(Black Russian) 教父(God Father) 古典酒(Old Fashioned)
普施咖啡(Pousse café)	指餐後隨咖啡一起附上的餐後雞尾酒；利用液體材料比重不同做出層次分明的雞尾酒。	香甜酒杯	天使之吻(Angel's Kiss) B 對 B (B&B) 普施咖啡(Pousse Cafe') 彩虹酒(Rainbow) B-52 轟炸機(B-52 Shot)
賓治酒(Punch)	「Punch」源自於印度語，原本涵義是指「5」；包含酒、糖、果汁、檸檬及香料等 5 樣東西，混合調製而成。	可林杯	拓荒者賓治(Planter's Punch) 卡蒂娜賓治(Cardinal Punch)
托地(Toddy)	熱的雞尾酒；烈酒加入檸檬汁、糖水、香料等，最後加入熱開水。	托地杯	熱托地(Hot Toddy) 法國佬(Frenchman) 尼加斯(Negus)

種類	說明	杯具	例子
惠而浦(Flip)	烈酒加入強化酒、蛋、糖等搖盪而成，與蛋酒的差異在於不加奶類。	雞尾酒杯	波特惠而浦(Porto Flip) 雪莉惠而浦(Sherry Flip)
蛋酒(Egg Nog)	美國代表性的飲料，烈酒加入蛋黃、牛奶、糖之後搖盪，以高飛球杯盛裝，表免用荳蔻粉裝飾，也可做成熱飲，慶祝聖誕節所喝的飲品。其特色是成品不含冰塊。	高飛球杯	蛋酒(Egg Nog)
茱莉浦(Julep)	也就是冰鎮薄荷酒；將薄荷葉、砂糖跟少許蘇打水一起搗碎，加入充滿碎冰的高飛球杯，再加入波本威士忌。	高飛球杯	薄荷茱莉浦(Mint Julep)

三、雞尾酒的特色裝飾物

裝飾物	雞尾酒名	調製法	杯皿	基酒
橄欖 (Olive)	馬丁尼 (Martini)	攪拌法 (Stir)	馬丁尼杯 (Martini Glass)	琴酒(Gin)
小洋蔥珠 (Onion)	吉普森 (Gibson)			
櫻桃 (Cherry)	曼哈頓 (Manhattan)	攪拌法 (Stir)	馬丁尼杯 (Martini Glass)	波本威士忌 (Bourbon Whiskey)
	羅伯羅依 (Rob Roy)			蘇格蘭威士忌 (Scotch Whisky)
鹽口杯 (Salt Rimmed) （檸檬片抹杯口）	瑪格麗特 (Margarita)	搖盪法 (Shake)	瑪格麗特杯 (Margarita Glass)	特吉拉酒 (Tequila)
	霜凍瑪格麗特 (Frozen Margarita)	電動攪拌法 (Blend)		特吉拉酒 (Tequila)
	鹹狗 (Salty Dog)	直接注入法 (Build)	高飛球杯 (Highball Glass)	伏特加(Vodka)
糖口杯 (Sugar Rimmed) （柳橙片抹杯口）	橘花 (Orange Blossom)	搖盪法 (Shake)	雞尾酒杯 (Cocktail Glass)	琴酒(Gin)

裝飾物	雞尾酒名	調製法	杯皿	基酒
螺旋檸檬皮 (Lemon Spiral) 少許安格式苦精 (Dash of Angostura Bitter)	馬頸 (Horses Neck)	直接注入法 (Build)	高飛球 (Highball Glass)	白蘭地(Brandy)
芹菜棒 (Celery Stick) 檸檬角 (Lemon Wedge)	血腥瑪麗 (Bloody Mary)			伏特加(Vodka)
荳蔻粉 (Nutmeg Powder)	白蘭地亞歷山大 (Brandy Alexander)	搖盪法 (Shake)	雞尾酒杯 (Cocktail Glass)	白蘭地(Brandy)
	波特惠而浦 (Porto Flip)			白蘭地(Brandy、 波特酒(Port)
	蛋酒 (Egg Nog)		高飛球杯 (Highball Glass)	白蘭地(Brandy)
	尼加斯 (Negus)	直接注入法 (Build)	托地杯 (Toddy Glass)	波特酒(Port)
肉桂粉 (Cinnamon Powder)	熱托地 (Hot Toddy)	直接注入法 (Build)	托地杯 (Toddy Glass)	白蘭地(Brandy)
	金色黎各 (Golden Rico)	搖盪法&漂浮法 (Shake & Float)	雞尾酒杯 (Cocktail Glass)	伏特加(Vodka)

四、常考雞尾酒整理

雞尾酒名稱	基酒	調製法	裝飾物
吉普生(Gibson)		Stir	小洋蔥珠(Onion)
馬丁尼(Martini)	Gin	Stir	小橄欖(Olive)
橘花 (Orange Blossom)		Shake	糖口杯(Sugar Rimmed)
蘋果曼哈頓 (Apple Manhattan)		Stir	蘋果塔(Apple Tower)
曼哈頓(Manhattan)	Bourbon Whiskey	Stir	櫻桃(Cherry)
紐約(New York)		Shake	柳橙片(Orange Slice)
教父(God Father)	Scotch Whisky	Build	×
血腥瑪莉 (Bloody Mary)		Build	芹菜棒、檸檬角(Celery Stick & Lemon Wedge)
飛天蚱蜢 (Flying Grasshopper)		Shake	可可粉、薄荷葉(Chocolate Powder & Mint Leaf)
教母(God Mother)	Vodka	Build	×
鹹狗(Salty Dog)		Build	鹽口杯(Salt Rimmed)
螺絲起子 (Screwdriver)		Build	柳橙片(Orange Slice)
白蘭地亞歷山大 (Brandy Alexander)		Shake	荳蔻粉(Nutmeg Powder)
蛋酒(Egg Nog)	Brandy	Shake	荳蔻粉(Nutmeg Powder)
熱托地(Hot Toddy)		Build	肉桂粉(Cinnamon Powder)
馬頸(Horses Neck)		Build	螺旋檸檬皮(Lemon Spiral)
邁泰(Mai Tai)	Rum	Shake & Float	新鮮鳳梨片、櫻桃(Fresh Pineapple Slice & Cherry)
莫西多(Mojito)		Muddle & Build	薄荷枝(Mint Sprig)
瑪格麗特(Margarita)	Tequila	Shake	鹽口杯(Salt Rimmed)
經典莫西多 (Classic Mojito)	Cachaca	Muddle & Shake	薄荷枝(Mint Sprig)

7-2 混合性飲料的調製（飲料調製乙級酒譜）

品名	義式咖啡機 (Espresso Machine)	調製雞尾酒 (Cocktail)					
組別	義式咖啡機 (Espresso Machine)	直接注入法(Build)	攪拌法(Stir)	搖盪法(Shake)	電動攪拌法／霜凍法 (Blend / Frozen)	分層法(Layer)	注入法(Pour)
C1	咖啡拉花 (Latte Art Heart)	熱托地(Hot Toddy)	曼哈頓 (Manhattan)	義式戴吉利 (Espresso Daiquiri) 拓荒者賓治 (Planter's Punch)			薄荷芙萊蓓 (Mint Frappe)
C2	咖啡拉花 (Latte Art Heart)	莫西多(Mojito)		冰涼甜心 (Cool Sweet Heart) 至尊雞尾酒 (Dandy Cocktail) 白醉漢(White Stinger)	香蕉巴迪達 (Banana Batida) (blend)		
C3	咖啡拉花 (Latte Art Heart)	愛爾蘭咖啡 (Irish Coffee)	不甜曼哈頓 (Dry Manhattan)	琴費士(Gin Fizz) 醉漢(Stinger)		普施咖啡 (Pousse Café)	
C4	咖啡拉花 (Latte Art Heart)	鹹狗(Salty Dog) 尼加斯(Negus) 薑味莫西多 (Ginger Mojito)		金色夢幻 (Golden Dream)		B-52 轟炸機 (B-52 Shot)	
C5	咖啡拉花 (Latte Art Heart)	特吉拉日出 (Tequila Sunrise) 美國佬(Americano)		領航者可林 (Captain Collins) 粉紅佳人(Pink Lady)	巴迪達咖啡 (Coffee Batida) (blend)		
C6	咖啡拉花 (Latte Art Heart)			傑克佛洛斯特 (Jack Frost) 義式維也納咖啡 (Viennese Espresso) 銀費士(Silver Fizz) 神風特攻隊(Kamikaze)			含羞草 (Mimosa)

品名	義式咖啡機 (Espresso Machine)	調製雞尾酒(Cocktail)					
組別	義式咖啡機 (Espresso Machine)	直接注入法(Build)	攪拌法(Stir)	搖盪法(Shake)	電動攪拌法／霜凍法 (Blend/Frozen)	分層法(Layer)	注入法(Pour)
C7	咖啡拉花 (Latte Art Heart)	白色俄羅斯 (White Russian) 長島冰茶 (Long Island Iced Tea)	不甜馬丁尼 (Dry Martini)	綠色蚱蜢 (Grasshopper) 聖基亞(Sangria)			
C8	咖啡拉花 (Latte Art Heart)	法國佬 (Frenchman) 約翰可林 (John Collins)		蛋酒(Egg Nog) 橘花(Orange Blossom)	巴西佬咖啡 (Brazilian Coffee) (blend)		
C9	咖啡拉花 (Latte Art Heart)	黑色俄羅斯 (Black Russian)		雪莉惠而浦 (Sherry Flip) 藍鳥(Blue Bird)	鳳梨可樂達 (Piña Colada) (blend)		皇家基爾 (Kir Royale)
C10	咖啡拉花 (Latte Art Rosetta)	螺絲起子 (Screwdriver) 經典莫西多 (Classic Mojito)	義式琴酒 (Gin & It)	義式香草馬丁尼 (Vanilla Espresso Martini) 金色夢幻 (Golden Dream)			
C11	咖啡拉花 (Latte Art Rosetta)	教父(God Father)	完美馬丁尼 (Perfect Martini)	側車(Side Car)	藍色夏威夷佬 (Blue Hawaiian) (blend)	彩虹酒 (Rainbow)	
C12	咖啡拉花 (Latte Art Rosetta)	血腥瑪莉 (Bloody Mary)		邁泰(Mai Tai) 白色聖基亞 (White Sangria) 義式伏特加 (Vodka Espresso)	霜凍瑪格麗特 (Frozen Margarita) (frozen)		

品名	義式咖啡機 (Espresso Machine)	調製雞尾酒 (Cocktail)					
組別	義式咖啡機 (Espresso Machine)	直接注入法 (Build)	攪拌法(Stir)	搖盪法(Shake)	電動攪拌法／霜凍法 (Blend/Frozen)	分層法(Layer)	注入法(Pour)
C13	咖啡拉花 (Latte Art Rosetta)	自由古巴 (Cuba Libre)		紐約(New York) 杏仁酸酒 (Amaretto Sour) 白蘭地亞歷山大 (Brandy Alexander) 墨西哥義式咖啡 (Jalisco Espresso)			
C14	咖啡拉花 (Latte Art Rosetta)	蘋果莫西多 (Apple Mojito)		紐約客(New Yorker)	奇異果巴迪達 (Kiwi Batida)(blend)	天使之吻 (Angel's Kiss)	貝利尼(Bellini)
C15	咖啡拉花 (Latte Art Rosetta)	哈維撞牆 (Harvey Wallbanger)	蘋果曼哈頓 (Apple Manhattan)	波特惠而浦(Porto Flip) 四海一家(Cosmopolitan) 震憾(Jolt'ini)			
C16	咖啡拉花 (Latte Art Rosetta)	卡碧尼亞 (Caipirinha) 車隊(Caravan)	吉普森(Gibson)	新加坡司令 (Singapore Sling) 飛天蚱蜢 (Flying Grasshopper)			
C17	咖啡拉花 (Latte Art Rosetta)	馬頸 (Horse's Neck)	羅伯羅依 (Rob Roy)	威士忌酸酒 (Whiskey Sour)	霜凍香蕉戴吉利 (Banana Frozen Daiquiri) (frozen)		基爾(Kir)
C18	咖啡拉花 (Latte Art Rosetta)	古典酒 (Old Fashioned)	銹釘子(Rusty Nail)	性感沙灘 (Sex on the Beach) 草莓夜 (Strawberry Night) 熱帶(Tropic)			

◎組別 C1

題序	飲料名稱(Drink name)	成份(Ingredients)	調製法(Method)	裝飾物(Garnish)	杯器皿(Glassware)
一	Latte Art Heart 咖啡拉花－心形奶泡（圖案需超過杯面三分之一）	30ml Espresso Coffee 義式咖啡(7g) Top with Foaming Milk 加滿奶泡	義式咖啡機 Pour 注入法		寬口咖啡杯
二	Espresso Daiquiri 義式戴吉利	30ml White Rum **白色蘭姆酒** 30ml Espresso Coffee **義式咖啡(7g)** 15ml Sugar Syrup 果糖	Shake 搖盪法	Float Three Coffee Beans **三粒咖啡豆**	Cocktail Glass 雞尾酒杯
★ 三	Manhattan 曼哈頓（製作三杯）	45ml Bourbon Whiskey **波本威士忌** 15ml Rosso Vermouth **甜味苦艾酒** Dash Angostura Bitters **少許安格式苦精**	Stir 攪拌法	Cherry 櫻桃	Martini Glass 馬丁尼杯
★ 四	Hot Toddy 熱托地	45ml Brandy **白蘭地** 15ml Fresh Lemon Juice 新鮮檸檬汁 15ml Sugar Syrup 果糖 Top with Boiling Water **熱開水八分滿**	Build 直接注入法	Lemon Slice 檸檬片 Cinnamon Powder **肉桂粉**	**Toddy Glass** **托地杯**
五	Mint Frappe 薄荷芙萊蓓	45ml Green Crème de Menthe 綠薄荷香甜酒 1 cup Crushed Ice 1 杯碎冰	Pour 注入法	Mint Sprig 薄荷枝 Cherry 紅櫻桃 2 Short Straw 短吸管 2 支	大雞尾酒杯
六	Planter's Punch 拓荒者賓治	45ml Dark Rum 深色蘭姆酒 15ml Fresh Lemon Juice 新鮮檸檬汁 10ml Grenadine Syrup 紅石榴糖漿 Top with Soda Water 蘇打水八分滿 Dash Angostura Bitters 搖勻後加入少許安格式苦精	Shake 搖盪法	Lemon Slice 檸檬片 Orange Slice 柳橙片	Collins Glass 可林杯

只要成分有義式咖啡，裝飾物多為「三粒咖啡豆」。

看到托地杯表示一定是熱雞尾酒

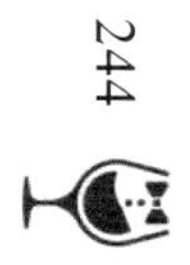

◎組別 C2

題序	飲料名稱 (Drink name)	成份(Ingredients)	調製法(Method)	裝飾物(Garnish)	杯器皿(Glassware)
一	Latte Art Heart 咖啡拉花－心形奶泡（圖案需超過杯面三分之一）	30ml Espresso Coffee 義式咖啡(7g) Top with Foaming Milk 加滿奶泡	義式咖啡機 Pour 注入法		寬口咖啡杯
二	Dandy Cocktail 至尊雞尾酒	30ml Gin 琴酒 30ml **Dubonnet Red 紅多寶力酒** 10ml Triple Sec 白柑橘香甜酒 Dash Angostura Bitters 少許苦精	Shake 搖盪法	Lemon Peel 檸檬皮 Orange Peel 柳橙皮	Cocktail Glass 雞尾酒杯
三	Banana Batida 香蕉巴迪達	45ml **Cachaça 甘蔗酒** 30ml Crème de Bananes 香蕉香甜酒 20ml Fresh Lemon Juice 新鮮檸檬汁 1 Fresh Peeled Banana 1 條新鮮香蕉	Blend 電動攪拌法	Banana Slice 香蕉片	Hurricane Glass 炫風杯
★四	Cool Sweet Heart 冰涼甜心	30ml White Rum 白色蘭姆酒 30ml Mozart Dark Chocolate Liqueur 莫札特黑色巧克力香甜酒 30ml Mojito Syrup 莫西多糖漿 **75ml Fresh Orange Juice 新鮮柳橙汁** **15ml Fresh Lemon Juice 新鮮檸檬汁**	Shake 搖盪法 **Float 漂浮法**	Lemon Peel 檸檬皮 Cherry 櫻桃	Collins Glass 可林杯
五	White Stinger 白醉漢（製作三杯）	45ml Vodka 伏特加 15ml White Crème de Menthe 白薄荷香甜酒 15ml White Crème de Cacao 白可可香甜酒	Shake 搖盪法		Old Fashioned Glass 古典酒杯
★六	Mojito 莫西多	45ml White Rum **白色蘭姆酒** **15ml Fresh Lime Juice 新鮮萊姆汁** 1/2 Fresh Lime Cut Into 4 Wedges **新鮮萊姆切成 4 塊** 12 Fresh Mint Leaves **新鮮薄荷葉** **6~8g Sugar 糖包** Top with Soda Water 蘇打水八分滿 Crushed Ice 適量碎冰	**Muddle 壓榨法** Build 直接注入法 ❶	Mint Sprig 薄荷枝	Highball Glass 高飛球杯

❶＋碎冰＋White Rum＋Soda Water
→攪拌2~3下

◎組別 C3

題序	飲料名稱 (Drink name)	成份(Ingredients)	調製法(Method)	裝飾物(Garnish)	杯器皿(Glassware)
一	Latte Art Heart 咖啡拉花－心形奶泡（圖案需超過杯面三分之一）	30ml Espresso Coffee 義式咖啡(7g) Top with Foaming Milk 加滿奶泡	義式咖啡機 Pour 注入法		寬口咖啡杯
★二	Dry Manhattan 不甜曼哈頓（製作三杯）	45ml Bourbon Whiskey **波本威士忌** 15ml Dry Vermouth **不甜苦艾酒** Dash Angostura Bitters **少許安格式苦精**	Stir 攪拌法	Lemon Peel 檸檬皮	Martini Glass 馬丁尼杯
★三	Irish Coffee 愛爾蘭咖啡	45ml Irish Whiskey **愛爾蘭威士忌** 6~8g Sugar 糖包 30ml Espresso Coffee **義式咖啡(7g)** 120ml Boiling Water **熱開水** Top with Whipped Cream 加滿泡沫鮮奶油	義式咖啡機 Build 直接注入法	Cocoa Powder 可可粉	Irish Coffee Glass 愛爾蘭咖啡杯
四	Stinger 醉漢	45ml Brandy 白蘭地 15ml White Crème de Menthe 白薄荷香甜酒	Shake 搖盪法	Mint Sprig 薄荷枝	Old Fashioned Glass 古典酒杯
★五	Gin Fizz 琴費士	45ml Gin **琴酒** 30ml Fresh Lemon Juice 新鮮檸檬汁 15ml Sugar Syrup 果糖 Top with Soda Water 蘇打水八分滿	Shake 搖盪法		Highball Glass 高飛球杯
★六	Pousse Café 普施咖啡	1/5Grenadine Syrup 紅石榴糖漿 1/5 Brown Crème de Cacao 深可可香甜酒 1/5 Green Crème de Menthe 綠薄荷香甜酒 1/5Triple Sec 白柑橘香甜酒 1/5 Brandy 白蘭地（以杯皿容量九分滿為準）	Layer 分層法		Liqueur Glass 香甜酒杯

Shake完再加Soda Water

琴費士 ＋ 蛋黃→金費士 / 蛋白→銀費士 / 全蛋→皇家費士

雖然名稱有「咖啡」，但配方沒有咖啡哦！

◎組別 C4

題序	飲料名稱 (Drink name)	成份(Ingredients)	調製法(Method)	裝飾物(Garnish)	杯器皿(Glassware)
★一	Salty Dog 鹹狗	45ml Vodka **伏特加** Top with Fresh Grapefruit Juice **新鮮葡萄柚汁八分滿**	Build 直接注入法	**Salt Rimmed 鹽口杯**	Highball Glass 高飛球杯
二	Latte Art Heart 咖啡拉花－心形奶泡（圖案需超過杯面三分之一）	30ml Espresso Coffee 義式咖啡(7g) Top with Foaming Milk 加滿奶泡	義式咖啡機 Pour 注入法		寬口咖啡杯
★三	B-52 Shot B-52 轟炸機	1/3 Kahlúa **卡魯哇咖啡香甜酒** 1/3 Bailey's Irish Cream **貝里斯奶酒** 1/3 Grand Marnier **香橙干邑香甜酒**（以杯皿容量九分滿為準）	Layer 分層法		Shot Glass 烈酒杯
★四	Ginger Mojito 薑味莫西多	45ml White Rum 白色蘭姆酒 3 Slices Fresh Root Ginger 三片嫩薑 12 Fresh Mint Leaves 新鮮薄荷葉 15 Fresh Lime Juice 新鮮萊姆汁 8g Sugar 糖包 Top with Ginger Ale 薑汁汽水八分滿 Crushed Ice 適量碎冰	Muddle 壓榨法 Build 直接注入法	Mint Sprig 薄荷枝	Highball Glass 高飛球杯
★五	Negus 尼加斯	60ml Tawny Port 波特酒 15ml Fresh Lemon Juice 新鮮檸檬汁 15ml Sugar Syrup 果糖 Top with Boiling Water **熱開水八分滿**	Build 直接注入法	**Nutmeg Powder 荳蔻粉**	**Toddy Glass 托地杯** 看到托地杯表示一定是熱雞尾酒
六	Golden Dream 金色夢幻（製作三杯）	30ml Galliano **義大利香草酒** 15ml Triple Sec 白柑橘香甜酒 15ml Fresh Orange Juice 新鮮柳橙汁 10ml Cream **無糖液態奶精**	Shake 搖盪法		Cocktail Glass 雞尾酒杯

有「Cream」一定是「Shake」

◎組別 C5

題序	飲料名稱 (Drink name)	成份(Ingredients)	調製法(Method)	裝飾物(Garnish)	杯器皿(Glassware)
★ 一	Tequila Sunrise 特吉拉日出	45ml Tequila **特吉拉** Top with Orange Juice 柳橙汁八分滿 10ml Grenadine Syrup **紅石榴糖漿**	Build 直接注入法 **Float 漂浮法**	Orange Slice 柳橙片 Cherry 櫻桃	Highball Glass (240ml) 高飛球杯
二	Latte Art Heart 咖啡拉花－心形奶泡（圖案需超過杯面三分之一）	30ml Espresso Coffee 義式咖啡(7g) Top with Foaming Milk 加滿奶泡	義式咖啡機 Pour 注入法		寬口咖啡杯
三	Coffee Batida 巴迪達咖啡	30ml Cachaça 甘蔗酒 30ml Espresso Coffee **義式咖啡**(7g) 30ml Crème de Café 咖啡香甜酒 10ml Sugar Syrup 果糖	Blend 電動攪拌法	Float Three Coffee Beans **三粒咖啡豆**	Old Fashioned Glass 古典酒杯
★ 四	Captain Collins 領航者可林	30ml Canadian Whisky **加拿大威士忌** 30ml Fresh Lemon Juice 新鮮檸檬汁 10ml Sugar Syrup 果糖 Top with Soda Water 蘇打水八分滿	Shake 搖盪法	Lemon Slice 檸檬片 Cherry 櫻桃	Collins Glass 可林杯
五	Americano 美國佬	30ml **Campari 金巴利** 30ml **Rosso Vermouth 甜味苦艾酒** Top with Soda Water 蘇打水八分滿	Build 直接注入法	Orange Slice 柳橙片 Lemon Peel 檸檬皮	Highball Glass 高飛球杯
★ 六	Pink Lady 粉紅佳人（製作三杯）	30ml **Gin 琴酒** 15ml Fresh Lemon Juice 新鮮檸檬汁 10ml **Grenadine Syrup 紅石榴糖漿** 15ml **Egg White 蛋白**	Shake 搖盪法	Lemon Peel 檸檬皮	Cocktail Glass 雞尾酒杯

只要成分有義式咖啡，裝飾物多為「三粒咖啡豆」。

和「費士」作法、配方差不多，主要差在「杯子」

Shake完再加Soda Water

有「蛋白」一定「Shake」

◎組別 C6

題序	飲料名稱 (Drink name)	成份(Ingredients)	調製法(Method)	裝飾物(Garnish)	杯器皿(Glassware)
一	Jack Frost 傑克佛洛斯特	45ml **Bourbon Whiskey 波本威士忌** 15ml **Drambuie 蜂蜜酒** 30ml Fresh Orange Juice 新鮮柳橙汁 10ml Fresh Lemon Juice 新鮮檸檬汁 10ml Grenadine Syrup 紅石榴糖漿	Shake 搖盪法	Orange Peel 柳橙皮	Old Fashioned Glass 古典酒杯
二	Latte Art Heart 咖啡拉花－心形奶泡（圖案需超過杯面三分之一）	30ml Espresso Coffee 義式咖啡(7g) Top with Foaming Milk 加滿奶泡	義式咖啡機 Pour 注入法		寬口咖啡杯
三	Viennese Espresso 義式維也納咖啡	30ml Espresso Coffee **義式咖啡**(7g) 30ml White Chocolate Cream 白巧克力酒 30ml Macadamia Nut Syrup 夏威夷豆糖漿 120ml Milk 鮮奶	Shake 搖盪法	Float Three Coffee Beans **三粒咖啡豆**	Collins Glass 可林杯
四	Kamikaze 神風特攻隊（製作三杯）	45ml Vodka **伏特加** 15ml Triple Sec 白柑橘香甜酒 15 ml Fresh Lime Juice 新鮮萊姆汁	Shake 搖盪法	Lemon Wedge 檸檬角	Old Fashioned Glass 古典酒杯
五	Silver Fizz 銀費士	45ml Gin 琴酒 15ml Fresh Lemon Juice 新鮮檸檬汁 15ml Sugar Syrup 果糖 15ml Egg White **蛋白** Top with Soda Water 蘇打水八分滿	Shake 搖盪法	Lemon Slice 檸檬片	Highball Glass 高飛球杯
六	Mimosa 含羞草	1/2 Fresh Orange Juice 新鮮柳橙汁 1/2Champagne or Sparkling Wine (Brut)原味香檳或汽泡酒 （以杯皿容量八分滿計算）	Pour 注入法		Flute Glass 高腳香檳杯

只要成分有義式咖啡，裝飾物多為「三粒咖啡豆」。

Kamikaze、Margarita、Side Car主要差在「基酒」、「杯子」、「裝飾物」

Shake完才加Soda Water

◎組別 C7

題序	飲料名稱 (Drink name)	成份(Ingredients)	調製法(Method)	裝飾物(Garnish)	杯器皿(Glassware)
★ 一	Dry Martini 不甜馬丁尼	45ml Gin **琴酒** 15ml Dry Vermouth **不甜苦艾酒**	Stir 攪拌法	**Stuffed Olive 紅心橄欖**	Martini Glass 馬丁尼杯
★ 二	Grasshopper 綠色蚱蜢（製作三杯）	**20ml Green Crème de Menthe** **綠薄荷香甜酒** **20ml White Crème de Cacao** **白可可香甜酒** **20ml Cream 無糖液態奶精**	Shake 搖盪法		Cocktail Glass 雞尾酒杯
三	Latte Art Heart 咖啡拉花－心形奶泡（圖案需超過杯面三分之一）	30ml Espresso Coffee 義式咖啡(7g) Top with Foaming Milk 加滿奶泡	義式咖啡機 Pour 注入法		寬口咖啡杯
★ 四	Long Island Iced Tea 長島冰茶	15ml Gin **琴酒** 15ml White Rum **白色蘭姆酒** 15ml Vodka **伏特加** 15ml Tequila **特吉拉** 15ml Triple Sec **白柑橘香甜酒** 15ml Fresh Lemon Juice 新鮮檸檬汁 Top with Cola **可樂八分滿**	Build 直接注入法	Lemon Peel 檸檬皮	Collins Glass 可林杯
五	Sangria 聖基亞	30ml Brandy 白蘭地 **30ml Red Wine 紅葡萄酒** 15ml Grand Marnier 香橙干邑香甜酒 60ml Fresh Orange Juice 新鮮柳橙汁	Shake 搖盪法	Orange Slice 柳橙片	Highball Glass 高飛球杯
★ 六	White Russian 白色俄羅斯	45ml Vodka **伏特加** 15ml Crème de Café 咖啡香甜酒 30ml Cream **無糖液態奶精**	Build 直接注入法 **Float 漂浮法**		Old Fashioned Glass 古典酒杯

超重點！！
也可用檸檬皮(Lemon Peel)，但以Olive為主

加Vodka與裝飾物，就變Flying Grasshopper了

酒精濃度高

可樂是「茶」色來源

去掉「Cream」就是Black Russian

◎組別 C8

題序	飲料名稱 (Drink name)	成份(Ingredients)	調製法(Method)	裝飾物(Garnish)	杯器皿(Glassware)
★一	Egg Nog **蛋酒**	30ml Brandy **白蘭地** 15ml White Rum **白色蘭姆酒** 135ml Milk **鮮奶** 15ml Sugar Syrup 果糖 1 Egg Yolk **蛋黃** （此題成品無冰塊，故要冰杯）	Shake 搖盪法	**Nutmeg Powder** **荳蔻粉**	Highball Glass 高飛球杯
★二	Frenchman 法國佬	30ml Grand Marnier **香橙干邑香甜酒** 60ml Red Wine **紅葡萄酒** 15ml Fresh Orange Juice 新鮮柳橙汁 15ml Fresh Lemon Juice 新鮮檸檬汁 10ml Sugar Syrup 果糖 Top with Boiling Water **熱開水八分滿**	Build 直接注入法	Orange Peel 柳橙皮	**Toddy Glass** **托地杯** （看到托地杯表示一定是熱雞尾酒）
三	Latte Art Heart 咖啡拉花－心形奶泡（圖案需超過杯面三分之一）	30ml Espresso Coffee 義式咖啡(7g) Top with Foaming Milk 加滿奶泡	義式咖啡機 Pour 注入法		寬口咖啡杯
四	Brazilian Coffee 巴西佬咖啡	30ml **Cachaça 甘蔗酒** 30ml Espresso Coffee **義式咖啡**(7g) 30ml Cream 無糖液態奶精 15ml Sugar Syrup 果糖	Blend 電動攪拌法 （只要成分有義式咖啡，裝飾物多為「三粒咖啡豆」。）	Float Three Coffee Beans **三粒咖啡豆**	Old Fashioned Glass 古典酒杯
★五	Orange Blossom 橘花（製作三杯）	30ml Gin **琴酒** 15ml Rosso Vermouth 甜苦艾酒 30ml Fresh Orange Juice 新鮮柳橙汁	Shake 搖盪法	**Sugar Rim 糖口杯**	Cocktail Glass 雞尾酒杯
★六	John Collins 約翰可林 （和Captain Collins主要差在「基酒」）	45ml Bourbon Whiskey **波本威士忌** 30ml Fresh Lemon Juice 新鮮檸檬汁 15ml Sugar Syrup 果糖 Top with Soda Water 蘇打汽水八分滿 Dash Angostura Bitters 調勻後加入少許安格式苦精	Build 直接注入法	Lemon Slice 檸檬片 Cherry 櫻桃	Collins Glass 可林杯

◎組別 C9

題序	飲料名稱 (Drink name)	成份(Ingredients)	調製法(Method)	裝飾物(Garnish)	杯器皿(Glassware)
★ 一	Kir Royale 皇家基爾	15ml Crème de Cassis 黑醋栗香甜酒 **fill up with Champagne or Sparkling Wine (Brut) 原味香檳或汽泡酒注至八分滿**	Pour 注入法		**Flute Glass** **高腳香檳杯**
★ 二	Black Russian 黑色俄羅斯	45ml Vodka **伏特加** 15ml Crème de Café 咖啡香甜酒	Build 直接注入法		Old Fashioned Glass 古典酒杯
三	Latte Art Heart 咖啡拉花－心形奶泡（圖案需超過杯面三分之一）	30ml Espresso Coffee 義式咖啡(7g) Top with Foaming Milk 加滿奶泡	義式咖啡機 Pour 注入法		寬口咖啡杯
四	Sherry Flip 雪莉惠而浦	15ml Brandy 白蘭地 45ml Sherry **雪莉酒** 15ml Egg White **蛋白**	Shake 搖盪法		Cocktail Glass 雞尾酒杯
★ 五	Blue Bird 藍鳥（製作三杯）	30ml Gin **琴酒** 15ml Blue Curaçao Liqueur **藍柑橘香甜酒** 15ml Fresh Lemon Juice 新鮮檸檬汁 10ml Almond Syrup 杏仁糖漿	Shake 搖盪法	Lemon Peel 檸檬皮	**Cocktail Glass** **雞尾酒杯**
★ 六	Piña Colada 鳳梨可樂達	30ml White Rum **白色蘭姆酒** 30ml Coconut Cream **椰漿** 90ml Pineapple Juice **鳳梨汁**	Blend 電動攪拌法	Fresh Pineapple slice 新鮮鳳梨片（去皮） Cherry 櫻桃	**Collins Glass** **可林杯**

香檳改成白酒、香檳杯改成白酒杯，就變成Kir

漂浮「Cream」就變White Russian

咖啡香甜酒改杏仁香甜酒，就變教母(God Mother)

→ Port
→ Egg Yolk + Nutmeg Powder=Porto Flip

◎組別 C10

題序	飲料名稱 (Drink name)	成份(Ingredients)	調製法(Method)	裝飾物(Garnish)	杯器皿(Glassware)
★一	Screwdriver 螺絲起子	**45ml Vodka 伏特加** Top with Fresh Orange Juice **新鮮柳橙汁八分滿**	Build 直接注入法	Orange Slice 柳橙片	Highball Glass 高飛球杯
二	Gin & It 義式琴酒（製作三杯）	45ml Gin 琴酒 15ml Rosso Vermouth 甜苦艾酒	Stir 攪拌法	Lemon Peel 檸檬皮	Martini Glass 馬丁尼杯
★三	Classic Mojito 經典莫西多	45ml Cachaça **甘蔗酒** 30ml Fresh Lime Juice **新鮮萊姆汁** 1/2 Fresh Lime Cut Into 4 Wedges 新鮮萊姆**切成 4 塊** 12 Fresh Mint Leaves **新鮮薄荷葉** 6~8g Sugar **糖包** Top with Soda Water **蘇打水八分滿** Crushed Ice 適量碎冰	**Muddle 壓榨法❶** Build 直接注入法	Mint Sprig 薄荷枝	Highball Glass 高飛球杯
四	Latte Art Rosetta 咖啡拉花－葉形奶泡 （圖案之葉片需左右對稱至少各 5 葉以上）	30ml Espresso Coffee 義式咖啡(7g) Top with Foaming Milk 加滿奶泡	義式咖啡機 Pour 注入法		寬口咖啡杯
五	Vanilla Espresso Martini 義式香草馬丁尼	30ml Vanilla Vodka 香草伏特加 30ml Espresso Coffee **義式咖啡**(7g) 15ml Kahlúa 卡魯瓦咖啡香甜酒	Shake 搖盪法	Float Three Coffee Beans **三粒咖啡豆**	Cocktail Glass 雞尾酒杯
六	Golder Dream 金色夢幻（製作三杯）	30ml Galliano 義大利香草酒 15ml Triple Sec 白柑橘香甜酒 15ml Fresh Orange Juice 新鮮柳橙汁 10ml Cream 無糖液態奶精	Shake 搖盪法		Cocktail Glass 雞尾酒杯

此杯漂浮「Galliano」就變成「Harvey Wallbanger」

❶＋碎冰＋Cachaça、Soda Water→攪拌2~3下

只要成分有義式咖啡，裝飾物多為「三粒咖啡豆」。

◎組別 C11

題序	飲料名稱 (Drink name)	成份(Ingredients)	調製法(Method)	裝飾物(Garnish)	杯器皿(Glassware)
★一	Rainbow 彩虹酒	1/7 Grenadine Syrup 紅石榴糖漿 1/7Crème de Cassis 黑醋栗香甜酒 1/7 White Crème de Cacao 白可可香甜酒 1/7 Blue Curaçao Liqueur 藍柑橘香甜酒 1/7 Campari 金巴利酒 1/7 Galliano 義大利香草酒 1/7 Brandy 白蘭地酒 （以器皿容器九分滿為準）	Layer 分層法		**Liqueur Glass** **香甜酒杯**
★二	Perfect Martini 完美馬丁尼（製作三杯）	**45ml Gin 琴酒** 10ml **Rosso Vermouth 甜味苦艾酒** 10ml Dry Vermouth **不甜苦艾酒**	Stir 攪拌法	Lemon Peel 檸檬皮 Cherry 櫻桃	Martini Glass 馬丁尼杯
★三	Side Car 側車	30ml Brandy **白蘭地酒** 15ml Triple Sec 白柑橘香甜酒 30ml Fresh Lime Juice 新鮮萊姆汁	Shake 搖盪法	Lemon Slice 檸檬片 Cherry 櫻桃	Cocktail Glass 雞尾酒杯
四	Latte Art Rosetta 咖啡拉花－葉形奶泡（圖案之葉片需左右對稱至少各 5 葉以上）	30ml Espresso Coffee 義式咖啡(7g) Top with Foaming Milk 加滿奶泡	義式咖啡機 Pour 注入法		寬口咖啡杯
★五	God Father 教父	**45ml Blended Scotch Whisky** **蘇格蘭調和威士忌** 15ml Amaretto 杏仁香甜酒	Build 直接注入法		Old Fashioned Glass 古典酒杯
六	Blue Hawaiian 藍色夏威夷佬	45ml White Rum 白色蘭姆酒 30ml Blue Curaçao Liqueur **藍柑橘香甜酒** 45ml Coconut Cream **椰漿** 120ml Pineapple Juice **鳳梨汁** 15ml Fresh Lemon Juice 新鮮檸檬汁	**Blend 電動攪拌法**	Fresh Pineapple slice 新鮮鳳梨片（去皮） Cherry 櫻桃	**Hurricane Glass** **炫風杯**

基酒換Vodka變教母(God Mother)

◎組別 C12

題序	飲料名稱 (Drink name)	成份(Ingredients)	調製法(Method)	裝飾物(Garnish)	杯器皿(Glassware)
★一	Mai Tai 邁泰	30ml White Rum **白色蘭姆酒** 15ml Orange Curaçao 柑橘香甜酒 10ml Sugar Syrup 果糖 10ml Fresh Lemon Juice 新鮮檸檬汁 30ml Dark Rum **深色蘭姆酒**	Shake 搖盪法 **Float 漂浮法** **（深色蘭姆酒）**	Fresh Pineapple slice 新鮮鳳梨片（去皮） Cherry 櫻桃	Old Fashioned Glass 古典酒杯
★二	Bloody Mary 血腥瑪莉	45ml Vodka 伏特加 15 ml Fresh Lemon Juice 新鮮檸檬汁 Top with Tomato Juice **番茄汁八分滿** Dash Tabasco 少許酸辣油 Dash Worcestershire Sauce 少許辣醬油 Proper amount of Salt and Pepper 適量鹽跟胡椒	Build 直接注入法	**Lemon Wedge 檸檬角** **Celery Stick 芹菜棒**	Highball Glass 高飛球杯
三	White Sangria 白色聖基亞	30ml Grand Marnier **香橙干邑香甜酒** 60ml White Wine **白葡萄酒** Top with 7-Up 無色汽水八分滿	Shake 搖盪法	1 Lemon Slice 1 Orange Slice 檸檬、柳橙各一片	Collins Glass 可林杯
四	Latte Art Rosetta 咖啡拉花－葉形奶泡（圖案之葉片需左右對稱至少各 5 葉以上）	30ml Espresso Coffee 義式咖啡(7g) Top with Foaming Milk 加滿奶泡	義式咖啡機 Pour 注入法		寬口咖啡杯
五	Vodka Espresso 義式伏特加	30ml Vodka 伏特加 30ml Espresso Coffee **義式咖啡**(7g) 15ml Crème de Café 咖啡香甜酒 10ml Sugar Syrup 果糖	Shake 搖盪法	Float Three Coffee Beans **三粒咖啡豆**	Old Fashioned Glass 古典酒杯
六	Frozen Margarita 霜凍瑪格麗特（製作三杯）	30ml Tequila 特吉拉 15ml Triple Sec 白柑橘香甜酒 15ml Fresh Lime Juice 新鮮萊姆汁	Frozen 霜凍法	**Salt Rimmed 鹽口杯**	Margarita Glass 瑪格麗特杯

只要成分有義式咖啡，裝飾物多為「三粒咖啡豆」。

◎組別 C13

題序	飲料名稱 (Drink name)	成份(Ingredients)	調製法(Method)	裝飾物(Garnish)	杯器皿(Glassware)
★ 一	New York 紐約	45ml Bourbon Whiskey **波本威士忌** 15ml Fresh Lime Juice 新鮮萊姆汁 10ml Sugar Syrup 果糖 10ml Grenadine Syrup **紅石榴糖漿**	Shake 搖盪法	Orange Slice 柳橙片	Cocktail Glass 雞尾酒杯
★ 二	Cuba Libre 自由古巴	45ml Drak Rum **深色蘭姆酒** 15ml Fresh Lemon Juice 新鮮檸檬汁 Top with Cola 可樂八分滿	Build 直接注入法	Lemon Slice 檸檬片	Highball Glass 高飛球杯
三	Amaretto Sour (with ice) 杏仁酸酒（含冰塊）	45ml Amaretto **杏仁香甜酒** 30ml Fresh Lemon Juice 新鮮檸檬汁 10ml Sugar Syrup 果糖	Shake 搖盪法	Orange Slice 柳橙片 Lemon Peel 檸檬皮	**Old Fashioned Glass** **古典酒杯**
★ 四	Brandy Alexander 白蘭地亞歷山大（製作三杯）	20ml Brandy **白蘭地** 20ml Brown Crème de Cacao 深可可香甜酒 20ml Cream **無糖液態奶精**	Shake 搖盪法	**Nutmeg Powder 荳蔻粉**	Cocktail Glass 雞尾酒杯
五	Latte Art Rosetta 咖啡拉花－葉形奶泡（圖案之葉片需左右對稱至少各 5 葉以上）	30ml Espresso Coffee 義式咖啡(7g) Top with Foaming Milk 加滿奶泡	義式咖啡機 Pour 注入法		寬口咖啡杯
六	Jalisco Espresso 墨西哥義式咖啡	30ml Tequila **特吉拉** 30ml Espresso Coffee **義式咖啡**(7g) 30ml Kahlúa **卡魯哇咖啡香甜酒**	Shake 搖盪法	Float Three Coffee Beans **三粒咖啡豆**	Old Fashioned Glass 古典酒杯

Cuba Libre－Lemon Juice
＝Rum Coke

有「Cream」所以「Shake」

只要成分有義式咖啡，裝飾物多為「三粒咖啡豆」。

◎組別 C14

題序	飲料名稱 (Drink name)	成份(Ingredients)	調製法(Method)	裝飾物(Garnish)	杯器皿(Glassware)
一	Apple Mojito 蘋果莫西多	❷ 45ml White Rum 白色蘭姆酒 ❶ 30ml Fresh Lime Juice 新鮮萊姆汁 15ml Sour Apple Liqueur 青蘋果香甜酒 12 Fresh Mint Leaves 新鮮薄荷葉 Top with Apple Juice 蘋果汁八分滿 Crushed Ice 適量碎冰 ❶+碎冰+❷→攪拌2~3下	Muddle 壓榨法 Build 直接注入法	Mint Sprig 薄荷枝	Collins Glass 可林杯
二	New Yorker 紐約客（製作三杯）	45ml Bourbon Whiskey **波本威士忌** 45ml Red Wine **紅葡萄酒** 15ml Fresh Lemon Juice 新鮮檸檬汁 15ml Sugar Syrup 果糖	Shake 搖盪法	Orange Peel 柳橙皮	Cocktail Glass 雞尾酒杯（大）
三	Kiwi Batida 奇異果巴迪達	60ml Cachaça **甘蔗酒** 30ml Sugar Syrup 果糖 1 Fresh Kiwi 1 顆奇異果	Blend 電動攪拌法	Kiwi Slice 奇異果片	Collins Glass 可林杯
四	Bellini 貝利尼	15ml Peach Liqueur 水蜜桃香甜酒 fill up with Champagne or Sparkling Wine (Brut) 原味香檳或汽泡酒注至八分滿	Pour 注入法		Flute Glass 高腳香檳杯
五	Latte Art Rosetta 咖啡拉花－葉形奶泡（圖案之葉片需左右對稱至少各 5 葉以上）	30ml Espresso Coffee 義式咖啡(7g) Top with Foaming Milk 加滿奶泡	義式咖啡機 Pour 注入法		寬口咖啡杯
★六	Angel's Kiss 天使之吻	3/4 Brown Crème de Cacao 深可可香甜酒 1/4 Cream 無糖液態奶精 （以杯皿容量九分滿為準）	Layer 分層法	Cherry 櫻桃	Liqueur Glass 香甜酒杯

◎組別 C15

題序	飲料名稱 (Drink name)	成份(Ingredients)	調製法(Method)	裝飾物(Garnish)	杯器皿(Glassware)
一	Porto Flip 波特惠而浦	10ml Brandy **白蘭地** 45ml Tawny Port **波特酒** 1 Egg Yolk **1 個蛋黃** （→Sherry →Egg White 去掉裝飾物＝Sherry Flip）	Shake 搖盪法	Nutmeg Powder **荳蔻粉**	Cocktail Glass 雞尾酒杯
★ 二	Harvey Wallbanger 哈維撞牆	45ml Vodka 伏特加 90ml Orange Juice 柳橙汁 15ml Galliano **義大利香草酒**	Build 直接注入法 Float 漂浮法	Orange Slice 柳橙片 Cherry 櫻桃 （Harvey Wallbanger－Galliano＝Screwdriver）	Highball Glass (240ml) 高飛球杯
三	Cosmopolitan 四海一家（製作三杯） （又名「柯夢波丹」）	45ml Vodka 伏特加 15ml Triple Sec 白柑橘香甜酒 15ml Fresh Lime Juice 新鮮萊姆汁 30ml Cranberry Juice 蔓越莓汁	Shake 搖盪法	Lime Slice 萊姆片	Cocktail Glass 雞尾酒杯（大）
四	Apple Manhattan 蘋果曼哈頓	30ml Bourbon Whiskey **波本威士忌** 15ml Sour Apple Liqueur **青蘋果香甜酒** 15ml Triple Sec 白柑橘香甜酒 15ml Rosso Vermouth **甜苦艾酒**	**Stir 攪拌法**	**Apple Tower 蘋果塔**	**Cocktail Glass** **雞尾酒杯** （馬丁尼家族唯一使用雞尾酒杯）
五	Latte Art Rosetta 咖啡拉花－葉形奶泡（圖案之葉片需左右對稱至少各 5 葉以上）	30ml Espresso Coffee 義式咖啡(7g) Top with Foaming Milk 加滿奶泡	義式咖啡機 Pour 注入法		寬口咖啡杯
六	Jolt'ini 震憾	30ml Vodka **伏特加** 30ml Espresso Coffee **義式咖啡**(7g) 15ml Crème de Café 咖啡香甜酒 （只要成分有義式咖啡，裝飾物多為「三粒咖啡豆」。）	Shake 搖盪法	Float Three Coffee Beans **三粒咖啡豆**	Old Fashioned Glass 古典酒杯

◎組別 C16

題序	飲料名稱 (Drink name)	成份(Ingredients)	調製法(Method)	裝飾物(Garnish)	杯器皿(Glassware)
★ 一	Singapore Sling 新加坡司令	30ml Gin **琴酒** 15ml **Cherry Brandy (Liqueur)** **櫻桃白蘭地（香甜酒）** 10ml Cointreau 君度橙酒 10ml Bénédictine 班尼狄克丁香甜酒 10ml **Grenadine Syrup 紅石榴糖漿** 90ml **Pineapple Juice 鳳梨汁** 15ml Fresh Lemon Juice 新鮮檸檬汁 Dash Angostura Bitters 少許安格式苦精	Shake 搖盪法	Fresh Pineapple slice 新鮮鳳梨片（去皮） Cherry 櫻桃	Collins Glass 可林杯
★ 二	Caipirinha 卡碧尼亞	45ml Cachaça 甘蔗酒 ——❷ 15ml Fresh Lime Juice **新鮮萊姆汁** ——❶ 1/2 Fresh Lime Cut Into 4 Wedges **新鮮萊姆切成 4 塊** ——❶ 6~8g Sugar **糖包** ——❶ Crushed Ice 適量碎冰	**Muddle 壓榨法**（❶） Build 直接注入法 ❶＋碎冰＋❷ →攪拌2~3下		**Old Fashioned Glass** **古典酒杯**
三	Caravan 車隊	90ml Red Wine **紅葡萄酒** 15ml Grand Marnier 香橙干邑香甜酒 Top with Cola 可樂八分滿	Build 直接注入法	Cherry 櫻桃	Collins Glass 可林杯
★ 四	Gibson 吉普森	45ml **Gin 琴酒** 15ml **Dry Vermouth 不甜苦艾酒**	Stir 攪拌法	**Onion 小洋蔥**	Martini Glass 馬丁尼杯
★ 五	Flying Grasshopper 飛天蚱蜢（製作三杯）	**30ml Vodka 伏特加** 15ml Green Crème de Menthe 綠薄荷香甜酒 15ml White Crème de Cacao 白可可香甜酒 15ml Cream 無糖液態奶精	Shake 搖盪法 Flying Grasshopper－Vodka－裝飾物＝Grasshopper	**Cocoa Powder 可可粉** **Mint Sprig 薄荷枝**	Cocktail Glass 雞尾酒杯
六	Latte Art Rosetta 咖啡拉花－葉形奶泡（圖案之葉片需左右對稱至少各 5 葉以上）	30ml Espresso Coffee 義式咖啡(7g) Top with Foaming Milk 加滿奶泡	義式咖啡機 Pour 注入法		寬口咖啡杯

◎組別 C17

題序	飲料名稱 (Drink name)	成份(Ingredients)	調製法(Method)	裝飾物(Garnish)	杯器皿(Glassware)
一	Banana Frozen Daiquiri 霜凍香蕉戴吉利	30ml **White Rum 白色蘭姆酒** 10ml Fresh Lime Juice 新鮮萊姆汁 15ml Sugar Syrup 果糖 1/2 Fresh Peeled Banana 1/2 條新鮮香蕉	Frozen 霜凍法	Banana Slice 香蕉片 Cherry 櫻桃	Cocktail Glass 雞尾酒杯（大）
二	Whiskey Sour 威士忌酸酒	45ml Bourbon Whiskey **波本威士忌** 30ml Fresh Lemon Juice 新鮮檸檬汁 30ml Sugar Syrup 果糖	Shake 搖盪法	1/2 Orange Slice 1/2 柳橙片 Cherry 櫻桃	**Sour Glass** **酸酒杯**
★ 三	Rob Roy 羅伯羅依（製作三杯）	**45ml Blended Scotch Whisky** **蘇格蘭調和威士忌** **15ml Rosso Vermouth** 甜味苦艾酒 **Dash Angostura Bitters** 少許安格式苦精	Stir 攪拌法	Cherry 櫻桃	Martini Glass 馬丁尼杯
★ 四	Kir 基爾	10ml Crème de Cassis 黑醋栗香甜酒 **fill up with Dry White Wine** **不甜白葡萄酒注至八分滿** （改香檳，使用香檳杯=Kir Royale）	Pour 注入法		**White Wine Glass** **白葡萄酒杯**
★ 五	Horse's Neck 馬頸 （Horse's Neck－Angostura Bitters－裝飾物＝Brandy Ginger）	45ml Brandy **白蘭地** Top with Ginger Ale **薑汁汽水八分滿** Dash Angostura Bitters 調勻後加入**少許安格式苦精**	Build 直接注入法	**Lemon Spiral** **螺旋狀檸檬皮** （形狀像馬脖子而名「Horse's Neck」）	Highball Glass 高飛球杯
六	Latte Art Rosetta 咖啡拉花－葉形奶泡 （圖案之葉片需左右對稱至少各 5 葉以上）	30ml Espresso Coffee 義式咖啡(7g) Top with Foaming Milk 加滿奶泡	義式咖啡機 Pour 注入法		寬口咖啡杯

◎組別 C18

題序	飲料名稱 (Drink name)	成份(Ingredients)	調製法(Method)	裝飾物(Garnish)	杯器皿(Glassware)
★ 一	Rusty Nail 銹釘子（製作三杯） 因顏色像生銹釘子而名「Rusty Nail」	45ml **Blended Scotch Whisky** **蘇格蘭調和威士忌** **30ml Drambuie 蜂蜜香甜酒**	Stir 攪拌法	Lemon Peel 檸檬皮	**Cocktail Glass** **雞尾酒杯**
★ 二	Sex on the Beach 性感沙灘	45ml Vodka **伏特加** 15ml Peach Liqueur 水蜜桃香甜酒 30ml Orange Juice 柳橙汁 30ml Cranberry Juice 蔓越莓汁	Shake 搖盪法	Orange Slice 柳橙片	Highball Glass 高飛球杯
三	Strawberry Night 草莓夜	20ml Vodka **伏特加** 20ml Passion Fruit Liqueur 百香果香甜酒 20ml Sour Apple Liqueur 青蘋果香甜酒 40ml Strawberry Juice 草莓汁 10ml Sugar Syrup 果糖	Shake 搖盪法	**Apple Tower 蘋果塔**	Cocktail Glass 雞尾酒杯（大）
★ 四	Old Fashioned 古典酒	**45ml Bourbon Whiskey 波本威士忌** ── ❷ 2 Dashes Angostura Bitters 少許安格式苦精 **1 Sugar Cube 方糖** **Splash of Soda Water 蘇打水少許**	**Muddle 壓榨法**❶ Build 直接注入法 ❶+冰塊+❷→攪拌一下	Orange Slice 柳橙片 Lemon Peel 檸檬皮 2 Cherries 二顆櫻桃	Old Fashioned Glass 古典酒杯
★ 五	Tropic 熱帶	30ml Bénédictine **班尼狄克丁香甜酒** 60ml White Wine **白葡萄酒** 60ml Fresh Grapefruit Juice **新鮮葡萄柚汁**	Shake 搖盪法	Lemon Slice 檸檬片	Collins Glass 可林杯
六	Latte Art Rosetta 咖啡拉花－葉形奶泡（圖案之葉片需左右對稱至少各 5 葉以上）	30ml Espresso Coffee 義式咖啡(7g) Top with Foaming Milk 加滿奶泡	義式咖啡機 Pour 注入法		寬口咖啡杯

7-3 飲料調製乙級檢定－杯器皿整理

杯子	飲料名稱	基酒	調製法
可林杯 (Collins Glass)	拓荒者賓治(Planter's Punch)	Rum	搖盪法(Shake)
	領航者可林(Captain Collins)	Canadian Whisky	
	義 式 維 也 納 咖 啡 (Viennese Espresso)	**	
	白色聖基亞(White Sangria)	Grand Marnier white wine	
	新加坡司令(Singapore Sling)	Gin	
	熱帶(Tropic)	Benedictine white wine	
	冰涼甜心(Cool Sweet Heart)	Rum	搖 盪 法 (Shake)+ 漂浮法(Float)
	長島冰茶(Long Island Iced Tea)	Gin, Rum, Vodka, Tequila	直 接 注 入 法 (Build)
	約翰可林(John Collins)	Bourbon Whisky	
	車隊(Caravan)	Red Wine	
	鳳梨可樂達(Piña Colada)	Rum	電 動 攪 拌 法 (Blend)
	奇異果巴迪達(Kiwi Batida)	Cachaca	
高飛球杯 (Highball Glass)	琴費士(Gin Fizz)	Gin	搖盪法(Shake)
	銀費士(Silver Fizz)	Gin	
	聖基亞(Sangria)	Brandy, Red wine	
	蛋酒(Egg Nog)	Brandy, Red wine	
	性感沙灘(Sex on the Beach)	Vodka	
	鹹狗(Salty Dog)	Vodka	直 接 注 入 法 (Build)
	螺絲起子(Screwdriver)	Vodka	
	血腥瑪莉(Bloody Mary)	Vodka	
	美國佬(Americano)	Campari + Rosso Vermouth	
	自由古巴(Cuba Libre)	Rum	
	馬頸(Horse's Neck)	Brandy	

杯子	飲料名稱	基酒	調製法
高飛球杯(Highball Glass)(續)	莫西多(Mojito)	Rum	直接注入法(Build)+壓榨法(Muddle)
	薑味莫西多(Ginger Mojito)	Rum	
	經典莫西多(Classic Mojito)	Cachaca	
	特吉拉日出(Tequila Sunrise)	Tequila	直接注入法(Build)+漂浮法(Float)
	哈維撞牆(Harvey Wallbanger)	Vodka	
古典杯(Old Fashioned Glass)	白醉漢(White Stinger)	Vodka	搖盪法(Shake)
	醉漢(Stinger)	Brandy	
	傑克佛洛斯特(Jack Frost)	Bourbon Whisky	
	神風特攻隊(Kamikaze)	Vodka	
	義式伏特加(Vodka Espresso)	Vodka	
	杏仁酸酒（含冰塊）(Amaretto Sour (with ice))	Amaretto	
	墨西哥義式咖啡(Jalisco Espresso)	Tequila	
	震撼(Jolt'ini)	Vodka	
	邁泰(Mai Tai)	Rum	搖盪法(Shake)+漂浮法(Float)
	黑色俄羅斯(Black Russian)	Vodka	直接注入法(Build)
	教父(God Father)	Scotch Whisky	
	卡碧尼亞(Caipirinha)	Cachaca	直接注入法(Build)+壓榨法(Muddle)
	古典酒(Old Fashioned)	Bourbon Whisky	
	白色俄羅斯(White Russian)	Vodka	直接注入法(Build)+漂浮法(Float)
	巴迪達咖啡(Coffee Batida)	Cachaca	電動攪拌法(Blend)
	巴西佬咖啡(Brazilian Coffee)	Cachaca	

杯子	飲料名稱	基酒	調製法
雞尾酒杯(Cocktail Glass)	義式戴吉利(Espresso Daiquiri)	Rum	搖盪法(Shake)
	至尊雞尾酒(Dandy Cocktail)	Gin	
	金色夢幻(Golden Dream)	**	
	粉紅佳人(Pink Lady)	Gin	
	綠色蚱蜢(Grasshopper)	**	
	橘花(Orange Blossom)	Gin	
	雪莉惠而浦(Sherry Flip)	Brandy sherry	
	藍鳥(Blue Bird)	Gin	
	義式香草馬丁尼(Vanilla Espresso Martini)	Vanilla Vodka	
	側車(Side Car)	Brandy	
	紐約(New York)	Bourbon Whisky	
	白蘭地亞歷山大(Brandy Alexander)	Brandy	
	波特惠而浦(Porto Flip)	Brandy port	
	飛天蚱蜢(Flying Grasshopper)	Vodka	
	蘋果曼哈頓(Apple Manhattan)	Bourbon Whisky	攪拌法(Stir)
	銹釘子(Rusty Nail)	Scotch Whisky	
	霜凍香蕉戴吉利(Banana Frozen Daiquiri)	Rum	電動攪拌法(Blend)
大雞尾酒杯(Cocktail Glass 大)	紐約客(New Yorker)	Bourbon Whisky, Red wine	搖盪法(Shake)
	四海一家(Cosmopolitan)	Vodka	
	薄荷芙萊蓓(Mint Frappe)	**	注入法(Pour)

杯子	飲料名稱	基酒	調製法
酸酒杯 (Sour Glass)	威士忌酸酒(Whiskey Sour)	Bourbon Whisky	搖盪法(Shake)
托地杯 (Toddy Glass)	熱托地(Hot Toddy)	Brandy	直接注入法 (Build)
	尼加斯(Negus)	Prot	
	法國佬(Frenchman)	Grand Marnier, Red wine	
馬丁尼杯 (Martini Glass)	曼哈頓(Manhattan)	Bourbon whisky	攪拌法(Stir)
	不甜曼哈頓(Dry Manhattan)	Bourbon whisky	
	義式琴酒(Gin & It)	Gin	
	不甜馬丁尼(Dry Martini)	Gin	
	完美馬丁尼(Perfect Martini)	Gin	
	吉普森(Gibson)	Gin	
	羅伯羅依(Rob Roy)	Scotch Whisky	
炫風杯 (Hurricane Glass)	香蕉巴迪達(Banana Batida)	Cachaca	電動攪拌法 (Blend)
	藍色夏威夷佬(Blue Hawaiian)	Rum	

杯子	飲料名稱	基酒	調製法
瑪格麗特杯(Margarita Glass)	霜凍瑪格麗特(Frozen Margarita)	Tequila	電動攪拌法(Blend)
香甜酒杯(Liqueur Glass)	普施咖啡(Pousse Café)	**	分層法(Layer)
	彩虹酒(Rainbow)	**	
	天使之吻(Angel's Kiss)	**	
烈酒杯(Shot Glass)	B-52 轟炸機(B-52 Shot)	**	分層法(Layer)
高腳香檳杯(Champagne Flut)	含羞草(Mimosa)	**	注入法(Pour)
	皇家基爾(Kir Royale)	**	
	貝利尼(Bellini)	**	

杯子	飲料名稱	基酒	調製法
白葡萄酒杯(White Wine Glass)	基爾(Kir)	**	注入法(Pour)
愛爾蘭咖啡杯(Irish Coffee Glass)	愛爾蘭咖啡(Irish Coffee)	Irish whisky	義式咖啡機(Espresso Machine)+直接注入法(Build)

7-4 飲料調製乙級檢定-調製法整理

搖盪法(Shake) ※波士頓搖酒器、隔冰器、量酒器		
飲料名稱	基酒	杯器皿
義式戴吉利(Espresso Daiquiri)	Rum	
至尊雞尾酒(Dandy Cocktail)	Gin	
金色夢幻(Golden Dream)	**	
粉紅佳人(Pink Lady)	Gin	
綠色蚱蜢(Grasshopper)	**	
橘花(Orange Blossom)	Gin	
雪莉惠而浦(Sherry Flip)	Brandy Sherry	
藍鳥(Blue Bird)	Gin	
義式香草馬丁尼(Vanilla Espresso Martini)	Vanilla Vodka	
金色夢幻(Golden Dream)	**	雞尾酒杯(Cocktail Glass)
側車(Side Car)	Brandy	
紐約(New York)	Bourbon Whisky	
白蘭地亞歷山大(Brandy Alexander)	Brandy	
波特惠而浦(Porto Flip)	Brandy Port	
飛天蚱蜢(Flying Grasshopper)	Vodka	
紐約客(New Yorker)	Bourbon whisky, Red wine	
四海一家(Cosmopolitan)	Vodka	
草莓夜(Strawberry Night)	Vodka	大雞尾酒杯 (Cocktail Glass 大)

搖盪法(Shake) ※波士頓搖酒器、隔冰器、量酒器		
飲料名稱	基酒	杯器皿
拓荒者賓治(Planter's Punch)	Rum	可林杯(Collins Glass)
領航者可林(Captain Collins)	Canadian Whisky	
義式維也納咖啡(Viennese Espresso)	**	
白色聖基亞(White Sangria)	Grand Marnier, White wine	
新加坡司令(Singapore Sling)	Gin	
熱帶(Tropic)	Benedictine, White wine	
白醉漢(White Stinger)	Vodka	古典杯 (Old Fashioned Glass)
醉漢(Stinger)	Brandy	
傑克佛洛斯特(Jack Frost)	Bourbon Whisky	
神風特攻隊(Kamikaze)	Vodka	
義式伏特加(Vodka Espresso)	Vodka	
杏仁酸酒（含冰塊） (Amaretto Sour (with ice))	Amaretto	
墨西哥義式咖啡(Jalisco Espresso)	Tequila	
震憾(Jolt'ini)	Vodka	
琴費士(Gin Fizz)	Gin	高飛球杯(Highball Glass)
銀費士(Silver Fizz)	Gin	
聖基亞(Sangria)	Brandy, Red wine	
蛋酒(Egg Nog)	Brandy, Rum	
性感沙灘(Sex on the Beach)	Vodka	
威士忌酸酒(Whiskey Sour)	Bourbon Whisky	酸酒杯(Sour Glass)

搖盪法(Shake)+漂浮法(Float) ※波士頓搖酒器、隔冰器、量酒器、吧叉匙		
飲料名稱	基酒	杯器皿
冰涼甜心(Cool Sweet Heart)	Rum	可林杯(Collins Glass)
邁泰(Mai Tai) ※漂浮法（深色蘭姆酒）	Rum	古典杯 (Old Fashioned Glass)

直接注入法(Build) ※量酒器、吧叉匙		
飲料名稱	基酒	杯器皿
熱托地(Hot Toddy)	Brandy	托地杯(Toddy Glass)
尼加斯(Negus)	Port	
法國佬(Frenchman)	Grand Marnier, Red wine	
鹹狗(Salty Dog)	Vodka	高飛球杯(Highball Glass)
美國佬(Americano)	Campari+Rosso Vermouth	
螺絲起子(Screwdriver)	Vodka	
血腥瑪莉(Bloody Mary)	Vodka	
自由古巴(Cuba Libre)	Rum	
馬頸(Horse's Neck)	Brandy	
長島冰茶(Long Island Iced Tea)	Gin, Rum, Vodka, Tequila	可林杯(Collins Glass)
約翰可林(John Collins)	Bourbon whisky	
車隊(Caravan)	Red wine	

直接注入法(Build) ※量酒器、吧叉匙		
飲料名稱	基酒	杯器皿
黑色俄羅斯(Black Russian)	Vodka	古典杯 (Old Fashioned Glass)
教父(God Father)	Scotch whisky	

直接注入法(Build)+壓榨法(Muddle) ＊量酒器、吧叉匙、碾棒		
飲料名稱	基酒	杯器皿
莫西多(Mojito)	Rum	高飛球杯(Highball Glass)
薑味莫西多(Ginger Mojito)	Rum	
經典莫西多(Classic Mojito)	Rum	
卡碧尼亞(Caipirinha)	Cachaca	古典杯 (Old Fashioned Glass)
古典酒(Old Fashioned)	Bourbon Whisky	

直接注入法(Build)+漂浮法(Float) ※量酒器、吧叉匙		
飲料名稱	基酒	杯器皿
特吉拉日出(Tequila Sunrise)	Tequila	高飛球杯(Highball Glass)
哈維撞牆(Harvey Wallbanger)	Vodka	
白色俄羅斯(White Russian)	Vodka	古典杯 (Old Fashioned Glass)

攪拌法(Stir)

※量酒器、刻度調酒杯、隔冰器、吧叉匙

飲料名稱	基酒	杯器皿
曼哈頓(Manhattan)	Bourbon Whisky	馬丁尼杯(Martini Glass)
不甜曼哈頓(Dry Manhattan)	Bourbon Whisky	
義式琴酒(Gin & It)	Gin	
不甜馬丁尼(Dry Martini)	Gin	
完美馬丁尼(Perfect Martini)	Gin	
吉普森(Gibson)	Gin	
羅伯羅依(Rob Roy)	Scotch Whisky	
蘋果曼哈頓(Apple Manhattan)	Bourbon Whisky	雞尾酒杯(Cocktail Glass)
銹釘子(Rusty Nail)	Scotch Whisky	

電動攪拌法(Blend)

※果汁機、量酒器、吧叉匙

飲料名稱	基酒	杯器皿
香蕉巴迪達(Banana Batida)	Cachaca	炫風杯 (Hurricane Glass)
藍色夏威夷佬(Blue Hawaiian)	Rum	
巴迪達咖啡(Coffee Batida)	Cachaca	古典杯 (Old Fashioned Glass)
巴西佬咖啡(Brazilian Coffee)	Cachaca	

電動攪拌法(Blend)

※果汁機、量酒器、吧叉匙

飲料名稱	基酒	杯器皿
鳳梨可樂達(Piña Colada)	Rum	可林杯 (Collins Glass)
奇異果巴迪達(Kiwi Batida)	Cachaca	
霜凍瑪格麗特(Frozen Margarita)	Tequila	瑪格麗特杯 (Margarita Glass)
霜 凍 香 蕉 戴 吉 利 (Banana Frozen Daiquiri)	Rum	雞尾酒杯(Cocktail Glass)

分層法(Layer)

※量酒器、吧叉匙

飲料名稱	基酒	杯器皿
普施咖啡(Pousse Café)	**	香甜酒杯(Liqueur Glass)
彩虹酒(Rainbow)	**	
天使之吻(Angel's Kiss)	**	
B-52 轟炸機(B-52 Shot)	**	烈酒杯(Shot Glass)

注入法(Pour) ※量酒器		
飲料名稱	基酒	杯器皿
薄荷芙萊蓓(Mint Frappe)	**	大雞尾酒杯 (Cocktail Glass 大)
含羞草(Mimosa)	**	高腳香檳杯 (Champagne Flute)
皇家基爾(Kir Royale)	**	
貝利尼(Bellini)	**	
基爾(Kir)	**	白葡萄酒杯 (White wine Glass)
愛爾蘭咖啡(Irish Coffee)	Irish Whisky	愛爾蘭咖啡杯 酒精燈 烤杯架 愛爾蘭咖啡杯 (Irish Coffee Glass)

單字庫

◎雞尾酒

Alexander	亞歷山大
Amaretto Sour	杏仁酸酒
Americano	美國佬
Angle's Kiss	天使之吻
B&B	B 對 B
B52	B52 轟炸機
Bacardi Cocktail	百家得雞尾酒
Black Russian	黑色俄羅斯
Blue Bird	藍鳥
Blue Hawaii	藍色夏威夷
Bourbon Coke	波本可樂
Brandy Ginger	白蘭地薑汁
Brandy Alexander	白蘭地亞歷山大
Brandy Soda	白蘭地蘇打
Campari Soda	金巴利蘇打
Celery Stick	芹菜棒
Cherry	櫻桃
Chi Chi	奇奇
Cinnamon Powder	肉桂粉
Gin Fizz	琴費士
Gin Tonic	琴奎寧
Cold Sweet Heart	冰涼甜心
Cuba Libre	自由古巴
Daiquiri	戴吉利
Dash of Angostura Bitter	少許安格式苦精
Egg Nog	蛋酒
Flying Grasshopper	飛天蚱蜢

Frozen Daiquiri	霜凍戴吉利
Frozen Margarita	霜凍瑪格麗特
Gibson	吉普森
God Mother	教母
Golden Cadillac	金色凱迪拉克
Golden Fizz	金費士
Golden Dream	金色夢幻
Grasshopper	綠色蚱蜢
Harvey Wallbanger	哈維撞牆
Horse's Neck	馬頸
John Collins	約翰可林
Kamikaze	神風特攻隊
Kir	基爾
Lemon Spiral	螺旋檸檬皮
Lemon Wedge	檸檬角
Long Beach Iced Tea	長堤冰茶
Mai Tai	邁泰
Manhattan	曼哈頓
New York	紐約
Nutmeg Powder	荳蔻粉
Old-fashioned	古典酒
Olive	橄欖
Onion	小洋蔥珠
Orange Blossom	橘花
Perfect Manhattan	完美曼哈頓
Perfect Martini	完美馬丁尼
Planter's Punch	拓荒者賓治
Rob Roy	羅伯羅依
Royal Kir	皇家基爾
Rusty Nail	鏽釘子
Salty Dog	鹹狗

Salt Rimmed	鹽口杯
Scotch Mizuwali	蘇格蘭威士忌加水
Scotch Soda	蘇格蘭蘇打
Scorpion	天蠍座
Screwdriver	螺絲起子
Side Car	側車
Stinger	醉漢
Sugar Rimmed	糖口杯
Tequila Boom	墨西哥炸彈
Tom Collins	湯姆可林
Whisky Sour	威士忌酸酒

EXERCISE

( ) 1. 標準配方的內容不包含下列何者？ (1)調配方法 (2)價錢 (3)材料 (4)容量。

( ) 2. 調酒師 Amy 已調好一杯 Martini，但小明突然要求改成「Martini on the Rocks」，請問 Amy 應如何處理最妥當？ (1)直接在雞尾酒杯中加入冰塊 (2)婉轉回覆小明沒有這種喝法 (3)將調好的 Martini 倒入附有冰塊的 Old fashioned 中，並稍作攪拌 (4)使用果汁機將 Martini 與冰塊打成 Frozen drinks，再以 Martini Glass 盛裝。

( ) 3. 關於雞尾酒的基酒，下列何者為非？ (1)Pink Lady-Gin (2)Stinger - Brandy (3)Kamikaze-Light Rum (4)Blue Bird-Gin。

( ) 4. 下列哪些雞尾酒的 Garnish 不是 Nutmeg Powder？ (1)Egg Nog (2)Porto Flip (3)Negus (4)Caipirinha。

( ) 5. 依照飲料定義與分類的原則，關於「Martini」這款雞尾酒的敘述，下列何者正確？ (1)屬於 Long Drinks (2)屬於 After Dinner Drinks (3)屬於 Frozen Drinks (4)屬於 Hard Drinks。

( ) 6. 調製 Flying grasshopper 時，不須使用下列何種器皿？ (1)Cocktail Glass (2)Measurer (3)Stirrer (4)Strainer。

( ) 7. 顧客表明不喜歡含有奶製品或相關口味的飲品，最適合推薦下列哪一款雞尾酒？ (1)Angel's Kiss (2)Brandy Alexander (3)Egg Nog (4)Gin Fizz。

( ) 8. 關於雞尾酒名稱及其調製方法和基酒的搭配，下列何者錯誤？ (1)Black Russian：Build、Vodka (2)Blue bird：Shake、Gin (3)Margarita：Stir、Tequila (4)Side Car：Shake、Brandy。

( ) 9. 依據飲料的定義及分類原則，「Gin Tonic」為何種類型的飲料？ (1)After Dinner Drinks (2)Frozen Drinks (3)Soft Drinks (4)Tall Drinks。

( ) 10. 下列關於混和性飲料的敘述，何者錯誤？ (1)指由兩種以上材料混合而成的飲品 (2)Cocktail 是指含酒精的混和性飲料，若是無酒精的混和性飲料則稱為 Mocktail (3)有名的 Mocktail 包含灰姑娘、奇異之吻、蜜桃比妮等 (4)風味偏甜的雞尾酒適合在餐後飲用，如 Dry Martini。

( ) 11. 阿榮到酒吧點酒，請調酒師準備烈酒「On the Rocks」，請問 Bartender 不會使用到下列何種東西？ (1)Bar Spoon (2)Old Fashioned Glass (3)Lump of ice (4)Shaker。

( ) 12. 曉諭在介紹吧檯器具給店裡新人聽，請問下列哪個介紹不正確？ (1)Strainer 的使用通常與會搭配 Mixing Glass (2)加入時基酒時，如果不想使用量酒器，可以使用 Jigger Pourer (3)Zester 是拿來壓檸檬汁，可避免將檸檬皮中的苦味榨出 (4)客人桌上要放 Coaster，可吸收杯身凝結之水珠。

( ) 13. 下列何種混和性飲料不會使用到 Build？ (1)奇異之吻 (2)琴費士 (3)灰姑娘 (4)螺絲起子。

( ) 14. 關於雞尾酒的調製的敘述，下列何者正確？甲、Horse's Neck：先加入冰塊再加入材料；乙、Tequila Sunrise：飲料調製好後最後漂浮紅石榴糖漿；丙、 Frozen Margarita：將材料放入果汁機內攪拌；丁、Martini：先將冰塊加入成品杯後再加入材料後攪拌 (1)乙、丁 (2)甲、丁 (3)乙、丙、丁 (4)甲、乙、丙。

( ) 15. 下列飲料何者為 Mocktail？ (1)Pousse cafe (2)Screw Driver (3) Shirley Temple (4)Side Car。

( ) 16. 下列雞尾酒何者可以製作成熱飲也可以製作成冷飲？ (1)Negus (2)Egg Nog (3)Mojito (4)Piña Colada。

( ) 17. 下列何款雞尾酒是以 Lemon Wedge 與 Celery Stick 裝飾？ (1)Bloody Mar (2)Gin fizz (3)Old fashioned (4)Pink lady。

( ) 18. 下列哪一款雞尾酒，沒有使用 Slice 做為裝飾物？ (1)Americano (2)Hot Toddy (3)Old fashioned (4)Orange blossom。

( ) 19. punch 於應用上可採用各種原料調製，但此詞源於印度語，有五味酒之意，其最初的五味所指為何？ (1)酒、水、糖、香料、檸檬 (2)酒、水、香料、水果、鹽 (3)酒、水、鹽、檸檬、茶湯 (4)酒、果汁、糖、茶湯、水果。

( ) 20. 下列何款飲料所應用的調製方法與盛裝之杯皿相同？甲：Dry Martini；乙：Mojito；丙：Manhattan；丁：Old fashioned (1)甲、丙 (2)甲、丁 (3)乙、丙 (4)乙、丁。

( ) 21. 關於雞尾酒調製的敘述，下列何者正確？ (1)Screw Driver 是以 Corkscrew 調製 (2)Kir 是以 Float 方式調製 (3)Free Pour 不需使用量酒器量測酒液 (4)Blend 是以 Muddle 搗碎加入之水果。

( ) 22. 關於雞尾酒名稱以及其所使用的杯皿和裝飾物的組合，下列何者正確？ (1)Blue Bird：Cocktail Glass、Lemon Peel (2)Flying Grasshopper：Highball、Mint Leaf (3)Salty Dog：Collins、Nutmeg Powder (4)Stinger：Sour Glass、Lemon Slice。

( ) 23. 調製 Singapore sling 時，不需要使用下列哪一個品項？甲、Gin 乙、Vodka 丙、Cherry Brandy 丁、Shaker 戊、Muddle (1)甲丁 (2)乙戊 (3)丙丁 (4)甲丙丁。

( ) 24. 關於混合性飲料的敘述，下列何者正確？ (1)Decoration 為雞尾酒上可食用之裝飾物 (2)Floating 或 Layer 都是利用材料比重差異調製 (3)Free Pour 為不須依照配方之創意雞尾酒 (4)Muddle 法是以 Squeezer 壓取薄荷葉汁液。

( ) 25. 有一款合成酒是以葡萄酒為基酒釀製，可促進食慾助開胃，為調製「雞尾酒之王」的主材料之一？ (1)Dubonnet (2)Pernod (3)Campari (4)Vermouth。

( ) 26. 阿玲家有琴酒、伏特加、柳橙、紅櫻桃、檸檬、蘇打水、義大利香草酒、葡萄柚、砂糖、甜苦艾酒請問他無法調製哪杯雞尾酒？ (1)Screwdriver (2)Salty Dog (3)Harvey Wallbanger (4)Orange Blossom。

( ) 27. 呈上題，請問再準備何項材料，即可調製上述所有飲料？ (1)Salt (2)Angostura Bitters (3)Egg (4)Cinnamon Powder。

( ) 28. 呈上上題，請問如果多準備不甜苦艾酒及果糖，下列哪杯雞尾酒還是無法製作？ (1)Silver Fizz (2)Gin Fizz (3)Martini (4)Perfect Martini。

( ) 29. 阿榮到酒吧點酒，請調酒師準備烈酒「On the Rocks」，請問 Bartender 不會使用到下列何種東西？ (1)Bar Spoon (2)Old Fashioned Glass (3)Lump of Ice (4)Shaker。

( ) 30. 下列哪一款雞尾酒，適合推薦給對於雞蛋會產生過敏現象且不喜歡有椰漿風味的顧客？ (1)Chi chi (2)Egg nog (3)Flying grasshopper (4)Pink lady。

( ) 31.下列雞尾酒調製的相關敘述何者錯誤？ (1)Frozen Margarita 使用 blender 調製 (2)Gin fizz 最後須加入 soda water (3)Margarita 杯皿冰鎮後沾糖製作糖口杯 (4)Mojito 需用搗壓棒將材料搗壓。

( ) 32. 下列雞尾酒所使用的杯皿何者正確？ (1)God father 使用 highball (2)Horse's neck 使用 Collins (3)Kir royal 使用 champagne flute (4)Sex on the beach 使用 old fashioned glass。

( ) 33. 下列哪二款飲料所應用之調製方法與使用之杯皿相同？ (1)Angel's kiss、Kir (2)Angel's kiss、Pousse café (3)B-52、Black Russian (4)Black Russian、Kir。

(　) 34. 老師在飲料實務課堂中示範了各式酒精性飲料的標準調製法，並讓同學分組練習。下列關於雞尾酒與其使用的調製法內容，何者正確？ (1)以電動攪拌法調製 Mai tai，將所有材料加入水、冰塊，以電動攪拌機拌打均勻後倒入成品杯中 (2)以漂浮法調製 Rusty nail，運用材料間的比重差異，依序將材料倒入成品杯中以達到分層的效果 (3)以搖盪法調製 Whiskey sour，將不易混合均勻的材料與冰塊加入雪克杯中一併搖盪後，過濾倒入成品杯中 (4)以注入法調製 Tom collins，將材料依序加入刻度調酒杯中，以吧叉匙攪拌均勻後過濾倒入成品杯中。

(　) 35. 知名歌手周杰倫在其一首歌中有如下的歌詞：「麻煩給我的愛人來一杯 Mojito，我喜歡閱讀她微醺時的眼眸。」關於歌詞中所提到的這杯雞尾酒之調製，下列敘述何者正確？ (1)所使用的基酒與 Screw driver 相同 (2)所使用的杯皿與 Tequila sunrise 相同 (3)所使用的新鮮材料與 Cuba libre 相同 (4)應用的調製方法與 Flying grasshopper 相同。

(　) 36. 阿丁是 ABC Bar 的吧檯工作人員，接到領班給的 3 號桌飲品點單後，準備了 2 個 collins glass 和 1 個 cocktail glass。下列何者最可能是這張點單的內容？

(1)

ABC Bar		桌號：3 日期：4/30 人數：3 時間：21:05	
品項	數量	單價	備註
Gin & tonic	1		
John collins	1		
Pink lady	1		
小計		簽名：Lee	

(2)

ABC Bar		桌號：3 日期：4/30 人數：3 時間：21:05	
品項	數量	單價	備註
Manhattan	1		
Whiskey sour	1		
Kir	1		
小計		簽名：Lee	

(3)

ABC Bar		桌號：3 日期：4/30 人數：3 時間：21:05	
品項	數量	單價	備註
Manhattan	1		
Whiskey sour	1		
Kir	1		
小計		簽名：Lee	

(4)

ABC Bar		桌號：3 日期：4/30 人數：3 時間：21:05	
品項	數量	單價	備註
Blue bird	1		
John collins	1		
Piña colada	1		
小計		簽名：Lee	

(　) 37. 小明與多年不見的好友晚餐吃完飯後，想要繼續換個地方聊聊以前高中時期的時光，因此選擇了一家 Lounge Bar 喝個雞尾酒。兩個人坐在吧檯一邊聊天一邊詢問 Bartender 他們還要繼續聊天等其他的朋友來，請 Bartender 推薦他們長時間聊天飲用的雞尾酒。若你是 Bartender 你會建議他們喝什麼品項呢？　(1)B-52　(2)Angel's Kiss　(3)Gin Tonic　(4)Martini。

(　) 38. Bartender 在吧檯上工作除了調製的相關工具很重要外，包括調製材料等都需要經過慎選，其中冷飲中不可或缺的冰塊也是非常重要，影響著整杯飲品最後口感的呈現。今天有三位客人上門，分別為甲、乙、丙三位，甲客人想要加冰塊的 Whisky，乙客人想要飲用 Long Island Iced Tea，丙客人想要飲用 Martini。根據三位客人所點的飲品，最後完成的飲品，成品杯中的冰塊依序為下列何者？　(1)大顆球形冰塊、方形冰塊、不須添加　(2)碎冰、片冰、方形冰塊　(3)大顆球形冰塊、片冰、方形冰塊　(4)不須添加、方形冰塊、片冰。

題組：

小杰向 Bartender 點了一款雞尾酒，Bartender 向小杰敘述了這款調酒的特色與故事：「成品在不攪動的情況下飲用，從口感方面，最上層是烈酒刺激味，上層的視覺感彷彿置身在寸草不生、荒涼而破曉時刻前的沙漠，浮冰則帶著一絲冷冽的氛圍，接著伴隨著酸甜的口感，最終是紅石榴糖漿甜美的滋味，而柳橙汁渲染紅石榴糖漿則呈現曙光絢麗的視覺效果。」

(　) 39. 小杰點了下列哪一款雞尾酒？　(1)Golden Dream　(2)Magarita　(3)Mai Tai　(4)Tequila Sunrise。

(　) 40. 小杰點的這款雞尾酒所使用的基酒、調製方法、盛裝杯皿，下列何者完全正確？　(1)Brandy、shake + layer、瑪格莉特杯　(2)Rum、build + float、可林杯　(3)Tequila、build + float、高飛球杯　(4)Vodka、build + layer、雞尾酒杯。

題組：

臺北某知名高中舉辦畢業旅行，預計從臺北一路玩到高雄，行程中安排兩個遊樂園區讓學生玩個盡興，第一天行程中的晚餐在飯店裡享用，飯店特別準備了多款飲品讓大家選擇，包含了 Macchiato、Mocha、Viennese Coffee、Royal Coffee、珍珠奶茶、青草茶、柳橙汁、鴛鴦奶茶、洋甘菊茶等。晚餐後有獨家的酒吧體驗活動，請回答以下問題：

( ) 41. 請問依照規劃，下列哪個遊樂園是不可能出現在行程中的？ (1)麗寶樂園 (2)劍湖山世界 (3)怡園渡假村 (4)香格里拉樂園。

( ) 42. 沿途中旅行社準備了伴手禮給帶隊的老師們，請問下列哪些是不會出現在伴手禮裡面的？甲：古坑咖啡、乙：港口茶、丙：上將茶、丁：三地門咖啡 (1)甲乙丙 (2)乙丙丁 (3)乙丁 (4)甲丙。

( ) 43. 請問晚餐中提供的咖啡，何者未成年的學生不適合點？ (1)Macchiato (2)Mocha (3)Viennese Coffee (4)Royal Coffee。

( ) 44. 請問晚餐提供的飲品中，洋甘菊又被稱為是？ (1)大地的蘋果 (2)天使的贈與 (3)寧靜的香水植物 (4)破曉時的天堂。

( ) 45. 酒吧體驗活動裡，調酒師讓學生體驗調製雞尾酒，現場準備了 Gin、Brandy、Tequila、Vodka，請問學生無法調製哪款雞尾酒？ (1)瑪格麗特 (2)邁泰 (3)螺絲起子 (4)粉紅佳人。

解答&解析

Chapter 01 飲務的作業規範

1	2	3	4	5	6	7	8	9	10
3	4	1	2	1	4	2	3	2	4
11	12	13	14	15	16	17	18	19	20
1	4	4	3	1	1	3	2	4	1
21	22	23	24	25	26	27	28	29	30
2	4	4	4	1	3	1	2	4	3
31	32	33	34	35	36				
1	4	2	1	4	2				

解析

1. (1)Front Bar 指前吧檯區：吧檯人員與客人接觸並提供飲料的地方。(2)Open Bar 開方式酒吧：有兩種意思，一種是指調酒師直接面對客人進行服務，另一種意思是指宴會當中客人無須付飲料錢，宴會結束後由主人統一付錢。(3)Service Bar 服務性吧檯：調酒師不直接面對客人，由服務生進行點單與送飲料。(4)Lounge 酒廊：屬於較正式的酒吧。
5. (2)Liquor 指的是烈酒。(3)Liqueur 指的是香甜酒。(4)Beverage 指飲料。.
8. (3)咖啡飲料咖啡因含量無上限規定。新法規中已刪除低咖啡因咖啡及飲品之規定。
12. (1)Cocktail Lounge 雞尾酒酒廊：屬於較正式的酒吧。(2)Sky Lounge 頂樓酒吧：位於頂樓，主打可觀看景觀。(3)Night Club 夜店。(4)Mini Bar 迷你酒吧：位於客房內，提供小瓶烈酒與碳酸飲料、果汁等，供客人自行調製飲用。
14. (1)生啤酒機。(2)測速槍。(3)蘇打槍。(4)糖漿容器。
15. (1)快速酒架。(2)蘇打槍。(3)酒架。(4)吊杯架。
19. (1)Virgin Pina Colada 純真可樂達。(2)Shirley Temple 雪莉登波。(3)Cinderella 灰姑娘。(4)Cosmopolitan 柯夢波丹（Vodka 為基酒的雞尾酒）。
24. (1)臺灣最早的連鎖咖啡為來自日本的「羅多倫」，強調 35 元平價咖啡，搭配三明治及漢堡。(2)臺灣早期的咖啡館為「明星咖啡館」、「田園咖啡屋」，是當時文人和藝術家聚會的場所，充滿濃厚的文藝氣息。(3)臺灣第一家本土咖啡連鎖店為「丹堤咖啡」，期初率先以 35 元的低價提供給消費者，打破咖啡是少數人才能享用的貴族產品之刻板印象。

26. 有酒精成分的稱為硬性飲料 Hard drink；無酒精成分的稱為軟性飲料 Soft drink。
27. front bar 指檯服務區，是指客人點用飲料或放置飲料的地方。back bar 後檯展示區，是指展示各式酒類、杯器皿之處。under bar 飲料調製區，是指調酒員調製飲品的地方，包含水槽、工作檯面、快速酒架(speed rack)。
28. 乙：藥酒屬於合成酒。丁：ginger ale 薑汁汽水屬於碳酸飲料。
33. (2)七喜屬於碳酸飲料。
34. (1) ice scoop 冰鏟 、 ice tongs 冰夾 、ice bin 儲冰槽 。冰鏟與冰夾不可放置於儲冰槽內。(2) soda gun 蘇打槍。(3) house brand 招牌葡萄酒、 speed rack 快速酒架。(4) back bar 後吧檯區。
36. 酒精含量 0.5%以上稱為 hard drink 是酒精性飲料，又稱硬性飲料；soft drink 為非酒精性飲料，又稱軟性飲料或純真飲料(virgin drink)。

Chapter 02 器具、材料與調製法

1	2	3	4	5	6	7	8	9	10
1	1	4	4	2	3	1	3	2	3
11	12	13	14	15	16	17	18	19	20
1	4	3	2	2	2	2	1	4	3
21	22	23	24	25	26	27	28	29	30
3	2	3	1	3	4	3	1	3	1
31	32	33	34	35	36	37	38	39	40
4	2	4	3	2	2	3	2	3	3
41	42	43	44						
3	1	3	1						

解析

3. (4)公杯(Lipped Glass)。公杯是拿來裝液體材料或者裝烈酒供客人倒到自己的杯中飲用。
5. 一定都會使用量酒器量取材料。
6. Garnish 是指可食用的裝飾物；不可食用的裝飾物稱為 Decoration。
8. 使用搖盪法可將雞蛋及牛奶充分混和均匀。
10. (1) Stirrer 調酒棒。(2)Stick 劍叉。(3)Strainer 隔冰器。(4)Straw 吸管。

26. 柳橙使用壓汁器，柳橙汁與鳳梨使用果汁機製作柳橙鳳梨汁。百香果蛋蜜汁直接使用搖酒器製作。榨汁器主要是來榨金桔汁用的。
28. 奇異之吻：漂浮法+直接注入法（漂浮新鮮柳橙汁）。冰蜜桃比妮：直接注入法。冰金桔檸檬汁、珍珠奶茶：搖盪法。
33. Pour 注入法，不攪拌。Stir 攪拌法，須要使用 mixing glass 刻度調酒、strainer 隔冰器、measurer 量酒器以及 bar spoon 吧叉匙。莫西多須使用 muddle 壓榨法將以及 build 直接注入法。普施咖啡是以 Layer 分層法調製。
34. Blender 電動攪拌法、Avocado 酪梨、Kiwi 奇異果、Passion Fruit 百香果有籽，不建議使用電動攪拌法、Star Fruit 楊桃。
35. (1)Avocado 酪梨。(2)Grapefruit 葡萄柚。(3)Mango 芒果。(4)Papaya 木瓜。葡萄柚用壓汁器製作，其餘三者使用果汁機製作。
36. 甲：block of ice 大冰塊，一公斤以上的大冰塊，通常用在宴會中的雞尾酒缸，以保持酒的冰涼。乙：crushed ice 碎冰，通常使用在熱帶性雞尾酒和 frappé 系列雞尾酒。丙：ice cube 方塊冰，立方體冰塊，最常使用。丁：lump of ice 大圓冰塊，拳頭大小，一杯用在 On the Rocks 的酒類，以古典杯盛裝。融化速度為乙→丙→丁→甲。
37. (3)Singapore sling 新加玻司令，可林杯。其餘為高飛球杯。
38. (1)Decoration 為雞尾酒上不可食用之裝飾物。(3)Free pour 指自由倒酒，不使用量酒器。(4)Muddle 法是以 muddler（搗碎棒）搗碎薄荷葉取其汁液。
39. Condiments 調味品。Milk 牛奶、Mint 薄荷、Nutmeg Powder 荳蔻粉、Syrup 糖漿、7-up 七喜、Cinnamon Powder 肉桂粉、Tabasco 酸辣油、Salt 鹽、Tomato Juice 番茄汁、Egg 蛋、Sugar 糖。
40. Glass Rimmer 沾杯器，鹽口杯與糖口杯需使用沾杯器製作。Salty Dog 鹹狗、Margarita 瑪格莉特與 Frozen Margarita 霜凍瑪格莉特為鹽口杯；Orange Blossom 橘花為糖口杯。
41. Nutmeg Powder 荳蔻粉。

品項	裝飾物
甲、Hot Toddy 熱托地	檸檬片、肉桂粉
乙、Brandy Alexander 白蘭地亞歷山大	荳蔻粉
丙、Egg Nog 蛋酒	荳蔻粉
丁、Cappuccino 卡布奇諾	肉桂粉
戊、Negus 尼加斯	荳蔻粉

答案為乙、丙、戊 3 個。

42. (1)雞尾酒杯。(2)collins glass 可林杯。(3)highball glass 高飛球杯。(4)Hurricane glass 旋風杯。
43. X.O.白蘭地用 brandy snifter 白蘭地杯、draft beer 生啤酒用 mug 馬克杯、whisky on the rocks 威士忌加冰用 old fashioned 古典酒杯、Eiswein 冰酒用 white wine glass 白酒杯。flute 細長型香檳杯、liqueur glass 香甜酒杯。
44. (2)blend 電動調製法不可加入碳酸飲料，Ginger Ale（薑汁汽水）。(3)decoration 是指不可食用的裝飾物，garnish 是指可食用的裝飾物。(4)speed rack 快速酒架，設置於操作區，放置常用基酒。

Chapter 03 飲品的認識與調製

1	2	3	4	5	6	7	8	9	10
2	2	2	2	1	4	4	3	2	2
11	12	13	14	15	16	17	18	19	20
3	3	4	3	1	4	2	1	3	4
21	22	23	24	25	26	27	28	29	30
2	4	3	2	4	4	3	4	1	3
31	32	33	34	35	36				
2	2	2	2	4	1				

解析

1. 甲：Yogurt 優格。乙：Milkshake 奶昔。丙：Sprite 雪碧。丁：Perrier 沛綠雅。戊：Volvic 富維克（天然礦泉水）。己：Ginger Ale 薑汁汽水。沒有氣泡的是甲乙戊，有氣泡的是丙丁己。
2. (1)薑汁汽水。(2)蘇打水。(3)奎寧水。(4)可樂。
3. (1)奎寧水。(2)發泡鮮奶油。(3)紅石榴糖漿。(4)荳蔻粉。
4. 牛奶遇酸會凝結。
10. (1)Perrier 為法國天然氣泡礦泉水，有水中香檳之稱。(2)apple sidra 蘋果西打是指蘋果風味的碳酸性飲料。(3)碳酸飲料不可使用 shake 搖盪法的方式。(4)soda water 蘇打水，為飲用水加入二氧化碳，無色無味。Sarsaparilla 沙士主要原料是從黃樟樹(sassafras)的根皮提煉出來的。
11. (1)養樂多、益菌多屬於稀釋發酵乳，也就是乳酸菌飲料；Drinking Yogurt 是指優酪乳。(2)Sterilized Milk（保久乳）保存期限較 Fresh Milk（新鮮牛奶）長。(3)Skim Milk（脫脂鮮乳）乳脂肪含量小於 Low Fat Milk（低脂鮮乳）。(4)Whole Milk（全脂鮮乳）酵母菌含量較 Fermented Milk（發酵乳）少。

12. (1)skim milk 稱為脫脂鮮乳。(2)所有包裝性乳製飲品都是以鮮乳製成，生乳是未經殺菌處理的生乳汁。(4)生乳是指由乳牛身上擠出，未經滅菌、均質處理過的乳汁。
13. (1)指冰沙，使用電動攪拌法製作。(2)凍飲，使用果汁機／冰沙機製作。(4)冰淇淋才會加入鮮奶、鮮奶油，Sorbet 為冰沙。
20. 熱卡布奇諾為注入法，其餘三者為攪拌法。
21. 熱摩卡咖啡為直接注入法，需要稍作攪拌，其餘皆為注入法，完全不需要攪拌。
22. (1)熱桔茶使用加熱柳橙汁沖泡紅茶、冰桔茶使用熱水沖泡紅茶。(2)皆使用現成柳橙汁。(3)熱桔茶不會使用到檸檬汁，僅裝飾物需要檸檬角。
23. (1)使用沖茶器沖泡紅茶。(2)珍珠不需要一起搖盪。(4)奶精粉拌勻後才加入冰塊，除了珍珠，其餘材料依序加入後搖盪。
26. 愛玉做法為將愛玉子裝進搓洗袋搓揉至果膠全部溶出於冷開水中，並靜置約 30 分鐘即凝結成愛玉凍，過程中不需要加熱。
27. 小恩「奇異之吻」：直接注入法與漂浮法。小芹「冰蜜桃比妮」：直接注入法。小蘭「熱桂圓紅棗茶」：攪拌法。小柚「冰抹茶拿鐵」：直接注入法與漂浮法。小萘「灰姑娘」：直接注入法。小蓉「珍珠奶茶」：搖盪法。B 選項雖為相同調製法但非使用單一調製法，故答案為 C。
28. 奇異之吻使用高飛球杯。
31. 紫羅蘭和碳酸飲料非臺灣特色食材。
32. (1)奎寧水也稱為通寧水。(2)mineral water 礦泉水。(4)root beer 是麥根沙士屬於碳酸飲料。
33. 愛玉飲是將愛玉子搓揉至果膠溶出於冷開水中，靜置凝結而成愛玉凍，再調製成飲品。
34. 熱水果茶需要使用壓汁器壓榨檸檬汁、灰姑娘則需要使用壓汁器壓榨檸檬汁與柳橙汁。
35. (1)沛綠雅(Perrier)是法國天然氣泡礦泉水。(2)全脂牛奶(Whole Milk)乳脂含量在在 3~3.8%之間。(3)優格(Yogurt)屬於凝態發酵乳製品。

Chapter 04 茶的認識與調製

1	2	3	4	5	6	7	8	9	10
4	2	2	4	1	4	2	2	1	4

11	12	13	14	15	16	17	18	19	20
1	4	1	2	2	1	1	1	1	2
21	22	23	24	25	26	27	28	29	30
2	4	3	3	3	1	4	1	3	1
31	32	33	34	35	36	37	38	39	40
2	3	2	4	3	2	3	1	4	3
41	42	43	44	45	46	47	48	49	50
2	4	3	3	4	2	1	2	3	4
51	52	53	54	55	56	57	58	59	60
2	1	1	1	1、4	1	3	2	3	4
61	62	63	64						
2	1	2	4						

解析

2. 碧螺春屬於不發酵茶，因為沒有經過發酵，故單寧酸都被鎖在茶葉裡面。
3. 綠茶及抹茶屬於不發酵茶，沖泡水溫約 70~80℃之間。鐵觀音屬於重烘焙的茶，沖泡水溫約為 95℃。白毫烏龍雖發酵程度高，但因牙嫩又多白毫，故沖泡水溫僅 85℃。
5. (2)半發酵茶：茶菁→日光萎凋→室內萎凋→炒菁→揉捻→乾燥。(3)全發酵茶：茶菁→揉捻→渥紅→乾燥→成品。(4)後發酵茶：茶菁→炒菁→揉捻→渥堆→乾燥。
6. 單孔濾杯為咖啡沖泡的器具。
8. 白茶屬於半發酵茶；採茶→室內重度萎凋→乾燥。
9. 紅茶建議沖泡水溫 95℃以上。包種茶建議沖泡水溫 80~85℃。碧螺春建議沖泡水溫 70~75℃。
10. 龍井茶、碧螺春是不發酵茶。包種茶是部分發酵茶。
11. (2)專業品評的茶泡法：3g 茶葉：150 水：5 分鐘。(3)沖泡水溫高到低：普洱茶 95℃、烏龍茶 85~90℃、綠茶 70~75℃。(4)發酵程度高到低：紅茶（全發酵茶）→鐵觀音（半發酵茶）→龍井茶（不發酵茶）。
12. (1)發酵有很多種；一種是指茶葉的氧化作用，氧化程度越高，茶湯越橙紅；另一種發酵是屬於後發酵（非酵素發酵），在「殺菁」之後，利用濕熱作用所進行，包含黃茶「悶黃」或黑茶「渥堆」都算是；還有一種是將生餅茶經長時間存放，以自然環境中的微生物來促使茶葉進行作用也算是發酵。(2)茶葉的形狀是在揉捻階段所完成。(3)茶葉一年四季都可採收。

13. 乙、凍頂茶需要進行揉捻。
14. 東方美人茶有蜂蜜的香味。
15. 乙：東方美人茶又稱為椪風茶。丁：白毫烏龍茶的發酵程度較碧螺春高；白毫烏龍茶屬於半發酵茶、碧螺春屬於不發酵茶。
16. (2)鐵觀音茶：新北市石門。(3)福鹿茶：台東鹿野。(4)包種茶：新北石碇、坪林、新店。
17. (2)品茶步驟為：觀茶色、聞茶香、嚐滋味。(3)奉茶宜雙手奉茶。(4)沖泡完成的茶湯應先倒入茶海，再以茶海倒入聞香杯，再從聞香杯倒入品茗杯。
20. 英式下午茶的吃法為由下而上，由鹹而甜，由淡而濃。
24. (1)茶海：主要是平均茶湯濃淡。(2)茶杯：用來品嚐茶。(4)茶荷：主要是欣賞茶葉之用。
29. 甲：正確，茶船又稱茶池、壺承；是放置茶壺與茶杯之容器，也有保護茶壺及盛熱水供燙洗杯之功能。乙：正確，茶海又稱公道杯、茶盅，為平均茶湯濃淡之用。丙：錯誤，茶荷是置茶與賞茶之用，最主功能要是賞茶；茶匙又稱渣匙、茶扒，主要是拿來挖取茶壺底部之茶葉。
30. 茶漏：漏斗形狀，導茶入茶壺的器具；茶則：盛裝茶葉入茶壺。茶荷：賞茶兼置茶的器具，主要是賞茶用；新式茶船：盛裝茶壺溢出的茶水。茶海（茶盅、公道杯、公杯）：均勻茶湯濃度及沉澱茶渣。
31. 此題目所描述的是白毫烏龍茶；是只有臺灣產的茶。屬於半發酵茶的重度發酵。外型呈現條索狀，香氣帶有熟果香味，茶葉顏色有黃綠紅白褐五色，又稱五色茶。因小綠葉蟬叮咬茶葉，使其喝起來具有蜂蜜味。配合小綠葉蟬繁殖季節，白毫烏龍茶為夏天製作，因為其茶葉芽嫩且充滿白毫，故雖然發酵程度高但是沖泡水溫僅 85℃。
32. (1)紅茶的獨有步驟是渥紅，黑茶的獨有步驟是渥堆。(2)黃茶的製作過程比綠茶的製作過程多了一道悶黃的手續。(4)綠茶的形狀產生是在揉捻的過程。
33. 發酵越多，茶湯滋味越遠離植物天然的風味。
34. 五峰茶、上將茶：宜蘭、鐵觀音茶：新北市、福鹿茶：臺東、舞鶴天鶴茶、鶴岡紅茶：花蓮、港口茶：屏東。北到南：鐵觀音茶→五峰茶、上將茶→舞鶴天鶴茶、鶴岡紅茶→福鹿茶→港口茶。
35. 臺灣唯一沒靠海縣市為南投。甲、阿里山高山茶：嘉義。乙、霧社廬山烏龍茶：南投。丙、竹山金萱茶：南投。丁、武嶺茶：桃園大溪。戊、日月潭紅茶：南投。己、東方美人茶：新北、新竹、苗栗。
36. Oolong Tea 烏龍茶、Lavender 薰衣草、Earl Grey 伯爵、Oriental Beauty Tea 東方美人茶、洋甘菊屬於花草茶，故不含咖啡因。

37. (1)爾雅中記載：「檟，苦荼」，亦為茶湯的味道苦澀。(2)皇帝頒布召令，廢團茶、興茶葉，間接促進了中國紅茶的生產—明朝。(4)著有專書「大觀茶論」，積極倡導茶學—宋朝。
38. 甲、臺茶 21 號又稱紅韻，屬於全發酵茶，需要萎凋。乙、臺茶 13 號又稱翠玉，屬於半發酵茶，需要萎凋。丙、白毫烏龍屬於半發酵茶，需要萎凋。丁戊、珠茶與玉露茶皆屬於不發酵茶，不須萎凋直接殺菁。己、白牡丹屬於白茶，「重萎凋，輕發酵」，經過室內重度萎凋之後進行乾燥。
39. (1)白毫銀針、壽眉屬於白茶（輕發酵茶）。君山銀針屬於黃茶（不發酵茶）。(2)茶葉形狀，取決於揉捻製程，若是球狀的茶葉需要經過團揉的過程。(3)「渥堆」是黑茶加工特有製程。
40. 臺茶 18 號，又名「紅玉」，具有天然肉桂香及淡淡薄荷香。臺茶 8 號味道濃厚，適合製作奶茶，主要栽種在南投魚池、埔里以及花東地區。
41. (1)黃金杯：烏巴茶。(2)海中之露：迷迭香。(3)茶中香檳：大吉嶺紅茶。(4)威爾斯王子茶：祁門紅茶。
42. 基本上茶葉都需要經過乾燥的步驟，將水分降低，以利保存。
46. 茶葉鬆散放多；茶葉緊實放少。凍頂烏龍茶呈球狀緊實，故需要的量少。
47. 乙：英國伯爵紅茶選用中國紅茶作為基底加入佛手柑，有獨特香氣。丁：紅茶的特色是會加入果醬及伏特加增加風味—俄羅斯。
48. (2)絲襪奶茶的緣由是因為用濾網反覆沖泡茶湯，使濾網沾染茶色，看起來像女性絲襪而得名。
49. Butterfly Pea Flower 蝶豆花、Sage 是鼠尾草，希臘與羅馬人稱之為神聖的藥草，常拿來治病用、Mint 薄荷能提振精神、消除疲勞，有「芳香藥草之王」的美譽。
50. (1)玫瑰花茶屬於花草茶，被稱為「天使的贈與」。(2)茉莉花茶屬於花草茶，被稱為「人間第一香」。(3)伯爵茶屬於調味茶，乃添加佛手柑薰香製成。
51. 天鶴茶產於花蓮。
52. (2)文山包種茶與金萱茶屬於半發酵茶。(3)抹茶屬於綠茶類，香片是綠茶或烏龍茶為底，加入花薰香而成，屬於調味茶。(4)白毫烏龍茶又稱為椪風茶或五色茶。
53. Crema 需要靠壓力才能萃取出來，如義式咖啡機、摩卡壺。French press 法式濾壓壺、Ibrik 土耳其咖啡壺、濾紙滴濾 paper drip、比利時壺 Belgium royal coffee maker。
54. 發酵程度越低的高，兒茶素含量較低，故印度拉茶、水果茶與鴛鴦奶茶所使用的紅茶，兒茶素含量較低。

55. (2)臺茶 18 號屬於喬木型大葉種。(3)蜜香是因為小綠葉蟬咬過，才會造成的結果。
56. (1)臺茶 13 適合製作包種茶、烏龍茶。(2)依外觀可分條形紅茶或碎形紅茶、色澤皆油黑。(3)紅茶不殺菁、會多一個渥紅步驟。
57. 乙：沖泡茶葉的水溫 90~100℃。丁：沖泡紅茶茶葉所需時間長於綠茶茶葉所需時間。
59. 中國為茶葉的發源地。
60. 關鍵字是「海風強」，所以選港口茶。
61. (1)茶葉水分持續消散又稱為「走水」：萎凋。(2)破壞酵素活性，抑制茶葉氧化發酵：殺菁。(3)將茶葉細胞揉破，茶的汁液溢出表層並定型：揉捻。(4)兒茶素進行氧化作用，轉化各種風味及物質：發酵。
62. (2)嫩芽越多不可太高溫，以免破壞茶葉。(3)發酵程度越重，茶葉顏色越深，則需用較高水溫進行沖泡。(4)輕發酵茶因發酵程度相當低，則須以較低溫沖泡。
63. 甲：阿薩姆紅茶；茶味重，適合製作奶茶。乙：大吉嶺紅茶，又稱為茶中香檳，適合純飲。丙：烏巴紅茶，又稱黃金杯，適合製作奶茶。丁：伯爵茶，以中國正山小種紅茶為基底，添加香檸檬油（或佛手柑）所製成的調味茶。戊：努瓦拉埃利亞紅茶，位於斯里蘭卡中央山脈海拔最高的地區，素有「錫蘭茶裡的香檳」之美稱，帶有明亮、優雅且細緻的風味，屬高山茶。
64. (1)碎形茶葉較細小，因此較容易沖泡出風味。(2)普洱茶多為緊壓茶，形狀多為磚狀、餅狀、沱狀，沖泡時需要剝碎才好沖泡。(3)烏龍茶通常以半球形居多。

Chapter 05 咖啡的認識與調製

1	2	3	4	5	6	7	8	9	10
1	1	3	2	4	3	3	1	4	2
11	12	13	14	15	16	17	18	19	20
1	3	1	1	1	1	2	4	1	2
21	22	23	24	25	26	27	28	29	30
1	1	4	3	3	4	2	4	1	4
31	32	33	34	35	36	37	38	39	40
3	3	3	4	3	4	2	1	1	3
41	42	43	44	45	46	47	48	49	50
1	1	4	3	3	3	2	4	3	4
51	52	53	54						
3	2	3	2						

解析

3. Filter Coffee 濾杯咖啡。
4. Café Irish 愛爾蘭咖啡：泡沫鮮奶油、添加愛爾蘭威士忌。Café Latte 拿鐵咖啡：牛奶、奶泡。Café Royal 皇家咖啡：沒有乳製品、添加白蘭地。Café Vienna 維也納咖啡：泡沫鮮奶油。
5. (1)加入熱水高度須低於下壺之氣閥。(2)使用細研磨。(3)Syphon 剛煮完上下球還很燙，如果立刻用冷水沖洗，容易造成玻璃破裂，故不建議煮完立刻用冷水沖洗。
6. (1)百合冰咖啡成分含有綠薄荷香甜酒。(2)墨西哥冰咖啡成分含有咖啡香甜酒。(4)亞歷山大冰咖啡成分含有白蘭地。
7. 日曬法：採收→乾燥→儲存→脫殼。水洗法：採收→選別→去除果肉→發酵→水洗→乾燥→脫殼→生豆。(2)一般而言，在篩選不良咖啡果實的效果上，水洗法優於日曬式。
8. (2)若填壓咖啡粉力道過大，易使水流速度變慢，造成萃取過度。(3)正確操作時，原則上新鮮咖啡豆可萃取出黃褐色的 crema。(4)萃取咖啡之前，須按壓萃取按鈕來測試水壓及清潔出水口，萃取咖啡之後，也需再次按壓萃取按鈕排放壓力及廢水。
9. (1)以咖啡機蒸氣棒打奶泡，蒸氣棒浸入鮮奶約 1cm 較適合。(2)以咖啡機蒸氣棒打奶泡，倒入 4℃的鮮奶打發至 65℃，口感較佳，最為適合。(3)用奶泡壺製作熱奶泡時，鮮奶量約為奶泡壺的 1/2 最佳。
10. 甲：coffee belt 咖啡腰帶。丁：coffee zone 咖啡區域。赤道為中心南北緯 25~30 度為咖啡生長區域。
11. (2)espresso 要使用義式咖啡機或摩卡壺沖煮。(3)熱水加入下座煮滾後會上升至上座。(4)沖煮後的咖啡渣留存在上座。
12. Mandheling 咖啡產地是位於印尼的蘇門答臘。
13. (2)Robusta 因咖啡因含量較高，故咖啡口感較 Arabica 咖啡苦。(3)咖啡主要生產於南北緯 25~30 度以內的區域。(4)咖啡豆烘焙程度越淺，原則上所沖煮出來的咖啡口感酸度愈強，烘焙程度越深，味道越苦。
14. (2)Moka pot 摩卡壺。(3)Syphon 虹吸式咖啡。(4)Turkish coffee 土耳其咖啡。
15. (1)指單一國家、產區或莊園所生產之咖啡。(2)由多種單品咖啡豆混合而成。(3)又稱特調咖啡，以咖啡為底，加入各式配料，如奶製品、酒類等。(4)把咖啡果實給麝香貓吃，經由其糞便排出豆子，洗淨之後烘成咖啡豆，風味獨特，單價偏高。

16. 丙、印尼的曼特寧咖啡最大的特色是帶有強烈苦味；伊索比亞的摩卡咖啡特色才是酸味。丁、Ibrik Coffee（土耳其咖啡）研磨極細，一般無須過濾即可飲用，其特色是可利用杯中殘餘的咖啡渣形成之圖案，進行占卜。
17. Arabica（阿拉比卡種）香氣足且甜味夠，具有良質的酸味，但咖啡因含量較低，不耐蟲害，抗病能力較差，適合高海拔地區，低緯度處種植遮蔭樹；Robusta（羅巴斯塔種）豆子較大較圓，苦味強，酸味不足，咖啡因含量較高。
19. 耶加雪菲咖啡(Yegacheffe)，命名是以產地命名，耶加雪菲產區在衣索比亞南部的西達摩省，獨特的水果酸甜且兼具清新明亮的花香味，有「咖啡中的皇后」之稱。
20. (3)Drip Coffee Maker 為電動滴濾式咖啡機，完全不需要沖煮技術，只需按下按鈕即可沖泡咖啡。(4)French Press 法式濾壓壺應搭配粗研磨較能展現其咖啡風味。
21. 甲、咖啡香氣源自揮發性脂肪成份，酸味來自酸性脂肪，苦味來自咖啡因。丁、咖啡粉研磨過細，易出現萃取過度的現象；咖啡粉研磨過粗，易出現萃取不足的現象。乙、丙、戊正確。甲、丁錯誤。
22. 摩卡壺是由義大利人發明的沖煮咖啡用具。
23. (1)Belgium 比利時壺。(2)Dutch Drip 冰滴咖啡。(3)French Press 法式濾壓壺。(4)Moka Pot 摩卡壺。
24. (1)Syphon：虹吸式咖啡。(2)Paper drip：濾紙濾滴法。(3)Flannel drip：法蘭絨滴濾法，適合沖泡大量冰咖啡。(4)Turkish Coffee：土耳其咖啡。
25. 需要用到火源的沖泡法有：虹吸式咖啡壺(Syphon)、比利時咖啡壺(Belgium royal coffee maker)、義式摩卡壺(Moka express)、土耳其咖啡壺(Turkish coffee)。
26. Barista 是指咖啡師。(4)Cold water drip Dutch drip 需使用冰塊及水，10 秒 7 滴，進行約 4 小時以上的濾滴過程，無法現點現做

    研磨程度 V.S 沖泡法：

研磨程度	沖泡法
極細研磨 Turkish grind	土耳其咖啡
細研磨 Fine grind	義式咖啡機、摩卡壺、冰滴咖啡
中研磨 Drip grind / Medium grind	虹吸式咖啡、手沖滴濾式咖啡、法蘭絨濾布沖泡、比利時壺沖泡
粗研磨 Regular grind / Coarse grind / Percolator grind	法式濾壓壺

27. (1)半自動義式咖啡機萃取 Single espresso，咖啡粉與水之比例為 7g:30ml。(3)以 Paper drip 沖煮咖啡，過程中需進行適當的燜蒸。(4)摩卡壺沖煮咖啡時，水加入要低於下壺的透氣閥。
28. 濃縮咖啡加入熱水，就是美式咖啡。
29. 較簡易的咖啡沖泡法包含：French press 法式濾壓壺。Drip coffee maker 電動滴濾式。Belgium royal coffee maker 比利時咖啡壺。
30. (4)Medames Coffee 貴夫人咖啡：黑咖啡加泡沫鮮奶油及綠薄荷香甜酒，使用一般咖啡杯。
31.

名稱	材料
甲、Viennese Coffee 維也納咖啡	一般咖啡、泡沫鮮奶油
乙、Medames Coffee 貴夫人咖啡	一般咖啡、泡沫鮮奶油、綠薄荷香甜酒
丙、Royal Coffee 皇家咖啡	一般咖啡、方糖、白蘭地
丁、Irish Coffee 愛爾蘭咖啡	一般咖啡、愛爾蘭威士忌、加糖、泡沫鮮奶油
戊、Cappuccino 卡布奇諾	義式咖啡、熱牛奶、奶泡
己、Macchiato 瑪琪雅朵咖啡	義式咖啡、奶泡

32. Steamed Milk 是指使用蒸氣管打熱之牛奶。

咖啡名稱	調配材料
甲、Espresso 義式咖啡	×
乙、Caffé Latte 咖啡拿鐵	義式濃縮咖啡+熱牛奶+奶泡 比例 1：2：1
丙、Vietnam Coffee 越南咖啡	黑咖啡加煉乳
丁、Cappuccino 卡布奇諾	義式濃縮咖啡+熱牛奶+奶泡 比例 1：1：1
戊、Flat White 馥列白	義式濃縮咖啡+少許熱牛奶+薄奶泡
己、Americano 美式咖啡	義式濃縮咖啡+熱水

沖泡過程中會加入熱牛奶者為乙、丁、戊。

34. 卡布其諾咖啡(Cappuccino)：義式濃縮咖啡＋熱牛奶＋奶泡。美式咖啡(Americano)：義式濃縮咖啡加熱水。義式濃縮咖啡(Espresso)。阿法奇朵(Affogato)：義式冰淇淋上面淋義式濃縮咖啡。摩卡奇諾咖啡：義式濃縮咖啡+巧克力醬。

35.

咖啡名稱	添加酒類
甲、愛爾蘭咖啡(Irish Coffee)	愛爾蘭威士忌
乙、亞歷山大冰咖啡(Alexander Ice Coffee)	白蘭地
丙、卡布奇諾(Cappuccino)	未加酒
丁、皇家咖啡(Royal Coffee)	白蘭地

愛爾蘭威士忌的為原料為穀物，白蘭地原料為葡萄。

36. 磨好的咖啡粉與空氣接觸的面積大，比起咖啡豆更容易散失風味，最佳研磨時機為沖泡之前。

38.

咖啡名稱	使用杯具
Macchiato coffee 瑪琪雅朵咖啡	Demitasse 濃縮咖啡杯或小型玻璃杯
Ice caffe Mocha 冰摩卡咖啡	Collins glass 可林杯
Con Panna 康寶藍咖啡	小型玻璃杯

39. (1)caramel sauce 焦糖。(2)cinnamon powder 肉桂。(3)lemon peel 檸檬皮。(4)milk 牛奶。

40. (1)Kaffa 是 Coffee 的字源。(2)著名的 Kona coffee 指生產於夏威夷的咖啡豆。(4)牙買加最著名的藍山(Blue mountain)咖啡豆。

41. Moka pot 是利用壓力的原理來沖煮。

42. (1)Irish coffee 愛爾蘭咖啡，使用愛爾蘭咖啡杯，玻璃材質。(2)Macchiato 瑪琪朵咖啡，使用濃縮咖啡杯或 6 盎司玻璃杯。(3)Royal coffee 皇家咖啡，使用一般咖啡杯。(4)Viennese coffee 維也納咖啡，使用一般咖啡杯。這題最適合的答案為 A。

43. (1)咖啡果實被稱為咖啡櫻桃，是因為成熟的果實為櫻桃紅色。(2)排除其他相關因素，原則上水洗豆較日曬豆酸度鮮明。(3)蜜處理法的咖啡豆是在日曬過程中，保留果膠層，以增加風味。

44. 具有濃郁 crema 香氣的 espresso，適合使用義式咖啡機萃取。不喜歡 crema、一杯酸味較高的單品咖啡，適合使用手沖搭配淺焙豆子。

45. (1)藍山咖啡。(2)肯亞咖啡。(4)曼特寧咖啡。

46. (1)電動滴濾壺。(2)法蘭絨布沖泡。(3)法式濾壓壺。(4)虹吸式咖啡壺。法式濾壓壺使用濾網，而非濾紙濾布。

47. 冰咖啡適合烘焙程度較深的豆子。深到淺的排序為(2)市區烘焙>(3)強烘焙>(4)中度烘焙>(1)淺焙。

48. Jamaica 牙買加、Santos 山多士、Java 爪哇、Ethiopia 衣索比亞。
49. 咖啡生長帶為南北緯 25 度之間，摩納哥的位置未在此區塊。
50. (1)Blue Mountain Coffee：藍山咖啡，位於牙買加，以山的名稱命名。(2)Kona Coffee：可娜豆，位於夏威夷，是美國唯一生產咖啡的島嶼，以島嶼名稱命名。(3)Mandheling Coffee：曼特寧咖啡，位於印尼蘇門答臘，曼特寧為當地種族名稱。(4)Santos Coffee：聖多士咖啡，位於巴西，以輸出港口名稱命名。
51. ・淺烘焙：Light Roast（極淺烘焙）、Cinnamon Roast（肉桂烘焙）。
    ・中烘焙：Medium Roast（中度烘焙）、High Roast（強烘焙）、City Roast（城市烘焙）、Full City Roast（全城市烘焙）。
    ・深度烘焙：French Roast（法式烘焙）、Italian Roast（義式烘焙）。
52. (1)虹吸式賽風壺(Syphon)適合中研磨。(3)土耳其式(Turkish Coffee)適合極細研磨。(4)義式濃縮咖啡機(Espresso Machine)適合細研磨。
53. 小明：濃縮咖啡、牛奶和厚實的奶泡，最特別的是上面有加肉桂粉和檸檬皮絲卡布奇諾。
    小華：能夠搭配有巧克力風味的咖啡　摩卡。
54. 法式歐蕾咖啡主要是咖啡及牛奶，無泡沫鮮奶油。

Chapter 06 酒的分類與製程

1	2	3	4	5	6	7	8	9	10
2	3	3	1	1	3	1	4	4	4
11	12	13	14	15	16	17	18	19	20
2	2	2	2	2	2	3	3	3	3
21	22	23	24	25	26	27	28	29	30
4	2	3	1	2	1	2	1	1	2
31	32	33	34	35	36	37	38	39	40
3	4	4	3	3	3	4	4	4	1
41	42	43	44	45	46	47	48	49	50
2	2	3	2	3	2	2	2	1	3
51	52	53	54	55	56	57	58	59	60
2	4	2	3	3	1	2	1	3	4
61	62	63	64	65	66	67	68	69	70
4	3	4	1	3	4	3	2	1	3

71	72	73	74	75	76	77	78		
2	4	2	2	1	2	1	4		

解析

1. 甲：Sloe gin 為漿果類的香甜酒（野莓琴酒），正確。乙：sherry 與 port 不是加味葡萄酒，而是屬於強化葡萄酒。丙：國產之金牌臺灣啤酒及清酒皆屬於釀造酒；料理米酒屬於蒸餾酒。丁：單一麥芽威士忌意指僅使用單一家蒸餾廠所製造之麥芽威士忌，正確。
2. (1)Sloe Gin 野梅琴酒。(2)Suntory Midori Melon Liqueur 日本哈密瓜香甜酒。(3)Southern Comfort 南方桃子安逸香甜酒。(4) Cointreau 君度澄酒。
8. (1)蜂蜜香甜酒為蘇格蘭威士忌加藥草及蜂蜜。
9. 義大利所生產的 Grappa 是以葡萄渣為原料。
12. (1)Ruby Port 酒齡最短也最便宜。(2)White Port 是以白葡萄釀製而成，多為不甜的波特酒，可當飯前酒。(3)LBV Port 是指遲裝瓶年份波特酒，因供過於求，故年份波特在木桶多放幾年才裝瓶，品質較年份波特差。(4)最早波特酒是叫 Port，但後來與其他國家之波特酒會混淆，故葡萄牙以波特酒出口的港口 Porto、Oporto 還命名。
13. Mojito 是蘭姆酒為基酒。
15. 酒標上若出現品種名稱，表示該酒至少使用該品種 85%以上。
17. (1)法國 Sauternes 地區以 Sémillon 做的貴腐甜白酒著名。(2)Napa Valley 為加州著名紅葡萄酒產區。(3)法國的 Chablis 主要是以生產 Chardonnay 的不甜白酒為主。(4)Alsace 是法國白酒的著名產區。
21. Gin 不須熟成。
23. Beer 啤酒，原料是大麥。Gin 琴酒，原料是穀物及杜松子。Rum 蘭姆酒，原料是甘蔗。Whisky 威士忌，原料是穀物，包含大麥、小麥、裸麥、玉米等。
24. Kavalan whisky 葛瑪蘭威士忌。來自宜蘭、由金車公司生產之純麥威士忌。
25. (1)Absolut 絕對純淨為伏特加品牌。(2)Cachaça 甘蔗酒，主要原料為甘蔗，由甘蔗汁發酵蒸餾而成。(3)Old Tom Gin 老湯姆琴酒，是在不甜琴酒加入約 2%砂糖，變成甘甜琴酒。(4)Tequila 特吉拉經木桶熟成會變成琥珀色。
26. (1)Fermentation 發酵，所有的啤酒都需要發酵。(2)Ale Beer 麥酒，屬上層發酵啤酒，口感濃郁偏苦。(3)Pilsner Beer 屬下層發酵啤酒，口感清淡。(4)Hops 啤酒花，被譽為「啤酒的靈魂」；啤酒苦味及特殊香味的來源，可凝結蛋白質，具澄清作用，維持泡沫穩定性，保持啤酒風味。酵母 Yeast 才是將糖轉化為酒精。

27. Armagnac 雅馬邑白蘭地、Calvados 蘋果白蘭地、Grappa 果渣白蘭地（義大利說法）、Marc 果渣白蘭地、只有蘋果白蘭地原料是蘋果其他皆為葡萄。
28. 氣泡酒甜度由甜到不甜排序：Doux→Demi Sec→Sec→Extra Sec→Brut→Extra Bru。
29. (1)經過連續蒸餾後，會形成蒸餾酒。
30. Sparkling wine 氣泡酒：(1)Cave 西班牙氣泡酒。(2)Eiswein 德國冰釀葡萄酒 (3)Sekt 德國氣泡酒。(4)Spumante 義大利氣泡酒。
31. 甲：Amaretto 杏仁香甜酒。乙：Campari 金巴利酒。丙：Triple Sec 白柑橘香甜酒。丁：vermouth 苦艾酒，餐前酒以不甜的酒較為適合，故乙丁較適合。
32. (1)以甘蔗的糖蜜做為原料。(2)著名的 Bacardi 不只生產 White Rum 還有黑蘭姆酒、陳釀蘭姆酒等。(3)最早生產蘭姆酒的地方是西印度群島。
33. juniper Berry 杜松子、1Cachaça 甘蔗酒、Cane 甘蔗。愛爾蘭威士忌的特色是蒸餾三次，熱風烘乾，酒的風味濃辣；蘇格蘭威士忌才是以泥煤烘烤，具有煙燻泥煤味。
35. ④Brandy 白蘭地；Macallan（麥卡倫，蘇格蘭麥芽威士）。
36. 甲：Ice Wine 冰酒。乙：Fino 不甜雪莉酒。丙：Sauternes 索甸甜白酒。丁：Beaujolais 薄酒萊新酒。戊：Champagne(Brut)不甜香檳。己：Champagne(Doux)甜味香檳。
37. 適合飲用溫度約 12~13℃。
38. 玉米為副原料，不是最主要的材料。
39. (1)臺灣的啤酒是屬於下層發酵。(2)Pilsner 屬於 Lager。(3)生熟啤酒主要差別在於殺菌這個過程。
40. 啤酒不宜加冰塊。
41. (2)白葡萄和紅葡萄都可以釀製白葡萄酒，唯獨紅葡萄需去皮。
42. (1)紅酒的顏色來自葡萄皮的花青素、澀味來自葡萄皮的單寧酸。(3)Riesling 被譽為是白酒中的貴族。(4)貴腐酒的特色是葡萄受貴腐菌侵蝕，水分散失，幾乎變成葡萄乾，但糖分都被鎖在葡萄裡，故屬於高甜分的葡萄酒。
43. (1)Champagne 法國香檳酒。(2)Cava 西班牙香檳酒。(3)Sparkling wine 美國氣泡酒。(4)Espumante 葡萄牙氣泡酒。
44. 乙：啤酒放的時間越長，風味會漸漸失去，越新鮮喝越好喝。丁：添加穀類糊狀物的啤酒則為非全麥啤酒。
45. Root Beer 麥根沙士、Ale 麥酒、Lager 淡啤酒、Ginger Ale 薑汁汽水。
46. 田納西威士忌主要以玉米為原料，蒸餾後會經楓樹木炭過濾，最後在烤過的新橡木桶熟成。

48.

3 star	1 年半以上
V.S.	3~4 年
V.S.O.P	4~5 年
Napolon	6~7 年
X.O.	8~12 年
Extra	15 年以上
Louis XIII	年代最久

49. (2)需使用 51%以上的 Blue Agave（藍色龍舌蘭）製作。(3)Tequila 以外的龍舌蘭蒸餾酒稱為 Mezcal。(4)以龍舌蘭完成的釀造酒為 Pulque。

50. 連續蒸餾法(Column still)酒精濃度會較高；單式蒸餾(Pot still)較能保留風味，高級酒多半使用此法。(3)剛蒸餾出的酒需經過木桶陳年才會使味道更加成熟與芳醇。

51. 阿吉維特 Aquavit：北歐各國無色烈酒、寇恩 Korn：德國無色烈酒，主要原料為含澱粉或可生產糖類的農作物，如：馬鈴薯、玉米、穀類、甜菜等等。

52. Amade Choc Orange 巧克力香橙酒，是黑巧克力加紅澄汁與白柑橘汁混合蒸餾做成，並非水果類的香甜酒，屬於可可類的香甜酒。

53. 甲：Anisette 茴香香甜酒。乙：Amaretto 杏仁香甜酒。丙：Sambuca 杉布卡香甜酒。丁：Galliano 義大利香草酒。戊：Absinthe 艾碧斯。己：Pernod 法國茴香酒。庚：Advocaat 蛋黃酒。只有 Amaretto 杏仁香甜酒與 Advocaat 蛋黃酒不含茴香。

54. (1)Bénédictine D.O.M.是藥草類香甜酒，由法國教會釀製，最初拿來治病用。(2)Tia Maria 是使用牙買加的藍山咖啡加上牙買加的蘭姆酒所做成的咖啡香甜酒。(3)Mandarin 是以白蘭地為基酒產於比利時的柑橘口味香甜酒。(4)Anisette 是著名的茴香口味香甜酒。

55. (3)製作方式為以 Spirits 做為基酒；Sprite 是指雪碧。

56. Southern Comfort 為南方安逸桃子香甜酒。

57. (2) Grand Marnier 以干邑白蘭地為基酒的柑橘風味香甜酒。

58. (1)Glenfiddich 是蘇格蘭威士忌的品牌。

59. 甜度由不甜到甜 extra-brut<brut<sec<doux。

60. 甲：Champagne 香檳是釀造酒。乙：Cointreau 君度橙酒是合成酒。丙：dark rum 深色蘭姆酒是蒸餾酒。丁：Kahlúa 咖啡香甜酒屬於合成酒。

61. (1)Campari 金巴利酒。(2)Dubonnet 多寶利酒。(3)Pernod 彼諾酒。(4)Port 波特酒。波特酒為甜型，不適合餐前飲用。
62. fortified wine 強化酒、sparkling wine 氣泡酒、still wine 不起泡葡萄酒。
    甲：Champagne 香檳（屬於氣泡酒）。乙：brandy 白蘭地（屬於蒸餾酒）。丙：sherry 雪莉酒（屬於強化酒）。丁：red wine 紅酒（屬於不起泡葡萄酒）。
63. X.O.的陳年等級高於 V.S.O.P。
64. (2)葡萄酒屬於釀造酒，白蘭地屬於烈酒。(3)啤酒原料以大麥為主，威士忌原料為穀物。(4)威士忌屬於蒸餾酒。
65. 伏特加與威士忌皆被稱為生命之水。
66. Napa Valley 納帕山谷是屬於美國產區。
67. (1)Dutch gin 是只略帶甜味的荷式琴酒，多半拿來純飲，少用調酒。(2) London dry gin 無經過橡木桶陳年，味道清香淡雅。(4)sloe gin 是一款在中性穀物烈酒中加入野莓浸泡或蒸餾而成的 flavored gin（加味琴酒），因此並非屬於再製琴酒(compounded gin)。
68. 餐前酒一般是酸、澀，具開胃效果。
69. Baileys：貝里斯奶酒，屬於餐後酒；Campari：金巴利、Dubonnet：多寶力酒、Vermouth：苦艾酒，三者皆屬於餐前酒。
70. 甲：黑皮諾為法國勃根地、法國香檳區的主要品種之一。乙：麗絲玲位於法國阿爾薩斯及德國等寒冷區域。丙：希哈主要產在法國隆河河谷、澳洲。
71. 馬德拉酒(Madeira)產於葡萄牙，有「大西洋珍珠」稱號。
72. 甲：每年 11 月第三個星期四全球同步上市、丙：適合飲用溫度約在 10~12℃。
73. (1)蘇格蘭威士忌以泥煤(peat)烘烤，口感帶有煙燻味。(3)英文源自於古愛爾蘭語，經過時間的演變，愛爾蘭寫成 Whisky，加拿大則為 Whiskey。(4)美國威士忌以玉米為主要原料。
74. (2)拉格啤酒(Lager)，是屬於下層發酵的啤酒。
75. 源自於法國修道院。
77. 紅酒服勤時約倒杯子的 1/2，白酒則約倒 1/3。白酒杯的杯口不宜太大，以免溫度升溫過快。
78. 甲：Wine cooler 冰酒桶。乙：Mixing Glass 刻度調酒杯。丙：Squeezer 壓汁器。丁：Corkscrew 軟木塞起子。戊：Decanter 過酒器。

Chapter 07 混合性飲料調製

1	2	3	4	5	6	7	8	9	10
2	3	3	4	4	3	4	3	4	4
11	12	13	14	15	16	17	18	19	20
4	3	2	4	3	2	1	4	1	1
21	22	23	24	25	26	27	28	29	30
3	1	2	2	4	2	1	1	4	3
31	32	33	34	35	36	37	38	39	40
3	3	2	3	2	4	3	1	4	3
41	42	43	44	45					
3	3	4	1	2					

解析

3. Kamikaze-Vodka。
4. Caipirinha 沒有裝飾物。
5. Martini 屬於短飲、餐前酒，成分為琴酒與苦艾酒、裝飾物為小橄欖，杯子為馬丁尼杯。
6. Flying grasshopper 飛天蚱蜢，成品杯為雞尾酒杯、調製法搖盪法；搖盪法所需器具 Mixing Glass 刻度調酒杯、Tin Cup 不鏽鋼杯、Cocktail Glass 雞尾酒杯。Measurer 量酒器、Strainer 隔冰器，不需要 Stirrer 調酒棒。
7. (1)Angel's Kiss 天使之吻含有無糖液態奶精。(2)Brandy Alexander 白蘭地亞歷山大含有無糖液態奶精。(3)Egg Nog 蛋酒成分含有鮮奶。(4)Gin Fizz 琴費士並未含奶製品。
8. (3)Margarita 瑪格麗特：shake 搖盪法、tequila。
9. Gin Tonic 琴通寧：琴酒加通寧水，高飛球杯盛裝，屬於 Tall Drinks 長飲飲料。After Dinner Drinks 飯後酒。Frozen Drinks 霜凍飲料。Soft Drinks 軟性飲料。
10. Dry Martini 為不甜馬丁尼，適合餐前飲用。
11. 題目客人的要求為烈酒加冰塊飲用，所以不用會用到 D 選項搖酒器。
12. Jigger Pourer 為定量酒嘴；Zester 是檸檬刮絲器，刮檸檬皮絲用的；Squeezer 才是壓汁器。
13. 琴費士為搖盪法。
14. 丁：Martini：先將冰塊加入刻度調酒杯後再加入材料後攪拌。

17. lemon wedge 檸檬角、celery stick 芹菜棒、Bloody Mary：血腥瑪麗，基酒伏特加，裝飾物：Lemon Wedge 檸檬角、Celery Stick 芹菜棒。Gin Fizz 琴費士：基酒琴酒，無裝飾物。Old Fashioned 古典酒：基酒波本威士忌，裝飾物：1/2 orange slice & cherry 1/2 柳橙片及櫻桃。Pink lady 紅粉佳人：基酒琴酒，裝飾物：Lemon peel 檸檬皮。
18. Slice 指的是「片」。(1)Americano 美國佬；柳橙片、檸檬皮。(2)Hot Toddy 熱托地：檸檬片。(3)Old fashioned 古典酒；柳橙片、檸檬皮、兩顆櫻桃。(4)Orange blossom 橘花；糖口杯。
20. 甲：Dry Martini 不甜馬丁尼：馬丁尼杯。乙：Mojito 莫西多：高飛球杯。丙：Manhattan 曼哈頓：馬丁尼杯。丁：Old fashioned 古典酒：古典酒杯。
21. (1)Screw Driver 螺絲起子是以吧叉匙調製。(2)Kir 是以 Pour 注入法方式調製。(4)Blend 電動攪拌法。
22. (2)Flying Grasshopper 綠色蚱蜢：Cocktail Glass 雞尾酒杯、Mint Leaf 薄荷葉、Cocoa Powder 可可粉。(3)Salty Dog 鹹狗：Highball 高飛球杯、Salty Rimmed 鹽口杯。(4)Stinger 醉漢：Old Fashioned 古典酒杯、Mint Sprig 薄荷枝。
23. Singapore sling 新加坡司令

    材料

    Gin 琴酒

    Cherry brandy 櫻桃白蘭地香甜酒

    Cointreau 君度橙酒

    Benedictine 班尼狄克丁香甜酒

    Grenadine syrup 紅石榴香甜酒

    Pineapple juice 鳳梨汁

    Fresh lemon juice 新鮮檸檬汁

    Dash angostura bitters 少許安格式苦精

    裝飾物

    Fresh pineapple slice 新鮮鳳梨片

    Cherry 櫻桃

    調製法

    Shake 搖盪法
24. (1)Decoration 為雞尾酒上不可食用之裝飾物，可食用之裝飾物稱為 Garnish。(3)Free pour 指自由倒酒，不使用量酒器。(4)Muddle 法是以 Muddler（搗碎棒）搗碎薄荷葉取其汁液。

25. 四個選項皆為葡萄酒為基底的合成酒，雞尾酒之王是指馬丁尼，故符合題意的只有選項(4)苦艾酒。
29. 題目客人的要求為烈酒加冰塊飲用，所以不用會用到選項(4)搖酒器。
30. (1)Chi chi 有加椰漿。(2)Egg nog 加蛋黃。(4)Pink lady 加蛋白。
31. (3)Margarita 杯皿冰鎮後沾糖製作鹽口杯。
32. (1)God father 使用 Old Fashioned Glass。(2)Horse's neck 使用 Highball Glass。(4)Sex on the beach 使用 Highball Glasss。
33. Angel's kiss 分層法、香甜酒杯。Kir 注入法、白酒杯。Pousse café 分層法、香甜酒杯。B-52 分層法、烈酒杯。Black Russian 直接注入法、古典酒杯。
34. (1)Mai tai 是搖盪法。(2)Rusty nail 是攪拌法。(4)注入法是材料直接加入加入成品杯，不進行任何攪拌。將材料依序加入刻度調酒杯中，以吧叉匙攪拌均勻後過濾倒入成品杯中的是攪拌法。
35. Mojito 的基酒是白蘭姆酒，使用壓榨法與直接注入法，搭配高飛球杯，新鮮材料是萊姆與薄荷。Screw driver 基酒是伏特加、Cuba libre 的新鮮材料是檸檬、Flying grasshopper 調製法是搖盪法。
36. 以下解析為「酒的品項／杯子類型」：(1)Gin & Tonic/Highball Glass、John Collins/Collins Glass、Pink Lady/Cocktail Glass。(2)Manhattan/Martini Glass、Whiskey Sour/Sour Glass、Kir/White wine Glass。(3)Gin & Tonic/Highball Glass、Side Car/Cocktail Glass、Horse's Neck/Highball Glass。(4)Blue Bird/Cocktail Glass、John Collins/Collins Glass、Pina Colada/Collins Glass。
37. 長時間飲用的雞尾酒為長飲飲品，通常使用可林杯、高飛球杯承裝。B-52 轟炸機與 Angelś Kiss 天使之吻使用香甜酒杯承裝、馬丁尼 Martini 使用馬丁尼杯承裝，且三者皆屬於短飲飲料。
38. 加冰塊的 Whisky 也就是「 on the rocks 」使用大顆球形冰塊(lump ice)；Long island iced tea 長島冰茶為一般長飲飲料，多使用常見的方形冰塊(ice cube)；Martini 馬丁尼為短飲飲料，成品不含冰塊。
39. 沙漠、榴糖漿、柳橙汁，這三個關鍵字，選項(4) Tequila Sunrise 較為適合。
    (1) Golden Dream 金色夢幻：成分為義大利香草酒、白柑橘香甜酒、新鮮柳橙汁、無糖液態奶精（搖盪法）。
    (2) Magarita 瑪格麗特：成分為特吉拉酒、白柑橘香甜酒、新鮮萊姆汁（搖盪法）。
    (3) Mai Tai 邁泰：成分為白色蘭姆酒、柑橘香甜酒、果糖、新鮮檸檬汁、深色蘭姆酒（搖盪法+漂浮法）。

(4) Tequila Sunrise 特吉拉日出：成分為特吉拉酒、八分滿柳橙汁、紅石榴糖漿（直接注入法+漂浮法）。

41. (1)麗寶樂園（臺中）。(2)劍湖山世界（雲林）。(3)怡園渡假村（花蓮）。(4)香格里拉樂園（苗栗）。
42. 甲：古坑咖啡（雲林）。乙：港口茶（屏東）。丙：上將茶（宜蘭）。丁：三地門咖啡（屏東）。
43. Macchiato 瑪奇朵咖啡、Mocha 摩卡、Viennese Coffee 維也納咖啡、Royal Coffee 皇家咖啡（含酒精）
44. (2)天使的贈與是玫瑰。(3)寧靜的香水植物是薰衣草。(4)破曉時的天堂是百里香。
45. 邁泰需要 Rum。

REFERENCES

1. 文野出版社編輯部(2008)。*飲料與調酒總複習*。臺中市：文野。
2. 蘇涵瑜、胡盛春、盧玫吟、蔡佳宜(2020)。*飲料調製丙級技術士技能檢定*。新北市：新文京。
3. 王淑媛(2015)。*飲料與調酒 I*。新北市：龍騰。
4. 王淑媛(2015)。*飲料與調酒 II*。新北市：龍騰。
5. 陳泓旗(2020)。*飲料實務上冊*。新北市：全華。
6. 陳泓旗(2020)。*飲料實務下冊*。新北市：全華。
7. 張朠紹(2018)。*飲料與調酒 I*。新北市：龍騰。
8. 陸羽（原著）(2011)。*茶經*。新北市：華威國際。
9. 劉君慧(2018)。*餐旅服務*。新北市：台科大。
10. 鍾茂楨(2010)。*微醺時光酒的輕百科*。臺北市：日月文化。
11. 閻寶蓉(2020)。*乙級飲料調製技能檢定學術科完全攻略*。新北市：全華。
12. 行政院農委會茶葉改良場。研習講義。
13. 劉貞秀、王彬如(2019)。*飲料與調酒*。新北市：全華。
14. 謝美美，郭植伶(2020)。*飲料實務上冊*。臺中市：文野。
15. 曹輝雄，吳皇珠，黃金堂(2020)。*飲料實務上冊*。新北市：翰英文化。
16. 王淑媛(2020)。*飲料實務上冊*。臺北市：碁峯。
17. WSET Level2. WSET Level 3 教材。

MEMO

MEMO

MEMO

MEMO

國家圖書館出版品預行編目資料

飲料實務總複習/蘇涵瑜編著. --二版. --新北市：
新文京開發出版股份有限公司, 2023.06
面； 公分

ISBN 978-986-430-928-3（平裝）

1. CST：飲料 2. CST：調酒

427.4 112007543

飲料實務總複習（第二版） （書號：**VF042e2**）

編 著 者	蘇涵瑜
出 版 者	新文京開發出版股份有限公司
地 址	新北市中和區中山路二段 362 號 9 樓
電 話	(02) 2244-8188（代表號）
F A X	(02) 2244-8189
郵 撥	1958730-2
初 版	西元 2021 年 06 月 01 日
二 版	西元 2023 年 07 月 20 日

建議售價：450 元

法律顧問：蕭雄淋律師
ISBN 978-986-430-928-3

New Wun Ching Developmental Publishing Co., Ltd.
NEW WCDP
New Age · New Choice · The Best Selected Educational Publications — NEW WCDP

NEW WCDP
新文京開發出版股份有限公司
新世紀 · 新視野 · 新文京 — 精選教科書 · 考試用書 · 專業參考書